国家级一流本科专业建设成果教材

水化学
Water Chemistry

关小红　张　静　主　编

李锦祥　孙　波　连璐诗　副主编

U0296718

化学工业出版社

·北京·

内容简介

《水化学》全面地介绍了水化学的基本理论及水污染控制所涉及的物化技术的基础理论。全书包括水化学概论、化学动力学、酸碱化学、配位化学、沉淀和溶解、吸附、氧化还原、光化学共 8 章。书中理论深入浅出，实例丰富生动。值得一提的是，第 3 章到第 8 章的最后一节都讨论了所学理论如何在水污染控制实践中应用，可助力学生明确学习目标。

本书可作为环境科学、环境工程、给水排水工程等专业的专业基础课教材，同时也可供从事给水排水工程、环境工程等专业设计、运行管理的人员及水污染控制领域的科研工作者参考使用。

图书在版编目（CIP）数据

水化学 / 关小红，张静主编. -- 北京：化学工业
出版社，2025. 3. --（国家级一流本科专业建设成果教
材）. -- ISBN 978-7-122-47060-7

Ⅰ. P342

中国国家版本馆 CIP 数据核字第 2025R0B994 号

责任编辑：满悦芝　　　　　　　　文字编辑：杨振美
责任校对：王鹏飞　　　　　　　　装帧设计：张　辉

出版发行：化学工业出版社
　　　　　（北京市东城区青年湖南街 13 号　邮政编码 100011）
印　　装：大厂回族自治县聚鑫印刷有限责任公司
787mm×1092mm　1/16　印张 14½　字数 352 千字
2025 年 3 月北京第 1 版第 1 次印刷

购书咨询：010-64518888　　　　　售后服务：010-64518899
网　　址：http://www.cip.com.cn
凡购买本书，如有缺损质量问题，本社销售中心负责调换。

定　　价：49.80 元　　　　　　　　版权所有　违者必究

序

    水是生命之源，是地球上最重要的自然资源之一。它不仅是生态系统中不可或缺的组成部分，更是人类社会发展的基石。随着工业化进程的加快、城市化的不断推进以及全球气候变化的加剧，水资源的保护与管理面临前所未有的挑战。在这个背景下，《水化学》一书的出版显得尤为重要。

    该书旨在系统地介绍水体中的化学过程及其对环境和人类健康的影响。无论是自然水体还是人工水体，水的化学特性及其变化都与周围环境密切相关。通过深入探讨水中的溶解气体、离子、污染物及其相互作用，读者将能够更好地理解水化学的基本原理及其应用。

    书中不仅涵盖水化学的基础知识，还融合了最新的研究成果和实际案例，旨在帮助读者学会运用化学手段解决水污染控制领域的实际问题。我们将重点关注污染物去除技术、水处理工艺等方面，以期为绿色低碳水污染物控制的开展提供科学依据和技术支持。

    在当今全球水危机日益严重的背景下，学习水化学知识的重要性愈发凸显。希望该书能够为广大读者掌握水化学相关理论知识提供有价值的参考，激发更多的人关注水污染控制新技术、水资源的保护与管理，为实现可持续发展贡献力量。

    愿《水化学》能够成为读者探索水科学的有力工具，为推动水资源的可持续管理和保护提供助力。祝愿该书能够启发更多的人，携手共建一个更加美好的水环境。

中国科学院院士　赵进才

2024 年 9 月

前言

　　水是生态环境的基本要素之一，在经济建设、社会发展和人民生活中发挥着重要的作用。党的二十大报告全面总结了我国生态文明建设取得的成就，同时报告提出"我们坚持绿水青山就是金山银山的理念"和"促进人与自然和谐共生"。作为一门交叉学科，水化学不仅研究水中各种无机和有机化合物之间的化学作用，还与生态环境、公共健康及可持续发展密切相关。这使得水化学在实现经济发展与生态保护的平衡中，发挥着不可或缺的作用。

　　水化学涵盖的内容广泛，影响深远。随着社会的快速发展和人口的不断增加，水资源的短缺和水污染问题日益突出，这不仅威胁到生态安全，也给经济和社会的可持续发展带来了严峻挑战。因此，学习水化学，对于培养学生的科学素养和社会责任感具有重要的奠基作用。

　　本书可作为环境科学、环境工程、给水排水工程等专业的专业基础课教材，同时也可供从事给水排水工程、环境工程等专业设计、运行管理的人员及水污染控制领域的科研工作者参考使用。书中系统介绍了水化学的基础理论知识，并力图完整展示水化学涉及的重点内容与新技术。通过学习，学生不仅可以全面掌握水化学相关的理论知识，更能理解水化学在水污染控制技术中的应用，从而增强解决实际问题的能力。

　　在全球面临水资源危机和生态环境挑战的今天，学习水化学不仅是掌握一门专业知识，更是肩负起时代赋予我们的责任。希望通过本书的学习，学生能够树立起水资源保护的意识，积极参与到生态文明建设中，为实现我们共同的可持续发展目标贡献力量。让我们共同努力，以水为媒，推动生态文明建设，为子孙后代创造一个更加美好的生活环境。

　　本书由华东师范大学关小红、哈尔滨工业大学张静、南京理工大学李锦祥、山东大学孙波、华东师范大学连璐诗、美国蒙特克莱尔州立大学邓扬编写。关小红和张静担任主编，并负责全书统稿工作；李锦祥、孙波、连璐诗任副主编。具体分工如下：第1章由张静编写；第2章和第3章由孙波编写；第4章、第5章和第6章由李锦祥编写；第7章由张静和邓扬编写；第8章由连璐诗编写。华东师范大学秦荷杰研究员与编者们指导的研究生袁杨春、邵荟芯、陈天生、刘富强、李亮、李俊杰、马梦沙等也参与了书稿的撰写与修改。

　　在本书编写过程中，还得到了赵进才院士等专家学者的审阅与指导，在此表示衷心的感谢。

本书是编者们参阅、借鉴大量先进的教材、专著及论文，并经过广泛征求意见，同时结合中国相关专业特点编写而成。在此，向各位作者表示感谢。

由于编者水平与精力有限，书中难免出现不妥之处，热忱欢迎读者批评指正。

编者

2024 年 10 月

目 录

3 酸碱化学 060

4 配位化学   088

5 沉淀和溶解反应   105

6　吸附　127

7 氧化还原反应 149

1

水化学概论

学习目标

① 掌握水的物理和化学性质，熟悉水的异常特性与水分子结构的关系。
② 熟悉天然水和污水的组成、分类等。

1.1 水化学的范畴及发展历程

1.1.1 水化学的范畴

水化学是研究天然水中的化学过程及杂质组分分配规律的一门学科，它探讨河水、湖水、地下水和海水等的水质变化规律，以及与水处理过程相关的水化学原理。水化学的主要依据是化学基础理论。由于地球本质上是一个复杂的生态体系，其中水、大气、岩石、生物和人类活动相互作用、相互影响，因此，水化学的研究范围也自然地扩展到了其他学科，包括生物学、地质学、水文学等等。

虽然天然水的储量非常丰富，但陆地上可供利用的淡水资源却不到淡水总量的 1%。近年来随着人口增加和工业迅速发展，用水量急剧增加，许多工业发达地区已经面临着水资源短缺和水体污染的问题。随着人类物质文明的发展，不仅对水的需求量越来越大，对水质的要求也越来越高。这导致水利用方面的矛盾日益突出。为解决好这一矛盾，必须深入了解各种水，包括天然水、工业用水、生活用水和污（废）水中发生的各种化学过程，掌握水化学涉及的基本原理。

水中存在各种无机和有机化合物，而水化学正是研究和阐述这些化合物（包括水）之间的化学作用的学科，涉及化学动力学、酸碱化学、配位化学、沉淀和溶解反应、吸附、氧化还原反应和光化学等。

1.1.2　水化学的发展历程

人类对水化学的研究已有百余年的历史，其中湖泊沼泽学、地球化学、卫生工程学和环境工程学等的进步，极大促进了水化学的发展。自 19 世纪起，人们开始关注湖泊和其他淡水水体的化学组成，如溶解性气体、营养物质、主要和次要离子以及有机物等。

水化学在卫生工程学和环境工程学中占有十分重要的地位。许多饮用水净化、污水处理及工业废水处理处置的技术都需要以水化学知识为基础。因此，水污染问题也在一定程度上决定了水化学的发展方向。20 世纪 60 到 70 年代，水化学主要关注水体富营养化问题和水中各种杀虫剂引起的污染问题；20 世纪 70 年代中期到 90 年代早期，酸雨、多氯联苯（PCBs）和多环芳烃（PAHs）污染问题成为关注的焦点；20 世纪 90 年代晚期开始，汞的迁移及其生物地球化学过程在水化学领域受到广泛关注。现如今，随着检测技术的进步，水环境中痕量有机污染物污染问题受到普遍关注。

在认识水环境问题、控制水污染和修复水生态的过程中，水化学都发挥着重要作用。同时，为了应对新出现的污染问题，水化学将继续发展、借鉴并应用相关研究成果，以实现在研究方法、研究理论等方面的发展和突破，逐步形成完整的理论体系。

1.2　水的性质与结构

水是地球上最常见的液体，其独特的性质使得生命得以存在。在水化学中，水作为所有反应的媒介，是不可或缺的成分，具有重要作用。本节将介绍水的特性，并结合水的分子结构，介绍与水的特殊结构相关的物理性质和化学性质。

1.2.1　水的物理性质

与其他小分子相比，水的熔点和沸点要高得多（表 1-1）。此外，如图 1-1 所示，水并不遵循第ⅥA 族元素对应氢化物熔点和沸点随分子量减小而降低的趋势。

表 1-1　一些小分子的物理性质

物质	分子式	分子量	熔点/℃	沸点/℃
甲烷	CH_4	16	−182.5	−161.6
氨气	NH_3	17	−77.7	−33.3
水	H_2O	18	0	100
一氧化碳	CO	28	−205	−191.5
一氧化氮	NO	30	−163.6	−151.8

在各种常见液体中，水的比热容、熔点、沸点和介电常数最高，导热性能极好。水的各种物理性质参见表 1-2。

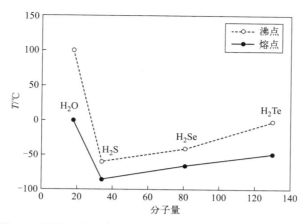

图 1-1 第ⅥA族元素对应氢化物的熔点和沸点的变化趋势

表 1-2 水的各种物理性质

性质	数值	与其他液体比较	作用
比热容	4.18J/(g·℃)	很高	良好的传热介质;调节环境温度
熔化热	79cal❶/g 330J/g	很高	使水处于稳定的液态;调节水温
蒸发潜热	540cal/g 2257J/g	很高	调节水温;使降雨量与蒸发量平衡
密度	1.0g/cm³(4℃)	高	使气-水表面结冰;控制水体中温度分布;保护水生生物
表面张力	72.8mN/m	很高	影响膜的吸附、润湿和传输
介电常数	80.1F/m(20℃)	很高	使水成为离子的良好溶剂;高度溶解离子性物质并使其解离
偶极矩	1.85D❷	高于有机溶剂	水的上述特性产生的原因
黏度	1.0mPa·s	比有机溶剂高2~8倍	减缓溶质的移动
透明度	—	在可见光范围比其他溶剂高	为光合作用和光化学反应创造条件
热导率	0.6W/(m·K)	高于有机溶剂	对自然系统和工程系统中的热传递至关重要

其中,介电常数是溶剂的一个重要性质,反映了溶剂中库仑力的衰减率,对盐类在水中的溶解过程起着至关重要的作用。相较于具有低介电常数的溶剂,水的高介电常数使得同极性离子在库仑斥力变得显著前能够相互接近。因此,高介电常数是使水成为盐类物质良好溶剂的关键因素。

1.2.2 水的化学性质

总体来说,水的一切化学性质都与 O—H 键的断裂和氧原子的亲核性有关。

---

❶ 1cal=4.1868J。

❷ D,德拜,1D=3.33564×10⁻³⁰C·m。

（1）化学稳定性

常温常压下水具有出色的化学稳定性，即水很难分解为 H_2 和 O_2。

（2）水合作用

水分子的强极性使它能与带电荷的离子和分子以及极性分子相结合。水合作用是任何物质溶于水时必然发生的过程，只是不同物质的水合作用方式和结果不同。

强电解质溶于水时完全形成水合离子。例如硫酸铜溶于水后会形成水合离子 $[Cu(H_2O)_4]^{2+}$，氯化钠溶于水后会形成水合离子 $[Na(H_2O)_n]^+$（其中 $n=1\sim6$），等等。

极性分子与水分子之间发生偶极-偶极相互作用而形成水合物，这种作用有时会引起解离，如 HF 溶于水时就有一部分解离生成水合的 H^+ 和 F^-。非极性分子在水分子的极性作用下产生暂时的诱导极性，所以和水分子间也会发生偶极-偶极相互作用，这种作用的强弱由溶质分子的可极化性决定。例如，稀有气体中半径大的氩就比半径小的氦更容易形成稳定的水合物。此外，当水合作用很强时，水合物会转变成新的化合物。例如 CO_2 的水合物有小部分变成碳酸，氯的水合物有小部分变成 HOCl 和 Cl^-。

（3）水的解离

对于 $H_2O \rightleftharpoons H^+ + OH^-$，离子积 K_w 约等于 10^{-14}（25℃），可见水的解离程度极低。水的微弱解离是生物赖以生存的基本条件之一。水的解离程度增大或减小都会打乱现有的生命过程。

（4）水解

无机盐的水解可以看成水解离后与之作用的结果。弱碱金属离子的水解是指弱碱金属离子与水中的氢氧根（OH^-）结合，形成羟基配位的金属氢氧化物，同时产生氢离子（H^+）的过程。非金属卤化物（如 PCl_3）的水解是因为某些非金属（如 S、P、N）与羟基或氧原子的结合能力大于和卤素的结合能力。

1.2.3　水的异常特性与水分子结构的关系

在水分子中，氧原子外层电子（$2s^2 2p^4$）经 sp^3 杂化后与两个氢原子的两个电子构成两个 O—H 共价键，氧原子上还有两对孤对电子。所以水分子结构呈 V 形，如图 1-2 所示。其中 H—O—H 所夹键角为 104°45′，O—H 键长为 0.096nm。

由于水分子具有极性，水分子间能形成很强的氢键。每个水分子在正极一方有两个氢核，可与另外 2 个水分子的氧形成氢键；在负极一方有氧的两对孤对电子，可与另外 2 个水分子的氢核形成氢键。以冰为例，每个水分子可以与邻近的 4 个水分子形成 4 个氢键，构成了空间四面体结构。水分子在冰中形成的氢键如图 1-3 所示。

冰中的水分子间氢键达到饱和，排列有序。冰的结构为六方晶系晶格，分子间有较大的空隙。在不同的温度和压力下，冰的结构有 19 种之多（统计时间截止到 2023 年）。普通冰的密度为 $0.92 g/cm^3$，因此，冰会浮在水面上。

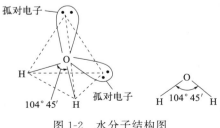

图 1-2　水分子结构图

与冰的刚性晶体结构不同，气态水大多是单分子，只在某些情况下才会出现二聚体且存在时间短暂。在气相中，每个水分子的运动都是独立的，当两个水分子发生碰撞时，它们不会粘在一起，而是相互弹开，并继续各自独立的运动。

水的各种特性都是由其特殊结构决定的。水分子有强大的极性且分子间能形成氢键，分子间作用力较强，内聚力很大，因此水的熔、沸点高，比热容大，汽化热和熔化热高，表面张力大。水的温度体积效应异常是因为温度变化时，其分子结构随之改变。冰融化为水后，温度升高时其体积与密度的变化受到两种过

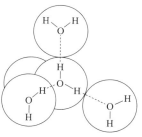

图 1-3　水分子在冰中
形成的氢键

程的影响：一是正常的热运动增加导致体积膨胀，密度减小；二是氢键的解体，一部分水分子填充至晶体的空隙中，使体积缩小，密度增大。在 $0 \sim 4 ℃$ 之间，后一过程占据了主导，导致异常现象的出现。$4 ℃$ 以上，前一过程占优势，表现出正常的趋势。

1.3　天然水

1.3.1　天然水的组成

天然水体是一个复杂体系，其中存在许多杂质。这些杂质的密度存在差异，分别分散在上、中、下三层。例如与空气交界的河流表层富集了众多脂肪酸、酯类等化合物，这些物质的分子大多具有疏水性，导致表层水张力增加。这一层之下还有一个含有多糖、蛋白质等营养物质的薄层，薄层中的溶解性有机物质浓度可达到 $2 \sim 9 g/L$，该层是河水中微生物的一个重要活动场所，每毫升水中可含 10^8 个细菌。在上层水面，还可能漂浮着各种生活垃圾（木片、纸屑等）和多种藻类。

水体底层的沉积物也是其重要组成部分，其中含有各种颗粒度不等的砾、砂、黏土、淤泥、生物的排泄物和尸体以及各种天然和人造的化学物质（金属、颗粒状有机物等）等。

体积占比最大的为中间层，其中所含的杂质主要是溶解性分子和离子、胶体粒子和悬浮颗粒物。溶解性分子和离子的粒度一般不大于 $10^{-3} \mu m$（即 1nm），这类组分不能通过过滤或沉降的方法从水中除去。可通过丁达尔效应判断水体中是否存在胶体粒子。胶体粒子能穿过大多数过滤介质的孔隙，且沉降速率缓慢，因此也无法用过滤或沉降的方法从水中去除。直径大于 $1 \mu m$ 的悬浮颗粒则能被一般过滤介质截留，也能在水中较快沉降，这些颗粒会降低水体的透明度，是造成水体浑浊的主要原因，水体中的大多数微生物也属于此类颗粒。悬浮颗粒物最终沉降、沉积在水底，成为天然水体沉积物的组成部分。天然水体中各种颗粒物的粒径大小及在静水中的沉降速率如图 1-4 所示。

天然水体中除自然分层外，还包括生物体等异相物质。天然水中的生物体种类和数量繁多，其中微生物是影响水体水质最重要的生物体，包括藻类等植物微生物、菌类、单细胞原生动物以及轮虫、线虫等动物微生物。生活在天然水体中的较高级生物（如鱼类）在数量上占比少，它们对水体化学性质的影响也相对有限，但水质对它们的生存至关重要。

综上所述，在对一个污染水体进行水质分析时，必须考虑待测污染物在水体中的分布状

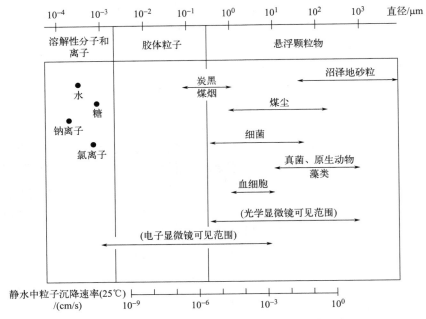

图 1-4   天然水体中各种颗粒物的粒径和沉降速率

况（包含生物体），以期能取得具有代表性的水样。一些典型污染物在天然水体中的分布情况如表 1-3 所示。

表 1-3   一些典型污染物在天然水体中的分布情况

污染物	主要部位			
	表层	中间层	颗粒物和沉积物	生物体
金属			○	○
氮、磷化合物		○		○
油、脂肪酸	○			
表面活性剂	○			
农药			○	○
卤代烃		○		
酚		○		○
单环芳烃			○	
多环芳烃			○	○

天然水体的化学性质与其中含有的成分密切相关，主要包括无机离子、溶解气体、溶解性有机物、颗粒物和沉积物、微生物等，下面将对这些成分逐一展开介绍。

1.3.1.1   无机离子

天然水中，无机离子组成以 K^+、Na^+、Ca^{2+}、Mg^{2+}、HCO_3^-、CO_3^{2-}、Cl^-、SO_4^{2-}、NO_3^- 等为主，这些离子大约占天然水中离子总量的 $95\%\sim99\%$。在海水中，Na^+、Cl^- 一般占优势；湖水中，Na^+、SO_4^{2-}、Cl^- 一般占优势；地下水中的主要离子组成受地域变化

影响大，一般来说地下水硬度高，即 Ca^{2+}、Mg^{2+} 含量较高，而在一些苦咸水地区，Na^+、HCO_3^- 含量较高。这些主要离子常被用作表征水体主要化学特征的指标，见表1-4。

表1-4　水中的主要离子组成

离子种类	主要离子	指标
阳离子	Ca^{2+}、Mg^{2+}	硬度
	H^+	酸度
	K^+、Na^+	碱金属
阴离子	CO_3^{2-}、HCO_3^-、OH^-	碱度
	SO_4^{2-}、Cl^-、NO_3^-	酸根

天然水体中主要离子的形成，即是水体矿化的过程。矿化度是指在矿化过程中进入天然水体的离子成分的总量，以总含盐量（TDS）表示。天然水中常见主要离子总量可以粗略地作为水体的 TDS：

$$TDS \approx [Ca^{2+} + Mg^{2+} + K^+ + Na^+] + [CO_3^{2-} + HCO_3^- + Cl^- + SO_4^{2-} + NO_3^-]$$

（1）钙离子（Ca^{2+}）

Ca^{2+} 广泛存在于各种类型的天然水中，主要来源于含钙岩石（如石灰岩、方解石）的风化和溶解，是构成水中硬度的主要成分。不同条件下，天然水中的钙离子含量差别很大。一般来说，地下水中的含量远远高于地表水中的含量。

（2）镁离子（Mg^{2+}）

Mg^{2+} 是天然水体中普遍存在的一种成分，其含量一般为 $1 \sim 40mg/L$。它主要来源于含碳酸镁的白云岩及其他岩石的风化、溶解，也是构成水中硬度的主要成分之一。

我国目前普遍使用的硬度表示方法是德国度，1德国度（$1°dH$）相当于 1L 水中含有 10mg 氧化钙（CaO）。另一种表示方法是将所测得的钙、镁折算成碳酸钙（$CaCO_3$）的质量，即 1L 水中含有 $CaCO_3$ 的质量，单位为 mg/L。水的硬度分级见表1-5。

表1-5　水的硬度分级

总硬度/$°dH$	碳酸钙浓度/（mg/L）	水质
$0 \sim 4$	$0 \sim 75$	很软的水
$4 \sim 8$	$75 \sim 150$	软水
$8 \sim 16$	$150 \sim 300$	中等硬水
$16 \sim 30$	$300 \sim 450$	硬水
>30	$450 \sim 700$	很硬的水

（3）钠离子（Na^+）

Na^+ 广泛分布于大多数天然水中，主要来自各种含钠岩矿。其中，在淡水环境中，Na^+ 主要来自硅铝酸盐（$Na_2Al_2Si_6O_{16}$）矿物的分解；而在咸水环境当中，Na^+ 主要来自 NaCl 的溶解。不同条件下天然水中 Na^+ 的浓度差别很大，从不到 $1mg/L$ 的低浓度至超过 $500mg/L$ 的高浓度都有可能。

（4）钾离子（K^+）

钾主要分布于酸性岩浆岩及石英岩中。含钾的硅铝酸盐［如钾长石（$K_2O \cdot Al_2O_3 \cdot 6SiO_2$）］矿物的分解是天然水中 K^+ 的重要来源。尽管 K^+ 在水中溶解度较大，但受土壤岩石的吸附及植物吸收与固定的影响，天然水中 K^+ 的浓度远低于 Na^+，为 Na^+ 含量的 4%～10%左右。大多数饮用水中，K^+ 的浓度低于 20mg/L。在某些溶解性固体总量高的水（如温泉）中，K^+ 的含量可达到几十甚至几百毫克每升。

（5）氯离子（Cl^-）

Cl^- 是水体和废水中一种常见的无机阴离子，几乎所有天然水中都有氯离子存在，它的含量范围变化很大。在河流、湖泊、沼泽地区，氯离子含量普遍偏低，而在海水、盐湖及某些地下水中，其含量可能高达 10g/L。

（6）碳酸根/碳酸氢根离子（CO_3^{2-}/HCO_3^-）

天然水中的 CO_3^{2-}/HCO_3^- 来自碳酸盐矿物的溶解。一般河水与湖水中 CO_3^{2-}/HCO_3^- 的含量不超过 250mg/L，地下水中略有升高。

（7）硫酸根离子（SO_4^{2-}）

天然水中 SO_4^{2-} 的来源主要包括火成岩的风化产物、火山气体、沉积的石膏与无水石膏、含硫的动植物残体以及金属硫化物氧化等。天然水中 SO_4^{2-} 含量不仅取决于各类硫酸盐的溶解度，还取决于环境的氧化还原条件，其浓度可达到几至数千毫克每升。在还原条件下，SO_4^{2-} 不稳定，可以被还原为单质硫和硫化氢。

（8）亚硝酸根、硝酸根离子（NO_2^-、NO_3^-）

NO_2^-、NO_3^- 广泛存在于各类天然水体中，包括海水、表层淡水、大气降水和云层水，是氮元素在自然界中的重要存在形态。化学肥料的广泛使用导致 NO_2^-、NO_3^- 在水环境中逐步积累。

1.3.1.2　溶解气体

溶解在水中的气体主要有 O_2、CO_2、H_2S、N_2 和 CH_4 等，它们在水中的含量差别很大，其中 O_2 和 CO_2 含量较高。O_2 在水中的溶解度会受到水温的影响，常温下水中饱和溶解氧（dissolved oxygen，DO）浓度为 8～14mg/L。地表水中溶解 CO_2 的量一般不超过 20～30mg/L，地下水可达 15～40mg/L。此外，在通气不良的条件下，天然水体中也会存在 H_2S 气体，它主要来自缺氧条件下含硫化合物的分解及硫酸盐的还原。N_2 和 CH_4 在水中属于微溶（难溶）气体，含量较少。

水中溶解氧对水生生物的生命活动具有重要影响，例如鱼类需要从水中摄取溶解氧，一般要求溶解氧浓度不小于 4mg/L。水中溶解氧主要来源于大气复氧及水生藻类等的光合作用，主要消耗于生物的呼吸作用和有机物的氧化过程。当水中有机物含量较高时，有机物的耗氧速度超过氧气的补给速度，则水体中的溶解氧量将不断减少；当有机污染严重时，溶解氧浓度甚至可能接近零。此时，有机物的分解就会从好氧状态转化为厌氧状态，有机物中的硫会转化为硫化氢，发出恶臭，导致水体黑臭；此外，硫化氢也会与水中的金属离子反应生成金属硫化物。

水体中的 CO_2 主要由水生动植物的呼吸作用以及有机物的分解产生，而空气中的 CO_2 在水中溶解量很少。水体中游离的 CO_2 对水中动植物、微生物的呼吸作用和水中气体的交换有明显影响。藻类等自养型微生物和水生植物可以利用光能及水中的 CO_2 合成生物自身的营养物质并释放出 O_2。然而，当水中 CO_2 的浓度过高时，可能会导致水生动物和某些微生物死亡，因此，一般要求水中 CO_2 的浓度不超过 25mg/L。

1.3.1.3 溶解性有机物

天然水中溶解性有机物的来源主要包括外源和内源两部分。外源是大气和陆地系统中的天然有机物、人为排放的污水通过降雨、地表径流以及下渗等方式进入水体，主要成分表现为腐殖质类物质；内源与水体中生物活动紧密相关，即天然水体中各类水生植物、菌类等生物释放的物质和通过新陈代谢生成的物质，主要成分表现为类蛋白物质。

腐殖质类物质是天然水体中最主要的溶解性有机物，广泛地分布在自然界中，河流、湖泊、海洋、水体底泥和土壤中都含有丰富的腐殖质。腐殖质具有弱酸性、离子交换性、配位及氧化还原等化学活性，能与水体中的金属离子形成稳定的水溶性或不溶性化合物，还能与其他有机物相互作用。此外，腐殖质对水体中重金属等污染物的迁移转化也起着举足轻重的作用。

根据腐殖质在酸和碱溶液中的溶解度和颜色可将其分为胡敏素、胡敏酸和富里酸，后二者合称腐殖酸。Stevenson 腐殖酸模型如图 1-5 所示。胡敏素，也称腐黑物，是腐殖质中既不溶于碱也不溶于酸的部分，是变性的胡敏酸；胡敏酸是腐殖质中能够溶于碱而不溶于酸的部分，胡敏酸在乙醇等有机溶剂中的可溶部分称为棕腐酸，不溶部分称为黑腐酸；富里酸又称黄腐酸，是腐殖质中既能够溶于碱又可溶于酸的部分。腐殖质的划分方法见图 1-6。

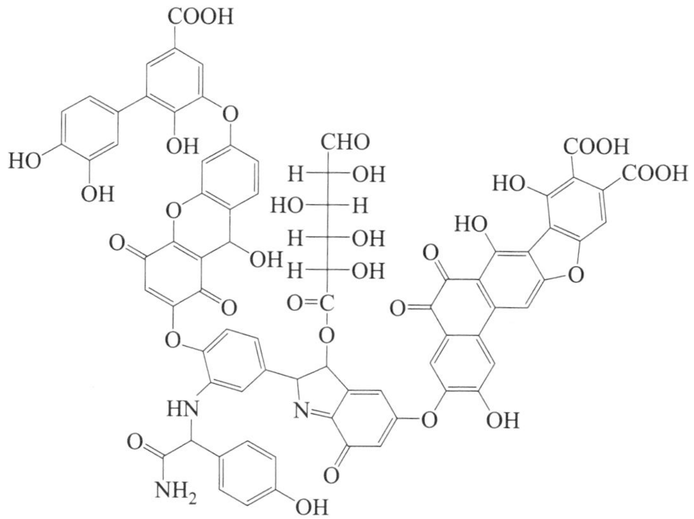

图 1-5　Stevenson 腐殖酸模型

1.3.1.4 颗粒物和沉积物

颗粒物是天然水中普遍存在的物质，是水底沉积物的主要成分。水中颗粒物主要指粒径

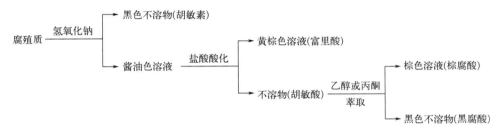

图 1-6　腐殖质的划分方法

大于 $0.45\mu m$ 的实体微粒。天然水体中颗粒物的来源和性质主要可以从以下几个方面进行阐述。

（1）陆生的岩石碎屑

包括性质稳定的石英（SiO_2）、刚玉（Al_2O_3）和赤铁矿（Fe_2O_3）等颗粒物，它们由陆地岩石经各种风化作用碎裂以后，再经水流、风或海滩波浪作用带入水体。它们密度较大、容易沉降；颗粒的粒径范围较宽，但在某一窄小的沉积区域中有较整齐的粒度。

（2）黏土矿物

原是土壤的主要成分铝硅酸盐经风化作用生成，再经风或水流作用进入各水体。其中所含水合金属氧化物是水解产物，可通过凝聚作用而沉降。

（3）碳酸盐和硅石

由生物体残骸中"硬性"部分经分散而形成，在营养物供给充分的水体中含量较丰富。通过各种复杂的自然过程，这些颗粒物又常以珊瑚礁等形态聚集在水体浅底。

（4）颗粒状有机物

生物体残骸中的"软性"部分，包含生物体碎屑和相当数量的细菌。它们组成了水体中大多数的悬浮颗粒物。这类物质中只有很小部分能构成水底沉积物，但在其他沉积物迁移和转化过程中起很大作用。

（5）天然和人造化学物质

这类物质种类众多，含量变化也较大。大多数天然化合物是一些大分子的碳水化合物、类脂物和蛋白质；人造化合物包括有机农药、糖类、脂类、重金属水解产物、放射性核素及颗粒状有机物（如纸浆厂排水中的颗粒物）等。

颗粒物会使水的浊度增高、透明度降低。此外颗粒物还与水中痕量有机污染物、金属离子等发生复杂的相互作用。水中颗粒物亦是各种细菌、病毒、污染物的载体，因此颗粒物的去除也是水质净化的主要任务之一。水处理中的絮凝、过滤、气浮、膜分离等环节可以有效去除水中的颗粒物。

在天然水体中，各类悬浮颗粒物有不同的粒度、浓度以及滞留时间，其形成和迁移主要受力学因素（如重力、水平和垂直方向的水动力）以及颗粒间相互吸引力的影响，最终在水底以沉积物的形式汇聚。除此之外，细微的胶体粒子凝聚沉降，以及水中分子、离子态物质的化学沉淀也是水中沉积物的重要来源。因此，沉积物的组成与上层水域的成分密切相关。由于大部分水中的杂质来自水域土壤，因此水底沉积物的成分与土壤成分相似。水体中沉积物的具体组成如图 1-7 所示。

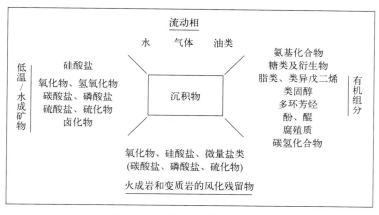

图 1-7 水体中沉积物的组成

1.3.1.5 藻类、细菌等微生物

水环境中重要的微生物体有藻类、细菌、真菌、放线菌和原生动物等，下文主要对前两者进行介绍。

藻类是湖泊、水库等缓慢流动水体中最常见的能进行光合作用的浮游植物，具有一个明显的细胞核。最小的藻只有几微米，而某些巨藻可长达 60m。一些藻类的尺寸见表 1-6。

表 1-6　一些藻类的尺寸

假丝微囊藻	铜绿微囊藻	不定微囊藻	细小隐球藻	点形粘球藻
$3\sim7\mu m$；群体可长达 $500\mu m$，宽 $20\sim30\mu m$	$3\sim7\mu m$	$1\sim2\mu m$	$1.5\sim2\mu m$	$0.8\sim3\mu m$，包括胶被 $3.5\sim7\mu m$

藻类种群的密度在各种水体中表现出较大的差异。在深海水体中，每毫升水中藻类细胞的数量通常少于 100 个，然而在养分过剩的沿海水域或是透光性良好的湖泊中，每毫升水中的藻类细胞则可能高达 10 万个，甚至在某些情况下可达 2 亿个。

藻类的主要种类包括蓝绿藻、硅藻、褐藻、鱼腥藻、念珠藻和颤藻等。蓝绿藻的结构与细菌类似，区别在于前者具有进行光合作用的能力，是真正的光合自养生物。从生态学的视角来看，藻类在水体中扮演了生产者的角色，它们在阳光照射下，以水、二氧化碳及溶解性氮、磷等营养物为原料，不断地合成有机物并释放氧气。而在没有阳光的条件下，藻类将消耗自身有机物以维持生命活动，同时也会消耗水中的溶解氧。

细菌的形体非常小，一般直径仅为 $0.5\mu m$，且内部结构相对简单，大多为单细胞生物。按其外形可分为球形菌、杆菌和螺旋菌等，按营养方式又可以分为异养菌和自养菌。异养菌包括腐生异养菌和寄生异养菌，前者从死亡的生物体内获取营养，后者则以活体作为寄主。细菌也可分为不致病的腐生菌和可能致病的致病菌，后者在侵入人体、动物或植物体后会引发疾病。

在适宜的环境条件下，细菌的繁殖速度极快。水中的细菌等微生物的数量关系到水体的自净能力和水处理工艺中生物段的效果。根据细菌在水处理过程中降解有机物时所利用的受氢体种类的不同，可将细菌分为好氧细菌、厌氧细菌和兼性细菌。好氧细菌如醋酸菌、硝化细菌等生活在有氧环境中；厌氧细菌如产甲烷菌等需在无氧环境中生长和繁殖；兼性细菌如乳酸菌等能在有氧和无氧条件下进行两种不同的呼吸过程。

1.3.2　几种重要的天然水

1.3.2.1　海洋

地球上水的总储量中约 97% 为海水，海洋覆盖着约 71% 的地球表面。海水含盐量较大，化学组成非常复杂。海水 pH 值在表层介于 7.5 与 8.8 之间，在深层可下降到 7.3。海水中盐度可达到 3.5%，表现出强电解质溶液性质。表 1-7 比较了海水和纯水的各种物理性质并列举了海水中的杂质含量。相比于纯水，海水冰点低，密度、电导率、渗透压大。海水中的主要离子有 K^+、Na^+、Ca^{2+}、Mg^{2+}、HCO_3^-、CO_3^{2-}、Cl^-、SO_4^{2-}，这些离子大约占海水溶质总量的 99%，除 HCO_3^- 和 CO_3^{2-} 浓度波动较大外，其他离子的比例基本稳定。

表 1-7　海水和纯水的物理性质比较及海水中杂质含量

性质	单位	纯水	海水(含盐量3.5%)
密度(20℃)	g/cm³	0.9823	1.02478
声速(20℃)	m/s	1482.7	1522.1
冰点	℃	0	−1.91
渗透压(20℃)	Pa	—	24.8×10^{-5}
黏度(20℃)	mPa·s	1.005	1.092
电导率(20℃)	μS/cm	1~10	约30000
氯	mg/L	—	19000
钠	mg/L	—	10500
硫酸根	mg/L	—	2700
钙	mg/L	—	410
碳酸氢根	mg/L	—	142
砷	mg/L	—	0.003
二氧化硅	mg/L	—	6.4
汞	mg/L	—	0.0002
镉	mg/L	—	0.0001
铅	mg/L	—	0.00003

随着人类社会的发展，海洋不可避免地受到一定程度的污染。海洋的污染源主要涵盖以下几个方面：

① 河流在流入海洋的过程中，将工农业生产中产生的废物和污染物带入海洋；

② 沿海城市的企事业单位（例如工厂、医院、核电站和热电站等）通过生产和运营过程产生的工业、医疗、放射性废水和热废水排入海洋；

③ 含有丰富营养物质的生活污水排入河口、海湾地区后，可能引起赤潮；

④ 海洋突发事故，如运输船只原油泄漏等。

1.3.2.2　河流

淡水资源仅占地球总储水量的 2.6%，且其中大约 70% 以上以冰雪固态的形式储存于极地和高山地区。这使得地下、湖泊、土壤、河流和大气中的可用淡水资源不足 30%。

相较于地下水的封闭储存，河流是开放的流动水体。与海洋的庞大流量相比，河流的流量相对较小。这些特性使得河流的水质变动幅度较大，且受地理位置、气候、生物及人类活动等多种因素影响。河水中主要阳离子为 Na^+、Ca^{2+}，主要阴离子为 HCO_3^-、Cl^-、SO_4^{2-}、NO_3^- 等。此外，河流中的主要污染物包括重金属以及有毒有害的有机污染物。

世界上大多数工业城市都是依河而建。河流不仅是城市的水资源主供应地，也成为隐藏污染物的"温床"。进入河流的重金属（Hg、Cd、Pb 等）很容易被水中悬浮颗粒物吸附，随即沉入水底，所以河流中上层水体受重金属污染的程度较轻。富含有机物的城市污水排入河流后，会引起上下游水体内溶解氧降低，造成种种不良环境后果。

1.3.2.3 湖泊

湖泊是地表不同大小和形状的凹地积水形成的自然水体。湖水水流缓慢，蒸发量大，蒸发过程中损失的水分往往由河流和地下水来补充。湖泊内蕴含丰富的元素，如钙、镁、钠、钾、硅、氮、磷、锰和铁等，其中氮、磷等元素所引发的富营养化问题已成为湖泊环境面临的重要挑战。

水体的营养水平对水生生物活动具有重要影响。低营养水体对水生生物游动较为有利。中等营养水体则为藻类、鱼类等水生生物提供了适宜的生存环境。高营养水体可能导致藻类过度繁殖，从而大幅降低水中的溶解氧浓度，进而可能引发一系列问题，如缩小鱼类生存空间、导致氧气供给不足，甚至产生有害的还原性气体如硫化氢等。这种富营养化现象也是湖泊等水体衰老的一种表现，极端富营养化会使湖泊演化为沼泽或干地。

湖泊环境面临的另一挑战来自酸雨引发的湖水酸化。特别是火成岩构成的湖盆，由于缺乏碱性物质，无法有效抵御酸雨的侵蚀。当湖水的 pH 值降低至 5.5 以下时，湖中的鱼类会大规模死亡。

1.3.2.4 地下水

地下水是贮存在地面之下的水资源，大气降水是地下水的主要补充水源。地下水的水质特性可以总结为以下几点：

① 硬度较高，含盐量高，且细菌含量偏低；
② 悬浮颗粒物的含量相对较少；
③ 水体一般处于还原状态，不与空气接触，铁、锰等元素以低价形态存在；
④ 水温基本不会受到气温的影响。

由于地下水位于复杂的地层结构之下，其流动格外缓慢，因此，地下水污染的过程较缓慢，且难以被及时发现，治理难度大。一旦地下水受到污染，即便成功消除污染源，也需十余年甚至几十年的时间，才能使其恢复到原始的水质状态。

地下水污染与地表水污染存在显著差异：污染物进入含水层以及在含水层中的运动速度较慢，导致污染往往是逐渐发生的，如果不进行专门的监测，很难及时发现；同时，确定地下水的污染源并不像地表水那么直接；最重要的是，地下水污染的消除非常困难，即使排除了污染源，已经进入含水层的污染物还会长期存在并产生不良影响，相较之下，地表水在排除污染源后，能在较短的时间内实现净化。

　　污染物主要通过人类活动和自然过程两种方式进入地下水，常见污染物主要可分为以下四类：

　　① 生活污水和生活垃圾：会引起地下水的总矿化度、总硬度、硝酸盐和氯化物含量升高，同时也可能引起病原微生物污染。

　　② 危险废物填埋场：填埋场产生的渗滤液或泄漏的其他污染物，可能对地下水造成负面影响。

　　③ 工业废水和废物：会使地下水中的有机和无机化合物浓度显著升高。

　　④ 农业活动：农业施用的化肥和粪肥可能导致地下水硝酸盐含量升高。虽然农药对地下水的污染相对较轻，且主要集中在浅层，但农业耕作活动可能会促进土壤有机物的氧化，例如有机氮氧化成无机氮（主要是硝态氮），并随渗水进入地下水。此外，天然咸水也可能对地下淡水资源造成污染。

1.4　污（废）水

　　污（废）水，本书简称污水，是指受到入侵废物污染（主要包括有害化学、物理、生物污染等）而降低或丧失使用价值的水。下文将分别对污水的主要污染源和水体中主要污染物进行介绍。

1.4.1　污水的分类

　　水污染源可分为天然和人为两大类。天然污染源是由自然过程产生的，例如大气降落物、岩石风化以及有机物的自然降解产生的污染物等，不过，这些由缓慢自然过程产生的物质通常被归类为水体的沾染物，而非污染物。相比之下，人为污染源则是在使用水的过程中产生的（如图 1-8 所示），包括工农业生产活动中产生的废水和生活污水等。这些环节引入了大量的污染物，造成水质下降。尽管这些含有污染物的废水在排放前都会进行处理，但去污率并不能达到 100%，从而给受纳水体引入了各种可能的污染物。

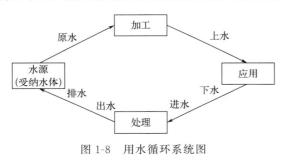

图 1-8　用水循环系统图

下文对主要人为污染源产生的不同类型的污水逐一进行简要介绍。

1.4.1.1　工业废水

　　工业废水是指各种工业企业在生产过程中所排放的废水，包括生产废水、生产污水和生产废液等。它的特征在于数量庞大并且组成复杂多样。工业废水中所含的污染物包括生产废料、残渣以及部分原料、产品、半成品和副产品等。由于工业种类繁多，废水的组成也相对复杂，因此对工业废水污染源进行明确的分类是很困难的。表 1-8 根据废水中所含污染物的种类列出了与之对应的各种污染源。

表 1-8 各种污染物与污染源

污染物	污染源	污染物	污染源
游离氯	造纸、织物漂洗业	镉	电镀、电池生产
氨	化工厂、煤气和焦炭生产	锌	电镀、人造丝生产、橡胶生产
氟化物	烟道气洗涤水、玻璃刻蚀业、原子能工业	铜	冶金、电镀、人造丝生产
硫化物	石油化工、织物染色、制革、煤气厂、人造丝生产	砷	矿石处理、制革、涂料、染料、药品、玻璃等生产
氰化物	煤气厂、电镀厂、贵金属冶炼、金属清洗业	磷	合成洗涤剂、农药、磷肥等生产
亚硫酸盐	纸浆厂、人造丝生产	糖类	甜菜加工、酿酒、食品加工制造厂
酸类	化工厂、矿山排水、金属清洗、酒类酿造、织物生产、电池生产	淀粉	淀粉生产、食品加工制造厂
油脂	毛条厂、织造厂、石油加工、机械厂	放射性物质	原子能工业、同位素生产和应用单位
碱类	造纸厂、化学纤维生产、制碱厂、制革厂、炼油厂	酚	煤气和焦炭生产、焦油蒸馏、制革厂、织造厂、合成树脂生产、色素生产
铬	电镀、制革	甲醛	合成树脂生产、制药
铅	铅矿矿区排水、电池生产、颜料业	镍	电镀、电池生产

1.4.1.2 农业污水

农业污水源自农作物种植、畜牧养殖和农产品加工等环节，可能对人类健康和环境质量产生影响。其主要来源包括农田径流、养殖场废水和农产品加工废水等，其中含有各种病原体、悬浮物、化肥、农药、不溶性固体物和盐分等。

农业污水的数量巨大且影响面广。当其含有的氮、磷等营养元素进入河流、湖泊、内海等水域时，会引发水体富营养化；农药、病原体和其他有毒物质则可能污染饮用水源，对人类健康构成威胁，同时也可能引发大范围的土壤污染和生态系统平衡破坏。

（1）农田径流

农田径流是指雨水或灌溉水流过农田表面后形成的污水，是农业污水的主要来源之一。此类污水中主要含有氮、磷、农药等污染物。减少农田径流是防治农业水污染的重要方式。

（2）养殖场废水

养殖场废水通常含有牲畜和家禽的排泄物，是农业污水的另一个主要来源。虽然畜禽粪便可用作肥料，但在工业发达国家这些物质通常被弃置，从而造成环境污染。若厩肥中的可溶性碳、氮、磷化合物在与土壤充分作用前就形成径流，也会引发严重的环境污染。

（3）农产品加工废水

农产品加工废水，如水果、肉类、谷物和乳制品加工过程中产生的废水，以及棉花染色、造纸、木材加工等工业活动产生的废水，也是农业污水的重要来源。在发达国家，这部分污水的数量极大。

1.4.1.3 生活污水

（1）城市生活污水

生活污水是城市居民日常生活中产生的各种污水的混合液，包括厨房、洗涤室、浴室等排出的烹饪、洗涤污水和厕所排出的粪便污水等，是城市污水的重要组成部分。生活污水中的杂质组分以有机物为主，包括蛋白质、糖、油脂、尿素、酚、表面活性剂等，且多数以颗粒物状态存在。生活污水水质参数的大体数值范围列于表1-9。

表 1-9   生活污水水质参数的大体数值范围

参数	数值范围/(mg/L)	参数	数值范围/(mg/L)
五日生化需氧量(BOD$_5$)	110～400	总氮(TN)	20～85
化学需氧量(COD)	250～1000	总磷(TP)	4～15
有机氮(Org-N)	8～35	总残渣	350～1200
氨氮(Amm-N)	12～50	悬浮物(SS)	100～350

（2）村镇生活污水

村镇生活污水主要包括洗涤、沐浴、烹饪、粪便及其冲洗等活动产生的污水，主要杂质包含有机物、氯、磷、细菌、病毒、寄生虫卵等，一般不含有毒物质。由于我国村镇发展不平衡，而且各地区居民生活习惯差异显著，不同村镇的生活污水的水质、水量差异较大。经济发达的村镇生活污水量大，氮和磷的含量高；经济欠发达的村镇在用水时可能反复使用后再排放，卫生洁具使用率较低，导致生活污水中有机物浓度较高，氮和磷浓度低。总体上来说，我国村镇生活污水的特点是：间歇排放；量少分散；瞬时变化大；经济越发达，生活污水氮、磷含量越高。如果这些生活污水未经处理直接排放，随地表径流进入水体，将对村镇饮用水源造成严重污染。

1.4.2   主要污染物

造成水体水质下降、水中生物群落破坏以及水体底泥质量下降的各种有害物质（或能量）统称为水体污染物。按污染物性质和形态，可将水体污染物分为化学性、物理性、生物性和放射性四大类，见表1-10。

从化学的角度又可以将水体污染物分为无机有害物、无机有毒物、有机有害物和有机有毒物四类。其中一些常见的水体污染物包括悬浮固体、有机物、酸（碱）性废水、含盐废水、重金属、含氮/磷化合物、石油类物质、放射性物质等。为了更有效地控制有毒污染物的排放，20世纪90年代我国制定了水中优先控制污染物黑名单筛选原则，并按照此原则进行初筛，提出初筛名单（含249种污染物）；再通过多次专家研讨会，提出符合我国国情的水中优先控制污染物黑名单（表1-11），名单共包含68种污染物，为我国优先污染物控制和监测提供了依据。

表 1-10   水体中的主要污染物

类别	分类	举例	危害
物理性污染物	热	温排水	水温升高、溶解氧减少
	致浊物	灰尘、木屑、泡沫、毛发、细菌残骸、砂粒、金属细粒等	导致水体的透明度下降、光合作用下降

续表

类别	分类	举例	危害
化学性污染物	致色物	色素、染料、有色金属离子	影响感官
	致嗅物	硫化氢、硫醇、氨、胺、甲醛	消耗溶解氧、产生臭味
	需氧有机物	碳水化合物、油脂、蛋白质等	生物降解消耗溶解氧、分解产物可能有毒
	植物营养物	NO_3^-、NO_2^-、NH_4^+、合成洗涤剂	产生富营养化
	无机有害物	盐、酸、碱	降低水质、导致水体酸化
	无机有毒物	氰化物	剧毒物质,在体内抑制细胞色素氧化酶的正常功能,造成组织内部窒息,对鱼类及水生生物也具有极大毒性
		Hg、Cd、Cr、Pb、As、Zn、Cu、Co、Ni	产生毒性效应
	易分解有机毒物	酚类、有机磷农药	有毒性
	难分解有机毒物	有机氯农药、多氯联苯(PCBs)	高毒性、化学性质稳定、在环境中富集
	油	石油	本身有毒、覆盖水体使溶解氧含量下降
生物性污染物	病原微生物	藻类、病毒、细菌和原生生物等	降低透明度、传播疾病
放射性污染物	放射性物质	^{235}U、^{90}Sr、^{137}Cs 等	放射性

表 1-11　我国水中优先控制污染物黑名单

类别	优先控制污染物
挥发性卤代烃类	二氯甲烷;三氯甲烷;四氯化碳;1,2-二氯乙烷;1,1,1-三氯乙烷;1,1,2-三氯乙烷;1,1,2,2-四氯乙烷;三氯乙烯;四氯乙烯;三溴甲烷
苯系物	苯;甲苯;乙苯;邻二甲苯;对二甲苯;间二甲苯
氯代苯类	氯苯;邻二氯苯;对二氯苯;六氯苯
多氯联苯	多氯联苯
酚类	苯酚;间甲酚;2,4-二氯酚;2,4,6-三氯酚;五氯酚;对硝基酚
硝基苯类	硝基苯;对硝基甲苯;2,4-二硝基甲苯;三硝基甲苯;对硝基氯苯;2,4-二硝基氯苯
苯胺类	苯胺;二硝基苯胺;对硝基苯胺;2,6-二氯硝基苯胺
多环芳烃类	萘;荧蒽;苯并[b]荧蒽;苯并[k]荧蒽;苯并[a]芘;茚并[1,2,3-c,d]芘;苯并[ghi]芘
邻苯二甲酸酯类	邻苯二甲酸二甲酯;邻苯二甲酸二丁酯;邻苯二甲酸二辛酯
农药	六六六;滴滴涕;敌敌畏;乐果;对硫磷;甲基对硫磷;除草醚;敌百虫
丙烯腈	丙烯腈
亚硝胺类	N-亚硝基二乙胺;N-亚硝基二正丙胺
氰化物	氰化物
重金属及其化合物	砷及其化合物;铍及其化合物;镉及其化合物;铬及其化合物;铜及其化合物;铅及其化合物;汞及其化合物;镍及其化合物;铊及其化合物

　　水中的热污染主要来源于核电站、热电站等工厂排放的热水。放射性污染主要来源于核医疗、核试验等产生的废水。重金属污染方面,汞污染主要来源于汞开采及使用汞的工厂的

排水；铬污染主要来源于铬矿开采冶炼和颜料制造等工业的排水；铅污染主要来源于铅蓄电池和颜料制造等工业的排水；镉污染主要来源于电镀、冶金等工业的排水；砷污染主要来源于砷矿的开采、农药和化肥制造等工业产生的废水。氰化物污染主要来源于电镀、塑料、冶金等工业排放的废水。营养盐污染主要来源于农田排水、生活污水和化肥工业产生的废水。酸、碱和其他盐类污染主要来源于采矿、化纤、造纸和酸洗等工业的排水。糖类、脂肪、蛋白质等污染主要来源于人的排泄物和动植物废料。酚类化合物污染主要来源于炼油、焦化等工厂的排水。苯类化合物污染主要来源于石化、焦化、农药、印染等行业的排水。油类污染主要来源于石油开采、冶炼、分离等过程的排水。病原体污染主要来源于生活污水、畜牧养殖废水、医疗废水、生物制品等工厂的排水。毒素污染主要来源于制药等工厂排水。有机农药污染主要来源于喷施农药后产生的地表径流及农药厂的排水。景观水体的污染物主要来源于水体区域内日常生活所排放的生活污水、附近停车场的洗车废水、雨水、生活垃圾及其渗滤液、建筑垃圾及其渗滤液、漂浮物和施工尘土等。

此外，近年来新污染物也逐渐引起学者关注。不同于常规污染物，新污染物是指新近发现或被关注，对生态环境或人体健康存在风险，尚未纳入管理或者现有管理措施不足以有效防控其风险的污染物。新污染物多具有生物毒性、环境持久性、生物累积性等特征，即使在环境中的浓度相对较低，也可能具有显著的环境与健康风险，其危害具有潜在性和隐蔽性。目前，国内外广泛关注的新污染物主要包括国际公约管控的持久性有机污染物（POPs）、内分泌干扰物（EDCs）、抗生素、全氟/多氟有机化合物、微塑料等。

思考练习题

1. 简述水的异常特性，以及这些特性与水分子结构间的联系。
2. 天然水主要由哪些物质组成？
3. 天然水中的无机离子有哪些？如何计算总含盐量（TDS）？
4. 什么是腐殖质？腐殖质如何分类？
5. 简述天然水体中颗粒物的种类和来源。
6. 简要说明地下水中主要污染物的种类和来源。
7. 简述水体中主要污染物的种类和来源。
8. 什么是优先控制污染物？我国水中优先控制污染物包括哪几类？

参考文献

［1］ Stumm W，Morgan J J. Aquatic Chemistry［M］. 3rd Edition. New York：John Wiley & Sons，Inc.，1996.
［2］ 王凯雄，朱优峰. 水化学［M］. 2版. 北京：化学工业出版社，2021.
［3］ 戴树桂. 环境化学［M］. 2版. 北京：高等教育出版社，2006.
［4］ 何燧源. 环境化学［M］. 上海：华东理工大学出版社，2005.
［5］ 李圭白，张杰. 水质工程学［M］. 3版. 北京：中国建筑工业出版社，2021.
［6］ 刘兆荣，谢曙光，王雪松. 环境化学教程［M］. 2版. 北京：化学工业出版社，2017.

2

化学动力学

📖 学习目标

① 掌握反应速率常数和平衡常数的概念。
② 掌握计算反应速率常数和反应级数的方法。
③ 熟悉水处理中催化技术的研究方向。
④ 了解水溶液中快速化学反应的常用研究技术。

2.1 反应动力学基础

2.1.1 化学反应的基本原理

化学反应，本质上是旧化学键的断裂和新化学键的形成。化学反应速率千差万别，其本质上是由物质自身性质决定的，是微观粒子相互作用的结果。如何去阐明这些微观现象的本质，属于反应速率的理论问题。为了解决这个问题，化学家提出了各种揭示化学反应内在联系的模型，其中最重要、应用最广泛的是分子碰撞理论和过渡态理论。

（1）分子碰撞理论

分子碰撞理论是由路易斯（Lewis）在 1918 年提出的，它是从微观角度研究一次分子碰撞行为中动力学性质的理论。分子碰撞理论假定：分子都是无结构的硬球，反应物分子碰撞是发生反应的先决条件，但是当分子间发生碰撞的部位不匹配或碰撞的能力不足时，碰撞亦不能引发化学反应。实验证明，只有某些比普通分子能量高的分子在一定的方位上相互碰撞，才有可能引起化学反应。在动力学中，把能导致化学反应发生的碰撞称为有效碰撞，能发生有效碰撞的分子称为活化分子。由气体分子运动论可知，气体分子在容器中不断地做无

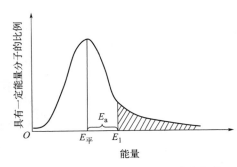

图 2-1　反应体系中分子能量分布规律

规则运动，它们通过无数次的碰撞进行能量交换，并使每个分子具有不同的能量。图 2-1 用统计方法得出了在一定温度下气体分子能量分布的规律及分子能量分布曲线，它表示在一定温度下气体分子具有不同的能量。图中，$E_平$ 表示分子的平均能量；E_1 表示活化分子的平均能量，它是发生化学反应的分子必须具有的能量，即只有当体系中有些能量大于或等于 E_1 的分子相互碰撞后，才能发生有效碰撞，才能引起化学反应；$E_1 - E_平 = E_a$，E_a 称为活化能。在一定温度下，一个具体的化学反应具有一定的 E_a 值。E_a 越大，满足这一能量要求的分子数量就越少，因而有效碰撞次数越少，化学反应速率也就越慢；反之则反应速率越快。

假设引起化学反应的有效碰撞占碰撞总数的比例为 q，反应速率可以表示为

$$r = \frac{zq}{L} \tag{2-1}$$

式中　z——反应物分子相互碰撞的频率；

　　　q——有效碰撞分数；

　　　L——阿伏伽德罗常数。

如果确定了 E_1 值，q 可以由分子能量分布定律计算出来。然而，后续的实验表明，对于有些反应的速率，式(2-1) 的计算结果偏高，甚至在某些反应中数值偏高数倍。为解决这一问题，在公式中增加一个校正因子 p 以进行修正：

$$r = \frac{zqp}{L} \tag{2-2}$$

式中，p 称为概率因子，其数值可从 1 到 10^{-9}，它包括减少分子有效碰撞的各种因素。

分子碰撞理论模型过于简单，精确性受限。尽管如此，该理论成功提出了活化分子的概念，绘制出反应历程的直观图像。然而，该理论无法从理论角度给出临界能 E_1 值，也无法预测一个反应的校正因子 p 的数值，因此，想要仅通过碰撞理论精准计算反应速率存在一定的困难。

（2）过渡态理论

20 世纪 30 年代，艾林、埃文斯和波拉尼在量子力学和统计力学的基础上提出了化学反应速率的过渡态理论。该理论认为，化学反应并不只是通过反应物分子的简单碰撞完成，在反应物生成产物的过程中，必须经过一个中间过渡状态。任意反应 A＋B —→ P 的全过程记为

$$A+B \underset{k_2}{\overset{k_1}{\rightleftharpoons}} M^{\#} \overset{k_3}{\longrightarrow} P$$
（平衡）（快速反应）

式中　$M^{\#}$——中间过渡状态，称为活化配合物。

图 2-2 描绘的是反应过程中势能的变化情况。在反应过程中，反应物分子 A 和 B 充分接近到一定程度时，分子所具有的动能就会转变为分子内相互作用的势能，这种转化会削弱

原有的旧化学键，从而使新的化学键逐渐形成，形成一个势能较高的中间过渡状态，该过渡状态极不稳定，因此活化配合物 $M^{\#}$ 一经形成就极易分解。$M^{\#}$ 既可分解为反应物 A 和 B，也可转化为反应产物 P。当 $M^{\#}$ 转化为产物时，整个体系的势能将会降低，反应即完成。在过渡态理论中，所谓活化能是指反应进行所必须克服的势能垒，即图中 $M^{\#}$ 与（A＋B）的能量差。

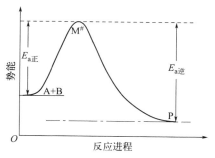

图 2-2　反应过程中势能变化示意图

2.1.2　影响反应速率的因素

化学反应速率的大小，主要取决于物质自身的性质。但一些外部条件，如浓度、温度和催化剂等对反应速率的影响也不可忽略。

（1）浓度对反应速率的影响

在大多数化学反应中，反应速率随着反应物浓度增大而加快。根据分子碰撞理论，分子之间要发生反应必先碰撞，所以反应速率与单位体积、单位时间内的碰撞次数成正比。反应物浓度越高，其碰撞发生的概率越大，因此反应速率也就越快。

（2）温度对反应速率的影响

通常温度对反应速率有显著影响，图 2-3 列出了反应速率随温度变化的五种不同规律。

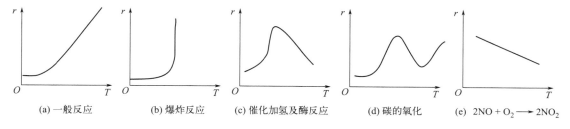

（a）一般反应　　（b）爆炸反应　　（c）催化加氢及酶反应　　（d）碳的氧化　　（e）$2NO + O_2 \longrightarrow 2NO_2$

图 2-3　反应速率随温度变化的五种规律

其中图 2-3（a）是最常见的情况，即温度每升高 $10\,^{\circ}\!C$，反应速率变为原速率的 $2\sim4$ 倍，这一经验性规律被称为范特霍夫（van't Hoff）规则，表达式为

$$r_{T+10}/r_T \approx 2\sim4 \tag{2-3}$$

式中　r_T——温度为 $T(K)$ 时的反应速率；

r_{T+10}——温度为 $(T+10)(K)$ 时的反应速率。

（3）催化作用与化学反应速率

虽然增大反应物浓度、升高反应温度均可使化学反应速率加快，但浓度增大，即增加反应物的量，反应成本相应提高，有时升高温度又会引发副反应。所以，在有些情况下，上述两种方法的利用受到限制。如果采用催化剂，也可以有效地加快反应速率。

催化剂能显著改变反应速率，而它本身的性质，包括组成、质量和化学性质在反应前后基本保持不变。催化剂之所以能显著地加快化学反应速率，是因为它会与反应物形成一种势能较低的活化配合物，从而改变反应历程。与非催化反应相比，催化反应所需的活化能显著降

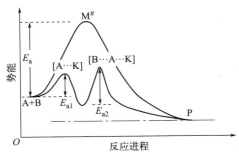

图 2-4   催化反应活化能示意图

低（如图 2-4 所示），从而使活化分子占比和有效碰撞次数增多、反应速率加快。对于反应 $A+B \longrightarrow P$，原反应历程为 $A+B \longrightarrow [M^{\#}] \longrightarrow P$，其反应活化能为 E_a。加入催化剂 K 后，改变了反应历程：

$$A+K \longrightarrow [A \cdots K] \longrightarrow AK \qquad 反应的活化能为 E_{a1}$$

$$AK+B \longrightarrow [B \cdots A \cdots K] \longrightarrow P+K \qquad 反应的活化能为 E_{a2}$$

由于 $E_{a1} < E_a$，$E_{a2} < E_a$，所以催化剂 K 的参与构造了一条活化能更低的反应路径，因此反应速率得以提升。

2.2   反应速率方程

2.2.1   基元反应和非基元反应

虽然化学反应方程式能够表示反应物和产物的化学组成，以及参加反应的各组分之间的计量关系，但并不能给出反应物转变为产物的反应途径。大量实验证明，有些反应是一个简单的反应过程，反应能够在一次化学行为中完成，这种一步完成的反应被称为基元反应。而更多的反应往往需要经历多个反应步骤才转化为产物分子，这种多步完成的反应被称为非基元反应（或复合反应）。

除非有特别标注，化学反应方程通常被视为化学计量方程，而不代表基元反应。例如 $2H_2 + O_2 \longrightarrow 2H_2O$ 就是化学计量方程，它只说明参加反应的各个组分（H_2、O_2 和 H_2O）在反应过程中的浓度变化遵循方程中系数间的比例关系，并不能说明两个 H_2 与一个 O_2 碰撞直接生成两个 H_2O，所以它不是基元反应。

2.2.2   反应速率的定义

反应速率是化学反应动力学中最重要的物理量。在水处理中，反应速率是反应器及构筑物设计的重要参考因素。

对于发生在水溶液中的化学反应，反应速率指反应溶液中某组分 i 的浓度随时间的变化率，即

$$r_i = \left| \frac{\mathrm{d}c_i}{\mathrm{d}t} \right| \qquad (2-4)$$

式中　c_i——反应体系中组分 i 的浓度。

对于均相反应体系，c_i 为组分 i 的浓度；对于非均相反应体系，c_i 为反应层（实际发生反应的部分）中组分 i 的浓度。

由于化学反应中各组分的化学计量数可能不相同，因而相对于各组分的反应速率值不一定相等。例如反应 $\alpha A \longrightarrow \beta B$，若用 c_A、c_B 分别表示 A、B 的浓度，则

$$\frac{1}{\alpha}\left|\frac{\mathrm{d}c_A}{\mathrm{d}t}\right|=\frac{1}{\beta}\left|\frac{\mathrm{d}c_B}{\mathrm{d}t}\right| \tag{2-5}$$

设 $\frac{1}{\nu_i}\mathrm{d}c_i$ 为化学反应进度，可用 $\mathrm{d}\xi$ 表示，则化学反应速率还可以表示为化学反应的进度随时间的变化率，即

$$r=\left|\frac{\mathrm{d}\xi}{\mathrm{d}t}\right|=\frac{1}{\nu_i}\left|\frac{\mathrm{d}c_i}{\mathrm{d}t}\right| \tag{2-6}$$

式中　ν_i——反应式中组分 i 的化学计量数。

2.2.3　基元反应的速率方程

对于经过碰撞而活化的单分子分解反应，例如 A ⟶ 产物，因为该反应是一个个活化分子独自进行反应，所以单位体积内的分子数目越多（即浓度越大），单位时间内进行反应的分子数目就越多，即反应物的消耗速率与其浓度成正比：

$$-\frac{\mathrm{d}c_A}{\mathrm{d}t}=k_A c_A \tag{2-7}$$

式中　c_A——反应体系中 A 的浓度；
　　　k_A——反应速率常数。

双分子反应可分为异类双分子间的反应与同类双分子间的反应：

① 异类双分子间的反应：A＋B ⟶ 产物；

② 同类双分子间的反应：A＋A ⟶ 产物。

根据分子运动论，单位体积单位时间内的碰撞次数与各反应物浓度的幂乘积成正比，因此反应物 A 的消耗速率与各反应物浓度的乘积成正比。对于上面的基元反应，分别有

$$-\frac{\mathrm{d}c_A}{\mathrm{d}t}=k_A c_A c_B \tag{2-8}$$

$$-\frac{\mathrm{d}c_A}{\mathrm{d}t}=k_A c_A^2 \tag{2-9}$$

以此类推，对于基元反应 aA＋bB＋⋯ ⟶ 产物，速率方程为

$$-\frac{\mathrm{d}c_A}{\mathrm{d}t}=k_A c_A^a c_B^b\cdots \tag{2-10}$$

温度一定时，反应速率常数为一定值，与各组分浓度无关。基元反应方程中各反应物的分子个数之和称为反应分子数。基元反应的速率与各反应物浓度的幂乘积成正比，浓度的幂次为反应方程中相应组分的分子个数，此规律称为质量作用定律。

基元反应按反应分子数可分为单分子反应、双分子反应和三分子反应。绝大多数基元反应为双分子反应；在分解反应或异构化反应中，可能出现单分子反应；三分子反应更少见，因为三个分子同时碰撞在一起的概率非常低，一般只出现在原子复合反应或自由基复合反应中。更多分子同时碰撞在一起的机会极小，至今尚未发现超过三个分子同时参与的基元反应。

质量作用定律只适用于基元反应。对于非基元反应，只有将其分解为若干个基元反应后，才能对每个基元反应逐个运用质量作用定律。在反应机理中，如果一种物质同时出现在

两个或两个以上基元反应中，其净消耗速率或净生成速率是这几个基元反应的总和。

例如，化学计量反应 $A+B \longrightarrow Z$ 的反应机理为

$$A+B \xrightarrow{k_1} X$$

$$X \xrightarrow{k_{-1}} A+B$$

$$X \xrightarrow{k_2} Z$$

则有

$$-\frac{dc_A}{dt} = -\frac{dc_B}{dt} = k_1 c_A c_B - k_{-1} c_X$$

$$\frac{dc_X}{dt} = k_1 c_A c_B - k_{-1} c_X - k_2 c_X$$

$$\frac{dc_Z}{dt} = k_2 c_X$$

2.2.4　化学反应速率方程的一般形式、反应级数

实际化学反应过程非常复杂，难以准确把握每一步基元反应，在研究化学反应动力学问题时，常采用实验方法测定，得出速率方程。

对于化学计量反应 $a A+b B \longrightarrow y Y+z Z$，由实验数据得出的经验速率方程通常为反应物浓度的函数，一般写成反应组分浓度的幂乘积形式：

$$-\frac{dc_A}{dt} = k_A c_A^{n_A} c_B^{n_B} \tag{2-11}$$

式中　k_A——组分 A 的反应速率常数，单位通常为 $(mol/L)^{1-n}/s$，其中 n 为反应总级数，数值等于各分级数的代数和，即 $n=n_A+n_B$；

n_A，n_B——组分 A 和 B 的反应分级数。

对于组分 A 的反应速率方程而言，反应总级数为 n_A+n_B，其中对于组分 A 的反应级数为 n_A，对于组分 B 的反应级数为 n_B。反应级数的大小表示浓度对反应速率的影响程度，级数越大，反应速率受浓度影响越大。

化学反应中不同物质的消耗速率或生成速率与各物质的化学计量数的绝对值成正比，所以用不同物质表示的反应速率常数必与相应物质的化学计量数的绝对值成正比，即

$$\left|\frac{k_A}{\nu_A}\right| = \left|\frac{k_B}{\nu_B}\right| = \left|\frac{k_Y}{\nu_Y}\right| = \left|\frac{k_Z}{\nu_Z}\right| \tag{2-12}$$

式中，k_A、k_B、k_Y、k_Z 为物质 A、B、Y、Z 的消耗速率或生成速率；ν_A、ν_B、ν_Y、ν_Z 为化学反应计量方程中对应物质的化学计量数。因此，在易混淆时，k 的下标不可忽略。

仍以反应 $2H_2+O_2 \longrightarrow 2H_2O$ 为例，有

$$\frac{k_{H_2}}{2} = \frac{k_{O_2}}{1} = \frac{k_{H_2O}}{2}$$

注意：在非基元反应的速率方程 [式(2-11)] 中，浓度的幂为 n_A 和 n_B，而不是 a 和 b，这与基元反应的速率方程 [式(2-10)] 有着本质的不同，应严格区分。

对于基元反应，可以直接应用质量作用定律。根据反应级数的定义，单分子反应即为一

级反应，双分子反应即为二级反应，三分子反应即为三级反应，只有这三种情况。但是对于非基元反应，则不能对化学计量方程应用质量作用定律，因而不存在反应分子数为"几"的问题，而只有反应级数。反应总级数、分级数必须通过实验测定。非基元反应的反应级数可能为整数，也可能为分数。例如对于反应 $H_2 + I_2 \longrightarrow 2HI$，速率方程为

$$-\frac{dc_{HI}}{dt} = k_{HI} c_{H_2}^{1/2} c_{I_2}^{1/2}$$

某些反应的反应物之一浓度很大，在反应过程中其浓度基本不变，则表现出的反应总级数将改变，如 pH 中性条件下水溶液中高锰酸盐氧化苯酚（C_6H_5OH）的反应方程式为

$$MnO_4^- + C_6H_5OH \longrightarrow 产物$$

苯酚的降解为二级反应，速率方程如下所示：

$$-\frac{dc_{C_6H_5OH}}{dt} = k_{C_6H_5OH} c_{C_6H_5OH} c_{MnO_4^-}$$

当高锰酸盐浓度远远高于苯酚浓度时，如 $c_{MnO_4^-}/c_{C_6H_5OH} \geqslant 10$，可认为反应过程中高锰酸盐的浓度几乎不变，有

$$-\frac{dc_{C_6H_5OH}}{dt} = k'_{C_6H_5OH} c_{C_6H_5OH}$$

于是，二级反应表现为准一级反应，式中 $k'_{C_6H_5OH} = k_{C_6H_5OH} c_{MnO_4^-}$。

2.2.5　速率方程的积分形式

2.2.5.1　零级反应

对于反应 A $\longrightarrow$ 产物，若反应速率与反应物 A 浓度的零次方成正比，则该反应是零级反应，即

$$-\frac{dc_A}{dt} = k_A c_A^0 = k_A \tag{2-13}$$

式中　k_A——零级反应的速率常数，单位通常为 L/(mol·s)。

零级反应的反应速率与反应物浓度无关。例如，一些光化学反应只与光的强度有关，光的强度保持恒定，则为等速反应，反应速率不随反应物浓度而变化，所以反应相对于污染物浓度是零级反应。

由式(2-13)可以看出，零级反应的速率常数的物理意义是单位时间内 A 的浓度减小的量。

对式(2-13)积分

$$-\int_{c_{A,0}}^{c_A} dc_A = k_A \int_0^t dt \tag{2-14}$$

得

$$c_{A,0} - c_A = k_A t \tag{2-15}$$

式中　$c_{A,0}$——反应开始（$t=0$）时反应物 A 的浓度；

　　　c_A——反应至某一时刻 t 时，反应物 A 的浓度。

零级反应的 c_A-t 呈线性关系，如图 2-5 所示。

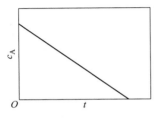

图 2-5　零级反应中 c_A-t
呈线性关系

反应物浓度下降一半所需的时间为半衰期，用符号 $t_{1/2}$ 表示，此时

$$c_A = \frac{c_{A,0}}{2} \tag{2-16}$$

将 $c_A = \frac{c_{A,0}}{2}$ 代入式（2-15），得零级反应的半衰期为

$$t_{1/2} = \frac{c_{A,0}}{2k_A} \tag{2-17}$$

上式表明零级反应的半衰期与反应物的初始浓度成正比。

2.2.5.2　一级反应

对于反应 $A \longrightarrow$ 产物，若反应速率与反应物 A 浓度的一次方成正比，则该反应是一级反应，即

$$-\frac{dc_A}{dt} = k_A c_A \tag{2-18}$$

一级反应速率常数 k 的单位为时间的倒数，如 s^{-1}。

对上式进行积分

$$-\int_{c_{A,0}}^{c_A} \frac{dc_A}{c_A} = k_A \int_0^t dt \tag{2-19}$$

得一级反应的积分式

$$\ln \frac{c_{A,0}}{c_A} = k_A t \tag{2-20}$$

即

$$\ln c_A = -k_A t + \ln c_{A,0} \tag{2-21}$$

因此，一级反应的 $\ln c_A$-t 呈线性关系，如图 2-6 所示。

通常可利用实验测得一系列不同时刻反应物 A 的浓度，作 $\ln c_A$-t 图，并按式（2-21）由图中直线的斜率求得 k 值。

将 $c_A = \frac{c_{A,0}}{2}$ 代入式（2-21），得一级反应的半衰期为

$$t_{1/2} = \frac{\ln 2}{k_A} \tag{2-22}$$

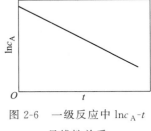

图 2-6　一级反应中 $\ln c_A$-t
呈线性关系

因此，一级反应的半衰期与反应速率常数 k 成反比，与反应物的初始浓度无关。

2.2.5.3　二级反应

反应速率与反应物浓度的二次方成正比的反应，即为二级反应。在这里将二级反应分为只有一种反应物和有两种反应物的两种情况进行讨论。

（1）只有一种反应物

对于只有一种反应物的反应 $aA \longrightarrow$ 产物，其速率方程为

$$-\frac{dc_A}{dt} = k_A c_A^2 \qquad (2\text{-}23)$$

对其积分

$$-\int_{c_{A,0}}^{c_A} \frac{dc_A}{c_A^2} = k_A \int_0^t dt \qquad (2\text{-}24)$$

得

$$\frac{1}{c_A} - \frac{1}{c_{A,0}} = k_A t \qquad (2\text{-}25)$$

二级反应速率常数 k 的单位通常为 L/(mol·s)。

由式(2-25)可知，二级反应中 $\frac{1}{c_A}$-t 呈线性关系，如图 2-7 所示。

将 $c_A = \frac{c_{A,0}}{2}$ 代入式(2-25)，得二级反应的半衰期为

$$t_{1/2} = \frac{1}{k_A c_{A,0}} \qquad (2\text{-}26)$$

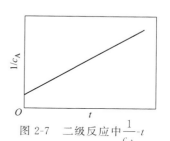

图 2-7　二级反应中 $\frac{1}{c_A}$-t 呈线性关系

因此，二级反应的半衰期与反应物的初始浓度成反比。

（2）有两种反应物

对于有两种反应物的二级反应 $a\text{A} + b\text{B} \longrightarrow$ 产物，其速率方程为

$$-\frac{dc_A}{dt} = k_A c_A c_B \qquad (2\text{-}27)$$

其积分式分为下列几种情况。

① $a = b$，且两种反应物的初始浓度相等，$c_{A,0} = c_{B,0}$，则在任意时刻两种反应物的浓度始终相等，即 $c_A = c_B$。于是有

$$-\frac{dc_A}{dt} = k_A c_A^2 \qquad (2\text{-}28)$$

与式(2-23)相同，积分得

$$\frac{1}{c_A} - \frac{1}{c_{A,0}} = k_A t \qquad (2\text{-}29)$$

半衰期为

$$t_{1/2} = \frac{1}{k_A c_{A,0}} \qquad (2\text{-}30)$$

② $a \neq b$，当两种反应物的初始浓度满足 $c_{A,0}/a = c_{B,0}/b$ 时，则在任意时刻两种反应物的浓度均满足 $c_A/a = c_B/b$。于是有

$$-\frac{dc_A}{dt} = k_A c_A c_B = \frac{b}{a} k_A c_A^2 = k'_A c_A^2 \qquad (2\text{-}31)$$

积分得

$$\frac{1}{c_A} - \frac{1}{c_{A,0}} = k'_A t \qquad (2\text{-}32)$$

半衰期为

$$t_{1/2} = \frac{1}{k'_A c_{A,0}} \tag{2-33}$$

③ $a = b$，但 $c_{A,0} \neq c_{B,0}$，则在任意时刻 $c_A \neq c_B$。于是有

$$-\frac{dc_A}{dt} = k_A c_A c_B \tag{2-34}$$

设 t 时刻反应物 A 和 B 反应消耗的浓度为 c_x，则在该时刻 $c_A = c_{A,0} - c_x$，$c_B = c_{B,0} - c_x$，$dc_A = -dc_x$，则式（2-34）可转换为

$$-\frac{dc_A}{dt} = k_A (c_{A,0} - c_x)(c_{B,0} - c_x) \tag{2-35}$$

积分得

$$\frac{1}{c_{A,0} - c_{B,0}} \ln \frac{c_{A,0} c_{B,0} - c_x}{c_{B,0} c_{A,0} - c_x} = kt \tag{2-36}$$

2.2.5.4 n 级反应

只有一种反应物的反应如 $aA \longrightarrow$ 产物，或有多种反应物且反应物的浓度符合化学计量比（$c_A/a = c_B/b = \cdots$）的反应如 $aA + bB \longrightarrow$ 产物，均符合速率方程：

$$-\frac{dc_A}{dt} = k_A c_A^n \tag{2-37}$$

这种反应即为 n 级反应。下面只讨论符合此式的 n 级反应。

$n = 1$ 时，积分即得一级反应浓度与时间的关系。

$n \neq 1$ 时，

$$-\int_{c_{A,0}}^{c_A} \frac{dc_A}{c_A^n} = k_A \int_0^t dt \tag{2-38}$$

整理得

$$\frac{1}{n-1}\left(\frac{1}{c_A^{n-1}} - \frac{1}{c_{A,0}^{n-1}}\right) = k_A t \tag{2-39}$$

式中 k_A——反应速率常数，$(mol \cdot L)^{1-n}/s$；

　　　　c_A——反应至某一时刻 t 时反应物 A 的浓度。

由式（2-39）知 $\frac{1}{c_A^{n-1}}$-t 呈线性关系。

将 $c_A = \frac{c_{A,0}}{2}$ 代入式（2-39），得 n 级反应的半衰期为

$$t_{1/2} = \frac{2^{n-1} - 1}{(n-1)k_A c_{A,0}^{n-1}} \tag{2-40}$$

2.3   反应速率常数和反应级数的确定

对于化学反应 $aA + bB \longrightarrow$ 产物，速率方程通常有如下形式：

$$-\frac{\mathrm{d}c_A}{\mathrm{d}t}=k_A c_A^{n_A} c_B^{n_B} \tag{2-41}$$

欲求得反应物 A 的反应分级数，可使 $c_{A,0} \ll c_{B,0}$，整个反应过程中 $c_B \approx c_{B,0}$，式(2-41)变为

$$-\frac{\mathrm{d}c_A}{\mathrm{d}t}=k_A c_A^{n_A} c_{B,0}^{n_B}=k_A' c_A^{n_A} \tag{2-42}$$

式中，$k_A'=k_A c_{B,0}^{n_B}$，且不随时间变化，为一个常数。因此可通过 c_A-t 关系求得 A 的反应级数 n_A 和常数 k_A'。此外，通过改变 $c_{B,0}$，可获得 k_A' 与 $c_{B,0}$ 的关系，进而求得 k_A 和 n_B。

【例 2-1】 高锰酸钾（$KMnO_4$）氧化苯酚的动力学可用下式描述。

$$MnO_4^- + C_6H_5OH \longrightarrow 产物$$

$$-\frac{\mathrm{d}c_{C_6H_5OH}}{\mathrm{d}t}=k_{C_6H_5OH} c_{C_6H_5OH} c_{MnO_4^-}$$

为测定高锰酸钾氧化苯酚的二级反应速率常数，实验中高锰酸钾初始浓度设定为 $50\mu mol/L$，苯酚初始浓度设定为 $5\mu mol/L$，由于高锰酸钾初始浓度远高于苯酚初始浓度，可以假定反应过程中高锰酸钾浓度没有发生变化。反应过程中定时取样，测得不同时间苯酚的浓度如表 2-1 所示。

表 2-1 不同时间苯酚的浓度

时间/min	0	0.5	1	2	5	10	15	20	30	45
苯酚浓度/($\mu mol/L$)	5.00	4.84	4.72	4.61	4.23	3.82	3.38	2.92	2.18	1.54

求高锰酸钾与苯酚的二级反应速率常数。（反应过程中温度和 pH 值保持恒定）

解： 由于反应过程中高锰酸钾浓度不变，设 $k_{C_6H_5OH} c_{MnO_4^-}=k_{C_6H_5OH}'$，方程 $-\frac{\mathrm{d}c_{C_6H_5OH}}{\mathrm{d}t}=k_{C_6H_5OH} c_{C_6H_5OH} c_{MnO_4^-}$ 可写为 $-\frac{\mathrm{d}c_{C_6H_5OH}}{\mathrm{d}t}=k_{C_6H_5OH}' c_{C_6H_5OH}$。

对上述一级动力学方程式积分得：

$$\ln \frac{c_{C_6H_5OH,0}}{c_{C_6H_5OH}}=k_{C_6H_5OH}' t$$

将表格中数据按照上式进行整理，得到 $\ln \dfrac{c_{C_6H_5OH,0}}{c_{C_6H_5OH}}$ 与 t 的关系图（图 2-8），对图中数据进行线性拟合，得到斜率为 0.026。由此可得苯酚降解的准一级速率常数 $k_{C_6H_5OH}'=0.026 min^{-1}=4.3\times10^{-4} s^{-1}$。根据 $k_{C_6H_5OH} c_{MnO_4^-}=k_{C_6H_5OH}'$，求得 $k_{C_6H_5OH}=8.67 L/(mol \cdot s)$。

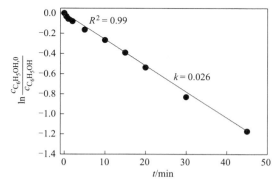

图 2-8 高锰酸钾降解苯酚过程中 $\ln \dfrac{c_{C_6H_5OH,0}}{c_{C_6H_5OH}}$ 与 t 的关系图

对于某些化学反应，其反应速率常数和反应级数未知，需要通过对实验数据进行处理，确定未知参数。本节将介绍确定反应级数和反应速率常数的三种方法：微分法、尝试法和半

衰期法。

2.3.1 微分法

对式（2-42）求对数：

$$\lg\left(-\frac{dc_A}{dt}\right)=\lg k_A+n\lg c_A \tag{2-43}$$

作 $\lg\left(-\dfrac{dc_A}{dt}\right)$ 与 $\lg c_A$ 的关系图，应得一条直线，直线的斜率为 n，截距为 $\lg k_A$。

理论上，在 c_A-t 曲线上作浓度为 c_A 时曲线的切线，此切线的斜率即为 $\dfrac{dc_A}{dt}$。在实际操作中，可采用较为密集的取点方法，使两点连线的斜率（$\dfrac{\Delta c_A}{\Delta t}$）近似等于 $\dfrac{dc_A}{dt}$，作 $\lg\left(-\dfrac{\Delta c_A}{\Delta t}\right)$ 与 $\lg c_A$ 的关系图求得 n 和 $\lg k_A$。

微分法的优点是实验量小，一组数据即可确定反应速率常数和反应级数，数据处理较为简单；缺点是 $\dfrac{dc_A}{dt}$ 转化为 $\dfrac{\Delta c_A}{\Delta t}$ 的过程中可能引入较大误差。

【例 2-2】 三氯生（TCS）是一种广泛使用的广谱性抗菌药，研究显示水环境中痕量三氯生就会对水生生物产生危害。现发现高锰酸钾可降解三氯生，但降解动力学未知。为此，研究人员设计实验取得了如表 2-2 所示的数据。

表 2-2 不同高锰酸钾投加量下三氯生的浓度变化　　　　单位：$\mu mol/L$

t/s	高锰酸钾投加量			
	$60\mu mol/L$	$90\mu mol/L$	$120\mu mol/L$	$150\mu mol/L$
0	6.00	6.00	6.00	6.00
30	4.75	4.19	3.92	3.31
60	3.76	2.92	2.56	1.83
90	2.98	2.04	1.67	1.01
120	2.36	1.42	1.09	0.56
150	1.87	0.99	0.71	0.31
180	1.48	0.69	0.47	0.17
240	0.93	0.34	0.20	0.05

反应过程中 pH 稳定在 7.0，反应中高锰酸钾浓度维持不变。请用微分法确定高锰酸钾降解三氯生的动力学方程。

解：高锰酸钾降解三氯生的动力学方程可写为

$$-\frac{dc_{TCS}}{dt}=k_{TCS}c_{KMnO_4}^{n_{KMnO_4}}c_{TCS}^{n_{TCS}}$$

由于在反应过程中高锰酸钾浓度保持不变，因此 $c_{KMnO_4}^{n_{KMnO_4}}$ 为常数，上式可简化为

$$-\frac{dc_{TCS}}{dt}=k'_{TCS}c_{TCS}^{n_{TCS}}$$

式中，$k'_{TCS}=k_{TCS}c_{KMnO_4}^{n_{KMnO_4}}$。

上式两边同时取对数，得

$$\lg\left(-\frac{dc_{TCS}}{dt}\right)=\lg(k'_{TCS})+n_{TCS}\lg(c_{TCS})$$

假设 $\dfrac{dc_{TCS}}{dt}=\dfrac{\Delta c_{TCS}}{\Delta t}$，上式可写为

$$\lg\left(-\frac{\Delta c_{TCS}}{\Delta t}\right)=\lg(k'_{TCS})+n_{TCS}\lg(c_{TCS})$$

由于 Δc_{TCS} 为两个取样点之间的浓度差，Δt 为两个取样点之间的时间差，为减小误差，c_{TCS} 设为两个取样点浓度的平均值。以高锰酸钾投加量为 $60\mu mol/L$ 为例，数据可化为表 2-3 的形式。

表 2-3　高锰酸钾投加量为 $60\mu mol/L$ 时的 $\lg(c_{TCS})$ 与 $\lg\left(-\dfrac{\Delta c_{TCS}}{\Delta t}\right)$

$\lg(c_{TCS})$	$\lg\left(-\dfrac{\Delta c_{TCS}}{\Delta t}\right)$	$\lg(c_{TCS})$	$\lg\left(-\dfrac{\Delta c_{TCS}}{\Delta t}\right)$
−5.270	−7.380	−5.675	−7.787
−5.371	−7.481	−5.776	−7.886
−5.472	−7.585	−5.919	−8.038
−5.573	−7.685	−5.267	−7.380

将上述数据作图（图 2-9），求得 $n_{TCS}=1$，$k'_{TCS}=0.00861$。

因此，高锰酸钾降解三氯生的动力学方程可写为

$$-\frac{dc_{TCS}}{dt}=k'_{TCS}c_{TCS}$$

采用准一级动力学，在高锰酸钾其他浓度下，拟合三氯生的降解动力学方程（方法见【例 2-1】），确定不同浓度高锰酸钾条件下三氯生的降解表观速率常数，如表 2-4 所示。

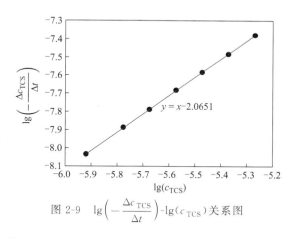

图 2-9　$\lg\left(-\dfrac{\Delta c_{TCS}}{\Delta t}\right)$-$\lg(c_{TCS})$ 关系图

表 2-4　不同浓度高锰酸钾条件下三氯生的降解表观速率常数

$c_{KMnO_4}/(\mu mol/L)$	60	90	120	150
k'_{TCS}	0.00861	0.0120	0.0142	0.0198

对 $k'_{TCS}=k_{TCS}\times c_{KMnO_4}^{n_{KMnO_4}}$ 两边取对数，得：

$$\lg(k'_{TCS})=\lg(k_{TCS})+n_{KMnO_4}\lg(c_{KMnO_4})$$

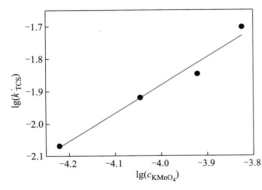

图 2-10 $\lg(k'_{TCS})$-$\lg(c_{KMnO_4})$ 关系图

利用上式拟合表 2-4 中数据（图 2-10），得 $n_{KMnO_4}=0.864$，$k_{TCS}=37.58L/(mol \cdot s)$。

因此，高锰酸钾降解三氯生的动力学方程为：

$$-\frac{dc_{TCS}}{dt}=37.58 \times c_{KMnO_4}^{0.864} \times c_{TCS}$$

2.3.2   尝试法

尝试法又称为试差法，就是通过观察某一化学反应的 c_A 与 t 之间的关系符合哪一级的动力学积分式，从而确定该反应的反应级数和反应速率常数。

可分别作 $\ln c_A$-t 图（假设 $n_A=1$）和 $\frac{1}{c_A^{n-1}}$-t 图（假设 $n_A \neq 1$），若呈线性关系，即表明该化学反应适用这一动力学方程。实际操作中，可在 Microsoft Excel 中假定不同的 n 值，计算 $\ln c_A$ 和 $\frac{1}{c_A^{n-1}}$ 的值，分别作其与 t 的关系图，寻找线性关系。

尝试法的优点是准确度较高，且不需要进行大量的实验；缺点是需要进行大量的计算。

【例 2-3】   采用氧化法降解污染物 A，实验中氧化剂（Oxi）的投加量远高于污染物 A 的浓度，假定反应过程中氧化剂浓度不变，污染物 A 的浓度随时间的变化如表 2-5 所示，求污染物降解的表观速率常数和反应级数。

表 2-5   污染物 A 的浓度随时间的变化情况

时间/min	污染物 A 的浓度/(μmol/L)	时间/min	污染物 A 的浓度/(μmol/L)
0	5	10	2.97
0.5	4.83	20	2.16
1	4.64	30	1.75
2	4.37	60	1.13
5	3.66		

解：污染物 A 的降解动力学方程可写为

$$-\frac{dc_A}{dt}=k_A c_{Oxi}^{n_{Oxi}} c_A^{n_A}=k'_A c_A^{n_A}$$

假设 $n_A=1$，则上述方程可写为 $\ln \frac{c}{c_0}=-k'_A t$。然而，表格中数据并不符合 $\ln \frac{c}{c_0}$-t 的线性关系，说明 $n_A \neq 1$。

因此，污染物 A 的降解动力学方程可积分为

$$\frac{1}{n-1}\left(\frac{1}{c_A^{n-1}}-\frac{1}{c_{A,0}^{n-1}}\right)=k'_A t$$

取不同 n 值，作 $\dfrac{1}{n-1}\left(\dfrac{1}{c_A^{n-1}}-\dfrac{1}{c_{A,0}^{n-1}}\right)$ 与 t 的关系图，如图 2-11 所示。

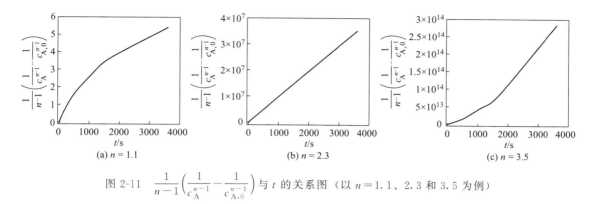

(a) $n=1.1$ (b) $n=2.3$ (c) $n=3.5$

图 2-11 $\dfrac{1}{n-1}\left(\dfrac{1}{c_A^{n-1}}-\dfrac{1}{c_{A,0}^{n-1}}\right)$ 与 t 的关系图（以 $n=1.1$、2.3 和 3.5 为例）

逐步改变 n 值大小，发现当 $n=2.3$ 时，$\dfrac{1}{n-1}\left(\dfrac{1}{c_A^{n-1}}-\dfrac{1}{c_{A,0}^{n-1}}\right)$ 与 t 呈线性关系。因此，确定 $n=2.3$。此时，直线斜率为 9750，故 $k'_A=9750\,\mathrm{s}^{-1}$。

2.3.3 半衰期法

半衰期法确定反应级数的依据是化学反应的半衰期和反应物初始浓度之间的关系与反应级数有关。

对于符合 $-\dfrac{\mathrm{d}c_A}{\mathrm{d}t}=kc_A^n$ 的化学反应，其半衰期为

$$t_{1/2}=\frac{2^{n-1}-1}{(n-1)k_A c_{A,0}^{n-1}}$$

对同一个化学反应，取两个不同的初始浓度 $c'_{A,0}$ 和 $c''_{A,0}$，对应的半衰期分别为

$$t'_{1/2}=\frac{2^{n-1}-1}{(n-1)k_A(c'_{A,0})^{n-1}} \tag{2-44}$$

$$t''_{1/2}=\frac{2^{n-1}-1}{(n-1)k_A(c''_{A,0})^{n-1}} \tag{2-45}$$

两式相除得

$$\frac{t'_{1/2}}{t''_{1/2}}=\left(\frac{c''_{A,0}}{c'_{A,0}}\right)^{n-1} \tag{2-46}$$

取对数并整理得

$$n=1+\frac{\lg\left(\dfrac{t''_{1/2}}{t'_{1/2}}\right)}{\lg\left(\dfrac{c'_{A,0}}{c''_{A,0}}\right)} \tag{2-47}$$

将 $t_{1/2}$ 和对应的 $c_{A,0}$ 以及计算得出的 n 代入式(2-40) 即可确定 k_A 的数值。

由于实验过程中存在误差，因此通过两个点确定反应级数导致结果偏差较大。

对式（2-40）取对数得

$$\lg t_{1/2} = \lg(2^{n-1} - 1) - \lg(n-1) - \lg(k_A) - (n-1)\lg(c_{A,0}) \tag{2-48}$$

实际中通常进行多组实验，求得不同初始浓度的半衰期，通过绘制 $\lg(c_{A,0})$-$\lg t_{1/2}$ 关系图，利用斜率和截距确定反应级数和反应速率常数。但是该方法工作量较大，需要取不同的初始浓度，进行多组实验，并且需要较精确地确定污染物降解的半衰期。

2.4 典型复合反应动力学

2.4.1 可逆反应

正向和逆向同时进行的反应称为可逆反应。原则上一切反应都是可逆的，但是当偏离平衡状态很远时，逆反应往往可以忽略不计。

对于可逆反应，反应物浓度会随着时间降低，产物浓度随着时间升高，导致逆反应速率加快，当正反应和逆反应速率相等时，系统达到平衡，反应物和产物的浓度不再随时间变化。下面以一级可逆反应为例，分析反应物及产物的消耗和生成动力学。

$$A \underset{k_{-1}}{\overset{k_1}{\rightleftharpoons}} B$$

$t=0$	$c_{A,0}$	0
$t=t$	c_A	$c_{A,0} - c_A$
$t=\infty$	$c_{A,e}$	$c_{A,0} - c_{A,e}$

式中　$c_{A,0}$——反应物 A 的初始浓度；

　　　$c_{A,e}$——反应物 A 的平衡浓度。

B 的初始浓度为 $c_{B,0}=0$。

正反应：A 的消耗速率 $= k_1 c_A$；

逆反应：A 的生成速率 $= k_{-1} c_B = k_{-1}(c_{A,0} - c_A)$。

A 的净消耗速率为同时进行的正、逆反应速率的代数和，即

$$-\frac{dc_A}{dt} = k_1 c_A - k_{-1}(c_{A,0} - c_A) \tag{2-49}$$

$t \to \infty$，反应达到平衡时 A 的净消耗速率等于零，即正、逆反应的速率相等：

$$-dc_{A,e}/dt = k_1 c_{A,e} - k_{-1}(c_{A,0} - c_{A,e}) = 0 \tag{2-50}$$

得

$$\frac{c_{B,e}}{c_{A,e}} = \frac{c_{A,0} - c_{A,e}}{c_{A,e}} = \frac{k_1}{k_{-1}} = K_c \tag{2-51}$$

式（2-49）减去式（2-50）得

$$-d(c_A - c_{A,e})/dt = k_1(c_A - c_{A,e}) + k_{-1}(c_A - c_{A,e}) = (k_1 + k_{-1})(c_A - c_{A,e}) \tag{2-52}$$

当 $c_{A,0}$ 一定时，$c_{A,e}$ 为常量，故

$$d(c_A - c_{A,e})/dt = dc_A/dt \tag{2-53}$$

因此

$$-d(c_A - c_{A,e})/dt = -dc_A/dt = (k_1 + k_{-1})(c_A - c_{A,e}) \tag{2-54}$$

式中 $c_A - c_{A,e} = \Delta c_A$ 称为反应物的距平衡浓度差。将其代入式（2-54）有

$$-d\Delta c_A/dt = (k_1 + k_{-1})\Delta c_A \tag{2-55}$$

可见，在一级可逆反应中，反应物 A 的距平衡浓度差 Δc_A 对时间的变化率符合一级反应的规律，速率常数为 $k_1 + k_{-1}$，即反应趋向平衡的速率不仅随正向速率常数 k_1 增大而增大，而且随逆向速率常数 k_{-1} 增大而增大。

当 $K_c = \dfrac{k_1}{k_{-1}}$ 很大，平衡大大倾向于产物一边，即 $k_1 \gg k_{-1}$，$c_{A,e} \approx 0$ 时，式（2-55）化为

$$-dc_A/dt = k_1 c_A \tag{2-56}$$

即当 K_c 很大，反应偏离平衡状态很远时，逆反应可以忽略，这时即表现为一级单向反应。

若 K_c 较小，即平衡转化率较小，产物将显著影响总反应速率。若想测得正反应的真正级数，最好检测反应初始阶段污染物的降解动力学，减少逆反应的影响。

将式（2-55）分离变量积分，得

$$-\int_{c_{A,0}}^{c_A} \frac{d(c_A - c_{A,e})}{c_A - c_{A,e}} = \int_0^t (k_1 + k_{-1})dt \tag{2-57}$$

即

$$\ln \frac{c_{A,0} - c_{A,e}}{c_A - c_{A,e}} = (k_1 + k_{-1})t \tag{2-58}$$

则 $\ln(c_A - c_{A,e})$-t 图为一条直线。由直线斜率可求出 $k_1 + k_{-1}$，再由实验测得的 K_c 可求出 k_1/k_{-1}，二者联立即得出 k_1 和 k_{-1}。

一级可逆反应的 c-t 关系如图 2-12 所示。可逆反应的特点是经过足够长的时间，反应物和产物分别趋近它们的平衡浓度。

与前述的一级单向反应的半衰期类似，一级可逆反应中物质 A 浓度降低的数值达距平衡浓度差的一半时，即

$$c_A - c_{A,e} = \frac{1}{2}(c_{A,0} - c_{A,e}) \tag{2-59}$$

$$c_A = \frac{1}{2}(c_{A,0} - c_{A,e}) + c_{A,e} = \frac{1}{2}(c_{A,0} + c_{A,e}) \tag{2-60}$$

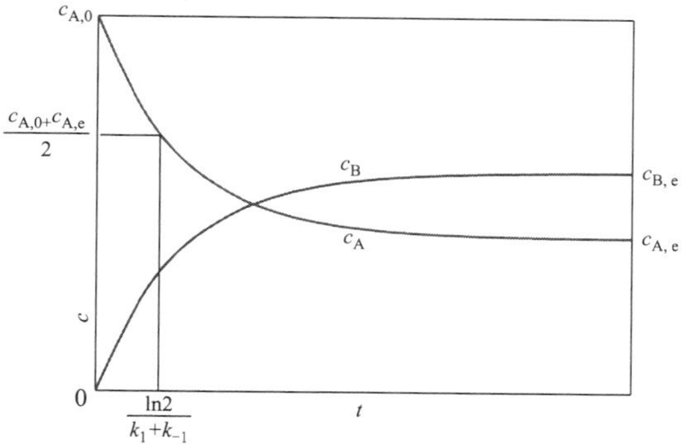

图 2-12　一级可逆反应的 c-t 图

所需要的时间为 $\dfrac{\ln 2}{k_1 + k_{-1}}$，与初始浓度 $c_{A,0}$ 无关。

在化工生产中，常常遇到可逆反应的问题。在天然水环境中，则常常遇到不同组分之间的平衡问题，如气-液平衡、液-固平衡、水中不同形态物质的解离平衡、各组分的反应平衡等，这些平衡说明反应或传质已经达到稳定态。对于反应较快或者反应速率对解决问题影响不大的现象，可重点关注其平衡问题。

2.4.2　平行反应

反应物同时参加两个或两个以上的基元反应，这种体系的反应集合称为平行反应。在平行反应中，生成主要产物的反应称为主反应，其余反应则被视为副反应。

设反应物 A 经一个反应生成 B，同时经另一个反应生成 C，即

$$A \begin{cases} \xrightarrow{k_1} B \\ \xrightarrow{k_2} C \end{cases}$$

这就是平行反应。若这两个反应都是一级反应，则

$$dc_B/dt = k_1 c_A \tag{2-61}$$

$$dc_C/dt = k_2 c_A \tag{2-62}$$

若反应开始时 $c_{B,0} = c_{C,0} = 0$，则由计量关系可知

$$c_A + c_B + c_C = c_{A,0} \tag{2-63}$$

对 t 求导，得

$$\frac{dc_A}{dt} + \frac{dc_B}{dt} + \frac{dc_C}{dt} = 0 \tag{2-64}$$

所以

$$\frac{-dc_A}{dt} = \frac{dc_B}{dt} + \frac{dc_C}{dt} = k_1 c_A + k_2 c_A \tag{2-65}$$

即

$$-\frac{dc_A}{dt} = (k_1 + k_2) c_A \tag{2-66}$$

所以反应物 A 的消耗必为一级反应。对式(2-66) 积分，得

$$-\int_{c_{A,0}}^{c_A} \frac{dc_A}{c_A} = \int_0^t (k_1 + k_2) dt \tag{2-67}$$

即

$$\ln(c_{A,0}/c_A) = (k_1 + k_2) t \tag{2-68}$$

这与一般的一级反应完全相同，只不过速率常数为 $k_1 + k_2$。用前述的方法即可求出 $k_1 + k_2$。

将式(2-61) 与式(2-62) 相除，得

$$dc_B/dc_C = k_1/k_2 \tag{2-69}$$

$t = 0$ 时，c_B、c_C 均为零，经过时间 t 后分别为 c_B、c_C。将上式在此上、下限间积分，得

$$c_B/c_C = k_1/k_2 \tag{2-70}$$

即在任一瞬间，两产物浓度之比都等于两反应速率常数之比。在同一时间 t 测出两产物浓度之比即可得 k_1/k_2，再由式(2-68) 求出 $(k_1 + k_2)$，联立就能求出 k_1 和 k_2。一级平行反应的 c-t 关系如图2-13所示。

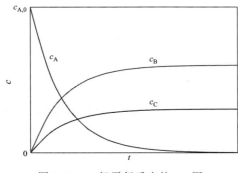

图 2-13　一级平行反应的 c-t 图

对于级数相同的平行反应，其特点在于产物浓度之比等于各自的速率常数之比，且这一比例与反应物的初始浓度和反应时间无关。如果平行反应的级数不同，就无法呈现出上述特征。在多个平行反应中，各反应的活化能往往不尽相同，温度升高有利于活化能大的反应，温度降低则有利于活化能小的反应。

在化学反应动力学中，基于平行反应特征，确定反应速率常数的常用方法有相对速率法和竞争动力学。

2.4.2.1　相对速率法

设氧化剂 Oxi 可同时氧化水溶液中的污染物 A 和 B，反应过程中 Oxi 的浓度保持不变，且氧化 A 和 B 的反应均为一级反应。

$$Oxi \begin{array}{c} +A \xrightarrow{\ k_A\ } 产物 \\ +B \xrightarrow{\ k_B\ } 产物 \end{array}$$

污染物 A 的降解动力学方程为：

$$-\frac{dc_A}{dt} = k_A c_{Oxi} c_A \tag{2-71}$$

积分得

$$\ln \frac{c_A}{c_{A,0}} = -k_A c_{Oxi} t \tag{2-72}$$

式中　$c_{A,0}$——反应物 A 的初始浓度；

c_A——t 时刻反应物 A 的浓度。

污染物 B 的降解动力学方程为：

$$-\frac{dc_B}{dt} = k_B c_{Oxi} c_B \tag{2-73}$$

积分得

$$\ln \frac{c_B}{c_{B,0}} = -k_B c_{Oxi} t \tag{2-74}$$

式中　$c_{B,0}$——反应物 B 的初始浓度；

c_B——t 时刻反应物 B 的浓度。

式(2-72) 与式(2-74) 相除得：

$$\frac{\ln \dfrac{c_A}{c_{A,0}}}{\ln \dfrac{c_B}{c_{B,0}}} = \frac{k_A c_{Oxi} t}{k_B c_{Oxi} t} \tag{2-75}$$

在同一反应体系中相同时刻取样，则上式可简化为：

$$\frac{\ln \dfrac{c_A}{c_{A,0}}}{\ln \dfrac{c_B}{c_{B,0}}} = \frac{k_A}{k_B} \tag{2-76}$$

因此，当一种物质与氧化剂的二级反应速率常数未知时，可在体系中加入另一种已知反应速率常数的物质，通过测定两种物质降解的相对速率，确定该未知速率常数。

假设 B 的降解符合 n 级动力学：

$$-\frac{\mathrm{d}c_{\mathrm{B}}}{\mathrm{d}t}=k_{\mathrm{B}}c_{\mathrm{Oxi}}c_{\mathrm{B}}^{n} \tag{2-77}$$

积分得
$$\frac{1}{n-1}\left(\frac{1}{c_{\mathrm{B}}^{n-1}}-\frac{1}{c_{\mathrm{B},0}^{n-1}}\right)=-k_{\mathrm{B}}c_{\mathrm{Oxi}}t \tag{2-78}$$

式(2-72)与式(2-78)相除得：

$$\frac{\ln\dfrac{c_{\mathrm{A}}}{c_{\mathrm{A},0}}}{\left[\dfrac{1}{n-1}\left(\dfrac{1}{c_{\mathrm{B}}^{n-1}}-\dfrac{1}{c_{\mathrm{B},0}^{n-1}}\right)\right]}=\frac{k_{\mathrm{A}}}{k_{\mathrm{B}}} \tag{2-79}$$

【例 2-4】 已知羟基自由基（·OH）降解硝基苯（$C_6H_5NO_2$）的动力学方程为
$-\dfrac{\mathrm{d}c_{C_6H_5NO_2}}{\mathrm{d}t}=k_{C_6H_5NO_2}c_{\cdot OH}c_{C_6H_5NO_2}$，二级速率常数 $k_{C_6H_5NO_2}=3.9\times10^9 \mathrm{L/(mol\cdot s)}$，芬顿体系（主要氧化物种为·OH）同时降解硝基苯和苯甲酸（$C_7H_6O_2$），苯甲酸的降解动力学方程为 $-\dfrac{\mathrm{d}c_{C_7H_6O_2}}{\mathrm{d}t}=k_{C_7H_6O_2}c_{\cdot OH}c_{C_7H_6O_2}^{n}$。反应过程中，在不同时刻取样，硝基苯和苯甲酸浓度随时间的变化如表 2-6 所示。

表 2-6   硝基苯和苯甲酸浓度随时间的变化情况

时间/min	$c_{C_6H_5NO_2}$/(μmol/L)	$c_{C_7H_6O_2}$/(μmol/L)	时间/min	$c_{C_6H_5NO_2}$/(μmol/L)	$c_{C_7H_6O_2}$/(μmol/L)
0	5.00	5.00	10	3.96	3.51
0.5	4.94	4.91	20	3.13	2.46
1	4.88	4.83	30	2.48	1.73
2	4.77	4.66	60	1.23	0.60
5	4.45	4.19			

求羟基自由基（·OH）氧化苯甲酸的反应级数和反应速率常数。

解： 根据尝试法，先假设 $n=1$。作 $\ln\dfrac{c_{C_6H_5NO_2}}{c_{C_6H_5NO_2,0}}$ 与 $\ln\dfrac{c_{C_7H_6O_2}}{c_{C_7H_6O_2,0}}$ 的关系图，发现其为线性关系（图 2-14），则确定 $n=1$。根据斜率 $k=1.51$，求得 $k_{C_7H_6O_2}=5.9\times10^9 \mathrm{L/(mol\cdot s)}$。

如果发现 $n=1$ 时 $\ln\dfrac{c_{C_6H_5NO_2}}{c_{C_6H_5NO_2,0}}$ 与 $\ln\dfrac{c_{C_7H_6O_2}}{c_{C_7H_6O_2,0}}$ 不呈现线性关系，则需要逐步改变 n 值，直至找到一个 n 值使 $\ln\dfrac{c_{C_6H_5NO_2}}{c_{C_6H_5NO_2,0}}$ 与 $\dfrac{1}{n-1}\left(\dfrac{1}{c_{\mathrm{A}}^{n-1}}-\dfrac{1}{c_{\mathrm{A},0}^{n-1}}\right)$ 呈线性关系，确定反应级数。

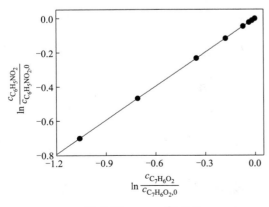

图 2-14 $\ln\dfrac{c_{C_6H_5NO_2}}{c_{C_6H_5NO_2,0}}$ 与 $\ln\dfrac{c_{C_7H_6O_2}}{c_{C_7H_6O_2,0}}$ 的关系图

2.4.2.2　竞争动力学

对于如下反应，氧化剂 Oxi 可将物质 T 定向氧化为 T*，同时氧化剂也可氧化物质 B。与相对速率法的实验条件不同，竞争动力学实验体系中氧化剂浓度较低，而物质 T 和 B 浓度较高，在反应过程中二者浓度保持不变。

$$Oxi \quad \begin{array}{c} +T \xrightarrow{\ k_T\ } T^* \\ +B \xrightarrow{\ k_B\ } 产物 \end{array}$$

假设氧化剂与物质 T 和 B 的反应相对于氧化剂和污染物均为一级反应，氧化剂 Oxi 的消耗动力学方程为 $-\dfrac{dc_{Oxi}}{dt}=k_T c_{Oxi} c_T + k_B c_{Oxi} c_B$。根据平行反应的特点，氧化剂总消耗量与物质 T 反应消耗氧化剂量的比例为：

$$\frac{[c_{Oxi}]_{Total}}{[c_{Oxi}]_T}=\frac{k_T c_{Oxi} c_T + k_B c_{Oxi} c_B}{k_T c_{Oxi} c_T}=\frac{k_T c_T + k_B c_B}{k_T c_T}=1+k_B \frac{c_B}{k_T c_T} \tag{2-80}$$

式中　$[c_{Oxi}]_T$——被物质 T 消耗的氧化剂的量；

　　　$[c_{Oxi}]_{Total}$——氧化剂总消耗量。

由于反应体系中氧化剂不足量，因此氧化剂总消耗量即为反应体系中氧化剂初始加入量。

设每消耗 1 份氧化剂生成 x 份 T*，则上式可写为：

$$\frac{x[T^*]_{Total}}{x[T^*]}=\frac{[T^*]_{Total}}{[T^*]}=1+k_B \frac{c_B}{k_T c_T} \tag{2-81}$$

当反应中只有物质 T 时，氧化剂的消耗量即为 $\dfrac{[T^*]_{Total}}{x}$。

向体系中加入不同浓度的污染物 B，利用 B 与物质 T 竞争消耗氧化剂，从而减少 T* 的生成量。如果 k_T 已知，且 T* 的浓度容易检测，利用该方法只需检测不同浓度 B 条件下 T* 的生成量即可确定 k_B。

对于那些反应速度极快，以至于在反应过程中无法及时采样并测定不同物质的浓度，或者某一种物质难以检测的情况，可以借助竞争动力学的原理进行研究。

【例 2-5】　氯可快速氧化四环素（TCN），该反应对于氯和四环素均为一级反应，但反应速率常数未知。N,N-二乙基对苯二胺（DPD）与氯反应生成 DPD·+，DPD·+ 对 510nm 波长光有显著吸收。氯氧化 DPD 反应中 DPD·+ 的生成动力学方程为：

$$\frac{dc_{DPD·^+}}{dt}=k_{DPD·^+} c_{DPD} c_{Oxi}$$

其中 $k_{DPD·^+}=1.65 \times 10^5 \text{L/(mol·s)}$。

现向氯氧化 DPD（200μmol/L）的反应体系中加入不同浓度的四环素，测得 DPD·+ 的生成量如表 2-7 所示。

表 2-7　不同浓度四环素条件下 DPD·+ 的生成量

四环素浓度/(μmol/L)	0	25	50	100	150
DPD·+ 吸光度(510nm)	0.0264	0.0219	0.0188	0.0144	0.0106

设反应中氯不足量，DPD 和四环素浓度不发生变化。求氯氧化四环素的二级反应速率

常数。

解： 氯的消耗动力学方程可表示为

$$-\frac{dc_{HOCl}}{dt} = k_{DPD}c_{DPD}c_{HOCl} + k_{TCN}c_{TCN}c_{HOCl}$$

其中氯的总消耗量与 DPD 耗氯量的比例为

$$\frac{c_{HOCl,total}}{c_{HOCl,DPD}} = \frac{k_{DPD}c_{DPD}c_{HOCl} + k_{TCN}c_{TCN}c_{HOCl}}{k_{DPD}c_{DPD}c_{HOCl}} = 1 + k_{TCN}\frac{c_{TCN}}{k_{DPD}c_{DPD}}$$

根据朗伯-比尔定律，物质的吸光度与浓度成正比。因此，上式可写为：

$$\frac{[A_{DPD\cdot^+}]_{Total}}{[A_{DPD\cdot^+}]} = 1 + k_{TCN}\frac{c_{TCN}}{k_{DPD}c_{DPD}} \qquad ①$$

式中　$[A_{DPD\cdot^+}]_{Total}$——没有加入四环素时 $DPD\cdot^+$ 的吸光度；

　　　$[A_{DPD\cdot^+}]$——加入四环素时 $DPD\cdot^+$ 的吸光度。

根据上式整理表 2-7 中数据得表 2-8。

表 2-8 　$\dfrac{c_{TCN}}{k_{DPD}c_{DPD}}$ 和对应的 $\dfrac{[A_{DPD\cdot^+}]_{Total}}{[A_{DPD\cdot^+}]}$

$\dfrac{c_{TCN}}{k_{DPD}c_{DPD}}$	0	7.58×10^{-7}	1.52×10^{-6}	3.03×10^{-6}	4.55×10^{-6}
$\dfrac{[A_{DPD\cdot^+}]_{Total}}{[A_{DPD\cdot^+}]}$	1	1.205	1.404	1.833	2.491

利用式①拟合表中数据（图 2-15），得到 $k_{TCN} = 3.08\times10^5\,L/(mol\cdot s)$。

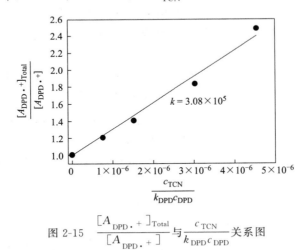

图 2-15 　$\dfrac{[A_{DPD\cdot^+}]_{Total}}{[A_{DPD\cdot^+}]}$ 与 $\dfrac{c_{TCN}}{k_{DPD}c_{DPD}}$ 关系图

2.4.3　串联反应

所产生的物质能再起反应而产生其他物质的反应，称为串联反应，或称连续反应。设 A 起反应生成 B，B 又起反应生成 C，这是由两个一级反应组成的串联反应，即

$$A \xrightarrow{k_1} B \xrightarrow{k_2} C$$

时间＝0 时，A、B、C 的浓度为　　$c_{A,0}$　　0　　0

时间＝t 时，A、B、C 的浓度为　　c_A　　c_B　　c_C

c_A 只与第一个反应有关，与后续反应无关。即

$$-dc_A/dt = k_1 c_A \tag{2-82}$$

积分后得

$$\ln(c_{A,0}/c_A) = k_1 t \quad 或 \quad c_A = c_{A,0} e^{-k_1 t} \tag{2-83}$$

中间产物 B 由第一步生成，由第二步消耗，所以

$$dc_B/dt = k_1 c_A - k_2 c_B \tag{2-84}$$

将式（2-83）代入此式，则

$$\frac{dc_B}{dt} = k_1 c_{A,0} e^{-k_1 t} - k_2 c_B \tag{2-85}$$

即

$$\frac{dc_B}{dt} + k_2 c_B = k_1 c_{A,0} e^{-k_1 t} \tag{2-86}$$

积分后得

$$c_B = \frac{k_1 c_{A,0}}{k_2 - k_1}(e^{-k_1 t} - e^{-k_2 t}) \tag{2-87}$$

因

$$c_A + c_B + c_C = c_{A,0} \tag{2-88}$$

故

$$c_C = c_{A,0} - c_A - c_B \tag{2-89}$$

将式（2-83）、式（2-87）代入式（2-89），得

$$c_C = c_{A,0}\left[1 - \frac{1}{k_2 - k_1}(k_2 e^{-k_1 t} - k_1 e^{-k_2 t})\right] \tag{2-90}$$

一级串联反应的 c-t 关系如图 2-16 所示。

上述第一个反应为一级反应，所以 c_A-t 关系符合一级反应的规律。中间产物 B 的 c_B-t 曲线出现了一个极大值，这是其特点。由于 c_B 与两个反应有关，即在 A 生成 B 的同时，B 又发生反应生成 C，反应初期 c_A 大、c_B 小；根据式（2-84），B 的生成速率大于消耗速率，因而结果是 c_B 逐渐增大；但随着反应的进行，B 的生成速率小于其消耗速率，则 c_B 达到一个极大值后又逐渐减小。

连续反应在水处理化学中极为常见，例如高级氧化反应中，通常先通过活化自由基前驱体产生高活性的自由基，随后自由基再氧化水中污染物。

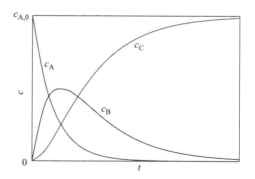

图 2-16　一级串联反应的 c-t 图

【例 2-6】　高锰酸钾与亚硫酸氢钠反应可迅速氧化污染物，其机理是两者反应生成活性中间体 I，I 可快速与污染物及水中其他共存物质反应。实验发现 I 可氧化苯生成苯酚，而苯酚可通过紫外进行检测。高锰酸钾与亚硫酸氢钠发生反应，产物氧化苯生成苯酚的

反应式如下所示：

$$MnO_4^- + HSO_3^- \longrightarrow I$$

$$I + C_6H_6 \longrightarrow C_6H_5OH$$

高锰酸钾与亚硫酸氢钠反应生成 I 的动力学方程及 I 氧化苯生成苯酚的动力学方程如下：

$$-\frac{dc_{MnO_4^-}}{dt} = k_1 c_{HSO_3^-} c_{MnO_4^-}$$

$$-\frac{dc_I}{dt} = k_2 c_{C_6H_6} c_I$$

在 $c_{MnO_4^-} = 50\mu mol/L$、$c_{HSO_3^-} = 500\mu mol/L$、$c_{C_6H_6} = 2.5 mmol/L$、pH = 5.0 条件下，测得不同时间下高锰酸钾浓度和苯酚浓度如表 2-9 所示，设亚硫酸氢钠和苯的浓度在反应过程中保持恒定，请画出 I 浓度随时间的变化。

表 2-9　不同时间下高锰酸钾浓度和苯酚浓度

时间/s	$c_{MnO_4^-}/(\mu mol/L)$	时间/s	$c_{C_6H_5OH}/(\mu mol/L)$
0.001	50	0	0
0.004	42.4235	0.0044	0.7998
0.007	36.50005	0.0112	2.4946
0.01	31.82131	0.018	3.8901
0.015	25.56824	0.0258	5.1879
0.02	20.58939	0.0346	6.3468
0.03	14.01653	0.0492	7.7537
0.04	9.578865	0.0648	8.7583
0.05	6.695858	0.0794	9.4
0.075	3.030601	0.1009	10.021
0.1	1.736692	0.1253	10.4651
0.15	0.242532	0.1535	10.8052
0.2	0	0.1789	11.0312
0.25	0	0.211	11.2653
		0.25	11.508

解：假设反应体系中生成的 I 约有 $\frac{1}{\theta}$ 与苯反应生成苯酚，其余部分的 I 则通过其他反应路径消耗。根据 I 的生成和消耗反应，I 浓度随时间的变化可表示为

$$\frac{dc_I}{dt} = k_1 c_{HSO_3^-} c_{MnO_4^-} - \theta k_2 c_{C_6H_6} c_I \qquad ①$$

积分得：

$$c_I = a \times e^{-\int_0^t \theta k_2 \times c_{C_6H_6} \times dt} + e^{-\int_0^t \theta k_2 \times c_{C_6H_6} \times dt} \times \int_0^t k_1 c_{MnO_4^-} c_{HSO_3^-} \times e^{-\int_0^t \theta k_2 \times c_{C_6H_6} \times dt} dt \qquad ②$$

式中，a 为 I 的初始浓度。由于 0 时刻 I 的浓度为 0，因此 $a = 0$。上式简化为：

$$c_{\mathrm{I}} = \mathrm{e}^{-\int_0^t \theta k_2 \times c_{\mathrm{C_6H_6}} \times \mathrm{d}t} \times \int_0^t k_1 c_{\mathrm{MnO_4^-}} c_{\mathrm{HSO_3^-}} \times \mathrm{e}^{-\int_0^t \theta k_2 \times c_{\mathrm{C_6H_6}} \times \mathrm{d}t} \mathrm{d}t \qquad ③$$

基于高锰酸钾与亚硫酸钠反应动力学方程，利用准一级动力学拟合表 2-9 中高锰酸钾浓度随时间的变化数据，得出 $k_1 = 8.4 \times 10^4 \, \mathrm{L/(mol \cdot s)}$。因此，高锰酸钾的实时浓度可表示为：

$$c_{\mathrm{MnO_4^-}} = 5 \times 10^{-5} \times \mathrm{e}^{-k_1 \times c_{\mathrm{HSO_3^-}} \times t} \qquad ④$$

将式④代入式③得：

$$c_{\mathrm{I}} = \mathrm{e}^{-\int_0^t \theta k_2 \times c_{\mathrm{C_6H_6}} \times \mathrm{d}t} \times \int_0^t k_1 \times 5 \times 10^{-5} \times \mathrm{e}^{-k_1 \times c_{\mathrm{HSO_3^-}} \times t} \times c_{\mathrm{HSO_3^-}} \times \mathrm{e}^{-\int_0^t \theta k_2 \times c_{\mathrm{C_6H_6}} \times \mathrm{d}t} \mathrm{d}t \qquad ⑤$$

化简得：

$$c_{\mathrm{I}} = \frac{k_1 \times 5 \times 10^{-5} \times c_{\mathrm{HSO_3^-}}}{\theta k_2 \times c_{\mathrm{C_6H_6}} - k_1 \times c_{\mathrm{HSO_3^-}}} \times (\mathrm{e}^{-k_1 \times c_{\mathrm{HSO_3^-}} \times t} - \mathrm{e}^{-\theta k_2 \times c_{\mathrm{C_6H_6}} \times t}) \qquad ⑥$$

根据 $-\dfrac{\mathrm{d}c_{\mathrm{I}}}{\mathrm{d}t} = k_2 c_{\mathrm{C_6H_6}} c_{\mathrm{I}}$，苯酚的生成动力学方程可表示为：

$$c_{\mathrm{C_6H_5OH}} = k_2 \times c_{\mathrm{C_6H_6}} \times \int_0^t c_{\mathrm{I}} \mathrm{d}t \qquad ⑦$$

将式⑥代入式⑦得：

$$c_{\mathrm{C_6H_5OH}} = \frac{k_2 \times c_{\mathrm{C_6H_6}} \times 5 \times 10^{-5}}{\theta k_2 \times c_{\mathrm{C_6H_6}} - k_1 \times c_{\mathrm{HSO_3^-}}} \times (1 - \mathrm{e}^{-k_1 \times c_{\mathrm{HSO_3^-}} \times t}) - $$

$$\frac{k_1 \times c_{\mathrm{HSO_3^-}} \times 5 \times 10^{-5}}{\theta^2 \times k_2 \times c_{\mathrm{C_6H_6}} - \theta k_1 \times c_{\mathrm{HSO_3^-}}} \times (1 - \mathrm{e}^{\theta k_2 \times c_{\mathrm{C_6H_6}} \times t}) \qquad ⑧$$

利用式⑧拟合苯酚浓度随时间变化的数据（图 2-17），得 $\dfrac{1}{\theta} = 0.213$，$k_2 = 8.69 \times 10^3 \, \mathrm{L/(mol \cdot s)}$。

将 $\dfrac{1}{\theta}$ 与 k_2 的数值代入式⑥即可画出 I 浓度随时间的变化，如图 2-18 所示。

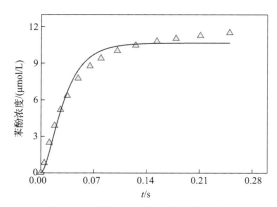

图 2-17 苯酚生成动力学的拟合曲线
（三角形为实验数据，实线为拟合结果）

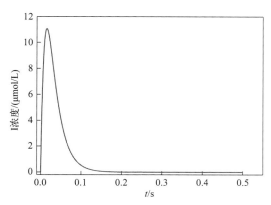

图 2-18 活性中间体 I 浓度随时间变化的趋势

2.5　复合反应速率的近似处理方法

上一节讨论了三种典型的复合反应。一般而言，各式各样的复合反应可以被归为这三种类型之一，或者是它们的各种搭配组合。求解单一的可逆或平行反应的速率方程并不难，串联反应则复杂得多。上面所列举的反应只涉及两步串联，而且只是单一组分 A、B 和 C 之间的一级反应，其速率方程的解就已经较复杂，随着反应步骤和组分增加，求解的复杂程度将急剧增加，甚至无法求解。实际上，在进行数据处理时常采用近似处理法，常用的近似处理法有以下几种。

2.5.1　控制步骤法

串联反应可以进行如下简化：串联反应的总速率等于最慢一步的反应速率，最慢一步是反应速率的控制步骤。控制步骤的反应速率常数越小，其他串联步骤的速率常数越大，此规律就越准确。要想使反应加速进行，关键就在于提高控制步骤的速率。

采用控制步骤法可以大大简化速率方程的求解过程。例如在串联反应 $A \xrightarrow{k_1} B \xrightarrow{k_2} C$ 中，c_C 的精确解为

$$c_C = c_{A,0} \left[1 - \frac{1}{k_2 - k_1}(k_2 e^{-k_1 t} - k_1 e^{-k_2 t}) \right] \tag{2-91}$$

当 $k_1 \ll k_2$ 时，此式化简为

$$c_C = c_{A,0}(1 - e^{-k_1 t}) \tag{2-92}$$

如果用控制步骤法进行近似处理，则不必求精确解也能得到同样的结果。$k_1 \ll k_2$ 表明第一步是最慢的一步，即控制步骤，所以总速率等于第一步的速率，即

$$-\frac{dc_C}{dt} = -\frac{dc_A}{dt} = k_1 c_A \tag{2-93}$$

因 $c_A = c_{A,0} e^{-k_1 t}$，$c_{A,0} = c_A + c_B + c_C$，而且 B 不可能积累，即 $c_B \approx 0$，故

$$c_C = c_{A,0} - c_A = c_{A,0} - c_{A,0} e^{-k_1 t} = c_{A,0}(1 - e^{-k_1 t}) \tag{2-94}$$

采用控制步骤法虽然没有求精确解，但可以得出近似的结果，同时，处理方法也大大简化。然而，值得注意的是，只有在控制步骤的速率显著慢于其他串联步骤的情况下，这种方法的准确度才较高。

2.5.2　平衡态近似法

对于反应机理

$$A + B \underset{k_{-1}}{\overset{k_1}{\rightleftharpoons}} C \quad （快速平衡）$$

$$C \xrightarrow{k_2} D \ （慢）$$

最后一步为慢步骤，因而前面的可逆反应能随时维持平衡。从化学动力学的角度考虑，快速平衡时正、逆反应速率视为相等：

$$k_1 c_A c_B = k_{-1} c_C \tag{2-95}$$

即

$$\frac{c_C}{c_A c_B} = \frac{k_1}{k_{-1}} = k_C \tag{2-96}$$

因为慢步骤为控制步骤，故反应的总速率为

$$dc_D / dt = k_2 c_C \tag{2-97}$$

将 $c_C = k_C c_A c_B$ 代入上式得

$$\frac{dc_D}{dt} = k_C k_2 c_A c_B = \frac{k_1 k_2}{k_{-1}} c_A c_B \tag{2-98}$$

令 $k = k_1 k_2 / k_{-1}$，得速率方程

$$dc_D / dt = k c_A c_B \tag{2-99}$$

这就是用平衡态近似法由反应机理求得的速率方程。

2.5.3　稳态近似法

在串联反应

$$A \xrightarrow{k_1} B \xrightarrow{k_2} C$$

中，若中间产物 B 很活泼，极易继续反应，则必有 $k_2 \gg k_1$，即第二步反应比第一步反应快得多，这意味着 B 一旦生成就立即经第二步反应消耗掉，所以在反应系统中 B 基本上没有积累，即 c_B 很小。c_B-t 曲线为一条紧靠横轴的扁平曲线，因而在较长的反应阶段内均可近似认为曲线的斜率

$$dc_B / dt = 0 \tag{2-100}$$

即 B 的浓度处于稳态或定态。所谓稳态或定态就是指某中间物的生成速率与消耗速率相等，以至其浓度不随时间变化的状态。一般来说，活泼的中间物，例如自由原子或自由基等，反应能力很强，浓度很低，在一定的反应阶段内符合式(2-100)，故可近似认为它们处于稳态。

由反应机理推导速率方程时，方程中往往会出现活泼中间物的浓度，而这些活泼中间物的浓度一般不易测定，所以希望能够用反应物或产物的浓度来代替。最简单的办法就是用稳态近似法找出这些活泼中间物与反应物间的浓度关系。

例如，对上述反应应用稳态近似法：

$$\frac{dc_B}{dt} = k_1 c_A - k_2 c_B = 0 \tag{2-101}$$

$$c_B = \frac{k_1}{k_2} c_A \tag{2-102}$$

这样一来就立即找到了 c_B 与 c_A 间的关系。否则，须先求精确解，如式(2-87)：

$$c_B = \frac{k_1 c_{A,0}}{k_2 - k_1} (e^{-k_1 t} - e^{-k_2 t})$$

然后结合条件 $k_2 \gg k_1$，将该式简化为

$$c_B = \frac{k_1}{k_2} c_{A,0} e^{-k_1 t} = \frac{k_1}{k_2} c_A \qquad (2\text{-}103)$$

稳态近似法巧妙地规避了先求精确解的麻烦，极大地简化了数学处理的过程。

【例 2-7】 酚类化合物在水中常以分子态（ArOH）或解离态（ArO⁻）存在，具体存在形式与溶液 pH 和酚类化合物的 pK_a 有关。高锰酸钾氧化酚类化合物的机理如下所示：

$$\text{ArOH} \xrightleftharpoons{k_a} \text{ArO}^- + \text{H}^+$$

$$\text{ArOH} + \text{MnO}_4^- \xrightarrow{k_1} \text{P(产物)}$$

$$\text{ArO}^- + \text{MnO}_4^- \underset{k_3}{\overset{k_2}{\rightleftharpoons}} \text{Int}$$

$$\text{Int} + \text{H}^+ \xrightarrow{k_4} \text{P}$$

高锰酸钾可直接氧化 ArOH，而对于 ArO⁻，高锰酸钾先与 ArO⁻ 结合为中间物 Int，该步骤为限速步骤，生成的 Int 随后与 H⁺ 结合，经分解生成产物。请据此推算高锰酸钾氧化酚类化合物的速率与 pH 的关系。

解： 高锰酸钾氧化酚类化合物的速率可表示为

$$r = k_1 [\text{ArOH}][\text{MnO}_4^-] + k_4 [\text{Int}][\text{H}^+] \qquad ①$$

由于 Int 的生成为限速步骤，其生成后与 H⁺ 快速结合或者通过逆反应分解为高锰酸钾和 ArO⁻，因此，在反应过程中 Int 浓度较低。假设其在反应中浓度处于稳态，不随时间变化，有：

$$-\frac{d[\text{Int}]}{dt} = [\text{Int}](k_3 + k_4 [\text{H}^+]) - k_2 [\text{ArO}^-][\text{MnO}_4^-] = 0 \qquad ②$$

得：

$$[\text{Int}] = \frac{k_2 [\text{ArO}^-][\text{MnO}_4^-]}{k_3 + k_4 [\text{H}^+]} \qquad ③$$

设酚类化合物的总浓度为 $[\text{ArOH}]_{Tot}$，则 ArOH 和 ArO⁻ 浓度分别为：

$$[\text{ArOH}] = \frac{[\text{H}^+]}{[\text{H}^+] + k_a} [\text{ArOH}]_{Tot}, \quad [\text{ArO}^-] = \frac{k_a}{[\text{H}^+] + k_a} [\text{ArOH}]_{Tot} \qquad ④$$

将式③和式④代入式①得：

$$r = \left(k_1 \frac{[\text{H}^+]}{[\text{H}^+] + k_a} + \frac{k_2 k_4 k_a [\text{H}^+]}{(k_3 + k_4 [\text{H}^+])([\text{H}^+] + k_a)} \right) [\text{ArOH}]_{Tot} [\text{MnO}_4^-] \qquad ⑤$$

其中，酚类化合物降解的表观速率常数为：

$$k_{app} = k_1 \frac{[\text{H}^+]}{[\text{H}^+] + k_a} + \frac{k_2 k_4 k_a [\text{H}^+]}{(k_3 + k_4 [\text{H}^+])([\text{H}^+] + k_a)} \qquad ⑥$$

2.6　多相催化反应动力学

目前水处理中关于催化技术的研究越来越多（如光催化、电催化、臭氧催化氧化等），并逐渐有实际应用案例。本节将针对多相催化反应的基本原理和动力学进行简述。由于水污染控制过程中涉及的多相催化主要为固相催化，因此下文中的多相催化均指固相催化。

2.6.1 多相催化反应的步骤

在多相催化反应过程中，从反应物转化为产物一般需要经历下述步骤（见图 2-19）：①反应物分子从气流中向催化剂表面和孔内扩散；②反应物分子吸附在催化剂内表面；③被吸附的相邻活化分子或原子之间发生化学反应，或吸附在催化剂表面的活化分子与流体中的反应物分子之间发生反应，生成吸附态产物，这一步称为表面反应；④产物从催化剂内表面上脱附；⑤产物在孔内扩散并扩散到气流中。

上述步骤中的第①步和第⑤步为反应物、产物的扩散过程。从溶液向催化剂颗粒表面的扩散或反向扩散称为外扩散。从催化剂颗粒外表面向内孔道的扩散或反向扩散称为内扩散。这两个步骤均属于传质过程，是物理过程，与催化剂的宏观结构和流体流动有关。第②步为反应物分子的吸附，第③步为吸附分子的表面反应或转化，第④步为产物分子的脱附或解吸。②～④ 三步均属于在表面进行的化学过程，与催化剂的表面结构、性质和反应条件有关，也称作化学动力学过程。多相催化反应过程包括上述的物理过程和化学过程两部分。

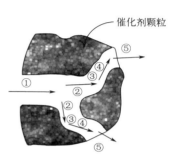

图 2-19　多相催化反应
过程示意图

（1）外扩散与内扩散

一定反应条件下，催化剂颗粒周围由反应物分子、产物分子和稀释剂分子等组分形成一个稳定的层流层，反应物分子必须穿过此层流层才能到达催化剂颗粒的外表面。因为层流层会阻碍这种流动，故在催化剂颗粒的外表面和气流层之间形成了一个浓度梯度。根据菲克定律（Fick law），反应物分子穿过此层的通量正比于浓度梯度，通量 $= D_e(c_h - c_s)$。其中，D_e 为外扩散系数；$c_h - c_s$ 为溶液中反应物浓度与催化剂颗粒外表面反应物浓度的差值。外扩散速率的大小与流体的流速、催化剂颗粒的粒径以及传递介质的密度、黏度等有关。

反应物分子到达催化剂颗粒外表面后，经反应未转化的部分就会在外表面与内孔道间产生第二种浓度差，穿过这个浓度梯度的过程即所谓的内扩散，它能将反应物分子带到内表面的活性中心。穿过的通量正比于第二种浓度差，通量 $= D_I(c_s - c)$。其中，c 为内孔道中某点的反应物分子浓度；D_I 为内扩散系数。内扩散比外扩散更复杂，既有容积扩散（以容积扩散系数 D_B 表示），又有克努森（Knudsen）扩散（以克努森扩散系数 D_K 表示）。前者是分子之间的碰撞次数远大于分子与催化剂孔壁的碰撞次数时出现的扩散；后者是分子与催化剂孔壁间碰撞，且孔道的平均直径小于分子平均自由程时出现的扩散。

（2）反应物分子的化学吸附

反应物分子在催化剂表面的吸附是一个复杂且分阶段进行的过程，包括物理吸附和化学吸附两个步骤。物理吸附主要依赖分子间力，吸附力弱，吸附热小（8～20kJ/mol），是可逆的，无选择性，分子量越大越容易进行。化学吸附与一般的化学反应相似，依赖化学键力，遵从化学热力学和化学动力学的传统定律，具有选择性，吸附热大（40～800kJ/mol），一般是不可逆的。吸附的发生需要活化能，其中化学吸附是反应物分子活化的关键一步。化学吸附为单分子层吸附，具有饱和性。

发生化学吸附的原因是位于固体表面的原子具有自由价，这些原子的配位数小于固体内原子的配位数，使得每个表面原子都受到向固体内部的净作用力，将扩散到其附近的反应物分子吸附并形成化学键。化学吸附键合的现代模型包括几何效应（基团效应）和电子效应（配位效应），反应物分子基于这两种效应寻求与表面相匹配的几何对称性和电子轨道，以进行化学吸附。深入研究这些属性对于调制催化剂和改善其催化性能具有重要意义。

常见的吸附模型有朗缪尔（Langmuir）模型和弗罗因德利希（Freundlich）模型等，详细介绍请见第 6 章。

（3）表面反应

处于化学吸附状态的表面物种在二维的吸附层中并非静止不动，只要温度足够高，它们就成为化学活性物种，在固体表面迁移，随之进行化学反应。

（4）产物的脱附

脱附作为吸附的逆过程，遵循与吸附相同的规律。吸附的反应物和产物都有可能脱附。就产物来说，通常不希望其在表面上吸附过强，否则会阻碍反应物分子接近表面，使活性中心得不到再生，成为催化剂的毒物。若目标产物是一种中间产物，则希望它生成后迅速脱附，以避免其分解或进一步反应。

2.6.2　多相催化反应的速率方程

多相催化反应是一个多步骤过程，包括吸附、表面反应及脱附等步骤。从反应工程角度看，研究多相催化反应动力学的首要任务是找出反应通用速率方程。

2.6.2.1　多相催化反应动力学的常用假设

要从各反应步骤中找出通用速率方程，需要做出一些简化假定。广泛应用的是稳态近似和速率控制步骤这两个假设。

若反应过程达到稳态，中间化合物的浓度就不随时间而变化，即

$$-\frac{\mathrm{d}c_i}{\mathrm{d}t}=0, \quad i=1,2,\cdots,N \tag{2-104}$$

式中　c_i——中间化合物的浓度。

这就是稳态近似，稳态条件下，串联进行的各反应步骤速率相等。

设化学反应 A $\longrightarrow$ R 由下列两个步骤构成：

$$\text{A} \underset{k_{-1}}{\overset{k_1}{\rightleftharpoons}} \text{A}^*$$

$$\text{A}^* \xrightarrow{k_2} \text{R}$$

A^* 的生成速率（r_f）和消耗速率（r_c）分别为

$$r_\mathrm{f}=k_1 c_\mathrm{A}-k_{-1}c_{\mathrm{A}^*} \tag{2-105}$$

$$r_\mathrm{c}=k_2 c_{\mathrm{A}^*} \tag{2-106}$$

A^* 的浓度变化速率为

$$\frac{\mathrm{d}c_{A^*}}{\mathrm{d}t} = r_f - r_c = k_1 c_A - k_{-1} c_{A^*} - k_2 c_{A^*} \tag{2-107}$$

当 $\dfrac{\mathrm{d}c_{A^*}}{\mathrm{d}t} = 0$ 时，A^* 的生成速率和消耗速率相等。

假设在给定的反应历程中存在某一速率控制步骤。仍以上述反应为例，当反应体系达到稳态时，各反应的净速率是相等的，即

$$k_1 c_A - k_{-1} c_{A^*} = k_2 c_{A^*} \tag{2-108}$$

如果 $k_{-1} \gg k_2$，则 c_{A^*} 的表达式可为

$$c_{A^*} \approx \frac{k_1}{k_{-1}} c_A = K c_A \tag{2-109}$$

这一结果意味着第一个反应近似处于平衡态，而中间物 A^* 的浓度近似为该反应的平衡浓度。

$A \longrightarrow R$ 的总速率等于正向反应速率减逆向反应速率，即

$$r = k_1 c_A + k_2 c_{A^*} - k_{-1} c_{A^*} \tag{2-110}$$

将式(2-109)代入式(2-110)得

$$r = k_2 c_{A^*} \tag{2-111}$$

因此，第二个反应为速率决定步骤。由此得到动力学方程为

$$r = k_2 K c_A \tag{2-112}$$

如果在给定的反应中有一个反应为速率控制步骤，那么只需考虑该反应的速率表达式，而其中所涉及的中间物浓度由与其相关反应中的平衡浓度给出。

2.6.2.2 多相催化反应动力学

在催化反应中，化学反应是在催化剂的活性表面上进行的，基本步骤包括吸附、表面反应和脱附。假设发生的固相催化反应如下：

$$A + B \longrightarrow R$$

其总反应由下述步骤组成：

① 吸附　$A + \sigma \underset{k_{dA}}{\overset{k_{aA}}{\rightleftharpoons}} A\sigma$

② 吸附　$B + \sigma \underset{k_{dB}}{\overset{k_{aB}}{\rightleftharpoons}} B\sigma$

③ 反应　$A\sigma + B\sigma \underset{k_{-S}}{\overset{k_S}{\rightleftharpoons}} R\sigma + \sigma$

④ 脱附　$R\sigma \underset{k_{dR}}{\overset{k_{aR}}{\rightleftharpoons}} R + \sigma$

式中　σ——吸附位；

　　　$A\sigma$——吸附态的 A；

　　　$B\sigma$——吸附态的 B；

　　　$R\sigma$——吸附态的 R。

本部分将按不同的速率控制步骤对反应动力学进行推导。

（1）表面反应控制

若第三步为速率控制步骤，则该步骤的速率等于反应速率，将质量守恒定律用于式③所

示的表面反应，有

$$r = k_S \theta_A \theta_B - k_{-S} \theta_R \theta_V \tag{2-113}$$

式中　θ_V——催化剂表面未覆盖率，$\theta_V = 1 - \theta_A - \theta_B - \theta_R$，其中 θ_A、θ_B 和 θ_R 分别为 A、B 和 R 在催化剂表面的覆盖率。

其余三步达到平衡，故

$$k_{aA} c_A \theta_V - k_{dA} \theta_A = 0 \quad 或 \quad \theta_A = K_A c_A \theta_V \tag{2-114}$$

$$k_{aB} c_B \theta_V - k_{dB} \theta_B = 0 \quad 或 \quad \theta_B = K_B c_B \theta_V \tag{2-115}$$

$$k_{aR} c_R \theta_V - k_{dR} \theta_R = 0 \quad 或 \quad \theta_R = K_R c_R \theta_V \tag{2-116}$$

式中，$K_A = k_{aA}/k_{dA}$，$K_B = k_{aB}/k_{dB}$，$K_R = k_{aR}/k_{dR}$。将式（2-114）~式（2-116）代入式（2-113）得

$$r = k_S K_A c_A K_B c_B \theta_V^2 - k_{-S} K_R c_R \theta_V^2 \tag{2-117}$$

因 $\theta_V + \theta_A + \theta_B + \theta_R = 1$，利用这一关系将式（2-114）~式（2-116）相加，得

$$\theta_V = \frac{1}{1 + K_A c_A + K_B c_B + K_R c_R} \tag{2-118}$$

再代入式（2-117）即得反应速率方程为

$$r = \frac{k(c_A c_B - c_R/K_P)}{(1 + K_A c_A + K_B c_B + K_R c_R)^2} \tag{2-119}$$

式中　k——该反应的正反应速率常数，$k = k_S K_A K_B$；

K_P——该反应的化学平衡常数，$K_P = \dfrac{k_S K_A K_B}{k_{-S} K_R}$。

当化学反应达到平衡时，$r = 0$，由式（2-119）的分子项正好得到化学平衡常数的定义式，因为 $k \neq 0$，只能是分子项中括号内的部分等于零。

（2）组分 A 的吸附控制

若第一步为速率控制步骤，则反应速率等于 A 的吸附速率，对于式①所示的步骤

$$r = k_{aA} c_A \theta_V - k_{dA} \theta_A \tag{2-120}$$

其余三步达到平衡，第三步表面反应达到平衡时，有

$$\frac{\theta_R \theta_V}{\theta_A \theta_B} = \frac{k_S}{k_{-S}} = K_S \tag{2-121}$$

式中　K_S——表面反应平衡常数。

整理得

$$\theta_A = \frac{K_R c_R \theta_V}{K_S K_B p_B} \tag{2-122}$$

代入式（2-120），有

$$r = k_{aA} c_A \theta_V - k_{dA} \frac{K_R c_R \theta_V}{K_S K_B c_B} \tag{2-123}$$

又因 $\theta_V + \theta_A + \theta_B + \theta_R = 1$，有

$$\theta_V = \frac{1}{1 + K_R c_R/(K_S K_B c_B) + K_B c_B + K_R c_R} \tag{2-124}$$

于是，式（2-123）可化为

$$r = \frac{k_{aA}[c_A - c_R/(K_P c_B)]}{1 + K_A c_R/(K_P c_B) + K_B c_B + K_R c_R} \tag{2-125}$$

式中，化学平衡常数 K_P 与各吸附平衡常数以及表面反应平衡常数之间的关系类似于式（2-119）。

（3）组分 R 的脱附控制

若最后一步为速率控制步骤，由步骤④得反应速率为

$$r = k_{dR}\theta_R - k_{aR}c_R\theta_V \tag{2-126}$$

前三步达到平衡，将式（2-114）～式（2-116）代入式（2-126）得

$$\theta_R = K_S K_A K_B c_A c_B \theta_V \tag{2-127}$$

依据 $\theta_V + \theta_A + \theta_B + \theta_R = 1$，所以

$$\theta_V = \frac{1}{1 + K_A c_A + K_B c_B + K_S K_A K_B c_A c_B} \tag{2-128}$$

将 θ_R 及 θ_V 代入式（2-126）得

$$r = \frac{k(c_A c_B - c_R/K_P)}{1 + K_A c_A + K_B c_B + K_S K_A K_B c_A c_B} \tag{2-129}$$

式中，$k = k_{dR} K_S K_A K_B$。

式（2-129）为脱附控制时的反应速率方程。

以上三个速率方程［式（2-119）、式（2-125）和式（2-129）］均是基于理想表面导出的。尽管这三个公式在具体细节上存在差异，但是从总体上都可以概括为如下形式：

$$反应速率 = \frac{动力学项 \times 推动力项}{吸附项} \tag{2-130}$$

动力学项代表反应速率常数 k，它是温度的函数。如果是可逆反应，推动力项表示距离平衡的远近，距离平衡越远，推动力越大。吸附项表示哪些组分被催化剂所吸附，以及各组分吸附的强弱。这类速率方程称为双曲型速率方程。

在实际中，理想吸附的情况是很罕见的。然而理想吸附类型的速率方程仍在文献中广被采用以关联动力学数据。在很多情况下关联得到的吸附平衡常数往往与单独由实验获得的结果不一致，但理想表面速率方程式仍然被广泛使用，是因为这种速率方程的数学形式适应性较强，属于多参数模型。方程中的各种参数成了可调参数，调整这些参数总可以得到具有满意精度的速率方程。由此看来，尽管动力学数据与所设反应步骤推导出的速率方程相符合，但并不能表明所设的反应步骤是该反应的真正反应机理。

采用真实吸附模型来推导速率方程的方法与使用理想吸附模型的方式大体一致，差别在于吸附速率方程和吸附平衡等温式不同。采用非理想模型时，推导出的速率方程多数是幂函数型方程，也有一些是双曲型方程。

2.7　快速反应动力学中常用实验技术

快速反应动力学是以特定的方法和技术，研究速率非常快的化学反应的动力学规律的学科分支，是化学动力学的一个组成部分。快速反应的半衰期需以秒、毫秒甚至微秒、纳秒计，如一些自由基反应、过渡态金属反应。传统的反应动力学研究通常通过定时取样，直接或间接地测量反应物或产物浓度随时间的变化。然而，受限于引发反应或测量浓度所需的时

间，传统的动力学分析方法并不适于研究快速反应。因此，需针对快速反应建立专门的分析手段，目前已发展起来多种研究快速反应动力学的实验技术，这些方法采用响应极快的分析检测技术追踪反应系统中组分浓度的变化，可测得快速反应的动力学参数，从而揭示快速反应的动力学规律。图 2-20 列出了近代主要的反应动力学技术及其所涵盖的反应时间侦测范围。其中，利用最先进的飞秒 [1 飞秒（fs）$=10^{-15}\,\mathrm{s}$] 激光技术，科学家已可以测定反应时间短于 10fs 的反应。其中在水溶液中，受限于扩散控制影响，室温下不同物质发生反应的二级反应速率常数通常不超过 $10^{10}\,\mathrm{L/(mol\cdot s)}$ 数量级。本节将对水溶液中快速化学反应的常用研究技术（快速流动技术、激光闪光光解技术和脉冲辐解技术）进行介绍。

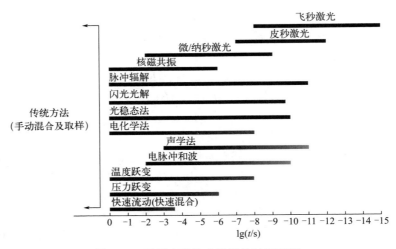

图 2-20   不同实验技术适用的时间范围

2.7.1   快速流动技术

快速流动技术分为早期的连续流动技术和现在的停留技术。

图 2-21 是连续流动技术的实验装置示意图。在此系统中，两种反应物溶液被稳定地注入混合槽中，得益于混合槽的特殊设计，这两种溶液可以迅速混合，混合后的溶液随后流入一长直透明玻璃管内，由于溶液以稳定的速度注入混合槽，因此混合后的溶液在玻璃管内的流量为一定值。设其流量为 Q，则溶液混合后流至距离混合槽 x 处需要的时间为 $t=xA/Q$（A 为玻璃管横截面积），该时间亦为反应时间。玻璃管上置有一台可移动的吸收光谱仪，用以检测在玻璃管中不同位置的溶液吸光度，通过移动检测器的位置，即可得到吸光度与反应时间的关系，进而得到产物与反应物浓度和时间的关系。连续流动技术可以测量反应半衰期短至数毫秒的反应，但目前该技术主要受限于混合时间。

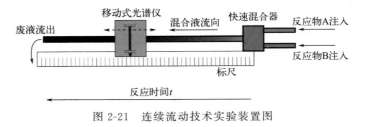

图 2-21   连续流动技术实验装置图

　　然而在连续流动技术实验中，由于反应物溶液必须持续地注入，因此每次实验会耗费大量的样品，对于一些难以获得或价格高昂的样品不适用。停留（stopped-flow）技术是对连续流动实验的改良，该技术可将样品用量降至数毫升甚至更少。图 2-22 为停留技术装置示意图，两种样品溶液由活塞推动注入快速混合器中，混合后立即通过光谱仪检测池，进入装有活塞的玻璃管中，活塞后有一开关，当活塞被溶液推至开关处时触动开关，活塞被迫停止运动，反应物溶液停止流动。由于在活塞触及开关前检测池中的溶液不断向前流动，因此池内溶液保持初始混合状态，即反应时间等于零。当活塞触及开关并停止运动时，检测池内溶液停止流动，混合液停留于检测池内并开始反应。活塞触及开关时触发检测器，开始检测溶液吸光度随时间的变化。

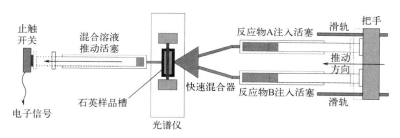

图 2-22　停留技术装置图

　　停留法在快速反应动力学中的应用仍然受制于溶液的混合时间，一般两种溶液完全混合需数十毫秒，但目前已有一些特殊设计的快速混合器可以将混合时间缩短至几毫秒。此外，停留装置除搭配紫外-可见吸收光谱仪外，还可与其他光谱检测仪器（如荧光检测器）或电信号检测仪器结合。目前，国内已有许多研究机构配置了停留光谱仪，其应用较为普遍。

2.7.2　激光闪光光解技术

　　近半个世纪以来，激光闪光光解（laser flash photolysis，LFP）技术已成为定性或定量地研究光物理或光化学过程中产生的瞬态中间体（如自由基、离子和激发态等）的强有力工具之一。LFP 技术通常通过强脉冲激光光源激发样品，产生光激发瞬态中间体，这些中间体达到一定浓度后，就会产生特征瞬态吸收光谱或发射光谱。LFP 技术特别适用于研究低浓度、短寿命的瞬态中间体，具有极高的灵敏性，该技术已被广泛应用于化学、环境科学等多个科学领域。例如，水中常见自由基（如羟基自由基和硫酸根自由基）与污染物的二级反应速率常数的原始数值大多通过激光闪光光解技术和脉冲辐解技术（详细介绍见下一节）确定。

　　激光闪光光解仪主要由激发光源、检测光源、信号检测和数据处理系统组成，如图 2-23 所示。

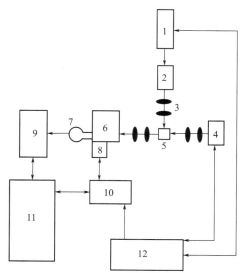

图 2-23　激光闪光光解装置图

1—脉冲激光器；2—泵浦染料激光器；3—透镜；
4—检测氙灯；5—样品池；6—单色仪；
7—光电倍增管；8—光学光谱多道分析器（SMA）；
9—数字存储示波器；10—SMA 控制器；
11—计算机；12—时间延迟匹配控制器

激发光源可发射不同波长的高强度纳秒级脉宽的激光，根据样品的紫外吸收光谱，可以选择合适的激发波长，经聚焦照射在样品上。在垂直于激发光束的方向上，通过聚焦使样品的发射光或透过样品的检测光进入单色仪，分光后由检测器接收并记录信号。对具有发光过程的中间体，可直接记录下中间体随时间的光谱变化和衰减曲线。对没有发光过程的中间体，则由检测器接收并记录样品被激发前后检测光谱的变化情况。图 2-24 为利用激光闪光光解仪光解过二硫酸盐，测得的硫酸根自由基光谱图和硫酸根自由基在 450nm 处吸光度随时间的变化情况。

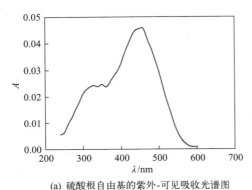
(a) 硫酸根自由基的紫外-可见吸收光谱图

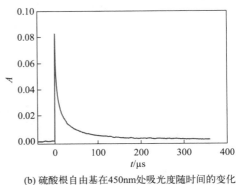
(b) 硫酸根自由基在450nm处吸光度随时间的变化

图 2-24　激光闪光光解过二硫酸盐

2.7.3　脉冲辐解技术

脉冲辐解（pulse radiolysis）是一种利用毫秒、纳秒、皮秒或飞秒电子束辐解样品，使受照样品的分子激发和电离从而产生高浓度瞬态离子的实验技术，用于研究辐射化学初级过程。国际上第一台脉冲辐解装置是美国瓦里安联合公司于 1959 年建成的，1960 年开始出现与脉冲辐解相关的研究报道。随着技术的发展，探测手段已经逐步扩展至时间分辨顺磁、时间分辨点和时间分辨发射光谱等。其中，使用最多、最通用的探测技术依然是时间分辨吸收，这也是闪光光解中相对成熟的一类检测技术，因此，脉冲辐解在很多方面与闪光光解有着相似之处。20 世纪末中国科学院上海原子核研究所（今上海应用物理研究所）建立了国内第一台纳秒级脉冲辐解装置；21 世纪后，又有新的兼有纳秒和皮秒的电子束直线加速器投入使用。脉冲辐解装置见图 2-25。

(a)

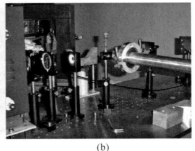
(b)

图 2-25　中国科学院上海应用物理研究所的脉冲辐解装置

脉冲辐解装置主要由加速系统、检测系统和电子控制系统组成，如图 2-26 所示。

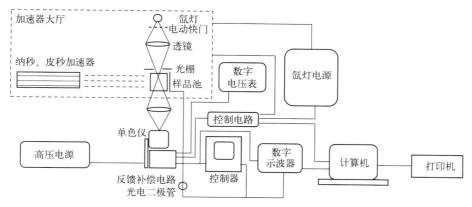

图 2-26　脉冲辐解装置原理图

其中，能产生脉冲电子束的电子加速器是脉冲辐解装置最重要的设备之一，其价格昂贵，仪器体积大，且需要配备能屏蔽辐射的建筑，需要对加速器进行恒温控制，需要有高真空环境，操作和运行比较复杂，这是脉冲辐解装置不能普及的主要原因。检测系统与激光闪光光解仪器相似，检测光路垂直于辐解电子运动方向，根据检测系统的时间范围可分为微秒-纳秒、纳秒-皮秒、皮秒-飞秒三种情况。

脉冲辐解研究的一大成就在于确认了水合电子的存在，并且成功获得了水合电子的瞬态吸收谱、动力学常数以及反应特性。水溶液的脉冲辐解研究是最多的，由此获得的动力学数据也最多。在脉冲辐解中，水溶液通常是指稀水溶液，这时电子束的能量主要被水吸收从而生成水的辐解产物，如水合电子 e_{aq}^-、羟基自由基·OH、氢原子·H、水合质子 H_3O^+ 等，这些都是体系中的初级瞬态粒子。假如水中有溶质分子，则溶质分子会和水的辐解初级产物发生反应，生成次级的瞬态离子如自由基、离子自由基、正负离子自由基之后复合生成溶质分子的激发态等。这些次级的瞬态粒子会继续发生反应和衰减。

$$H_2O \longrightarrow e_{aq}^- + \cdot OH + \cdot H + H_3O^+$$

在水溶液的脉冲辐解研究中，经常需要把体系转换成单一的氧化体系或还原体系，以研究氧化或还原反应机理。例如，向溶液中加入乙醇或甲醇，其水溶液只产生溶剂化电子，从而使该体系转变为单一的还原体系；通过加入叔丁醇或异丙醇将羟基自由基转化为醇的自由基，这些醇的自由基为强还原剂，因此溶液便转变为还原体系；向叔丁醇溶液中通入氧气达到饱和，溶液中的水合电子会与氧气反应生成超氧自由基。在氧化亚氮的饱和水溶液中，水合电子会转化为羟基自由基；在水溶液中加入异丙醇（100mmol/L）和过硫酸钾（100mmol/L），并用高纯氮气曝气脱氧，羟基自由基就会被转换成还原性的异丙醇抽氢自由基；过硫酸根捕获水合电子或从异丙醇抽氢自由基获得一个电子，生成硫酸根离子和硫酸根阴离子自由基，后者是一种氧化性非常强的自由基。

📚 **思考练习题**

1. 氯是最常用的消毒剂，现采用氯灭活水中贾第鞭毛虫，贾第鞭毛虫的灭活符合准一级动力学，达到 3log 消毒效果的 CT 值见表 2-10。

注：

① 3log 是消毒行业中用于表征消毒效果的一个重要指标，表示在消毒过程中微生物数

量被大幅度减少到原来的 1/1000 以下（即 99.9% 的灭活率）。

② CT 值（concentration-time value），即浓度时间值，是消毒科学中用于衡量消毒剂杀菌效果的一个重要指标。它表示消毒剂的浓度（C）和作用时间（T）的乘积，即 CT＝C×T。这个值用于比较不同消毒剂在不同条件下对微生物的杀灭能力。

表 2-10   达到 3log 消毒效果的 CT 值

氯浓度/(mg/L)	≤0.4	0.6	0.8	1.0	1.2	1.4	1.6	1.8	2.0	2.2	2.4	2.6	2.8	3.0
CT/[mg/(L·min)]	70	72	73	75	76	78	79	81	83	85	86	88	89	91

（a）贾第鞭毛虫的灭活动力学相对于氯的反应级数为多少？（b）贾第鞭毛虫与氯的反应速率常数为多少？（c）为进一步保证出水安全，现要求贾第鞭毛虫的灭活效率达到 4log 消毒效果，假设反应停留时间为 75min，氯的投加量应为多少？

2. 高铁酸钾（K_2FeO_4）常被用作水处理氧化剂降解水中有机污染物，但是高铁酸钾不稳定，在氧化污染物的同时会发生自分解。现采用高铁酸钾氧化水中污染物卡马西平（CBZ），高铁酸钾和卡马西平浓度随时间的变化见表 2-11。

表 2-11   不同时间高铁酸钾和卡马西平浓度

t/min	卡马西平/(μmol/L)	t/min	高铁酸钾/(μmol/L)
0	5	0	100
0.959911	4.21341	0.395843	62.7306
1.57228	3.6841	0.959911	60.8118
2.05403	3.34085	1.57228	38.2288
3.61432	2.90749	2.05403	33.2103
4.68948	2.4066	3.61432	26.4207
7.50623	2.08814	4.68948	17.7122
9.75144	1.90771	7.50623	11.8081
14.6837	1.70246	9.75144	9.7417
		14.6837	5.90406

卡马西平的降解动力学为：$-\dfrac{d[CBZ]}{dt}=k[FeO_4^{2-}][CBZ]$

求高铁酸钾与卡马西平反应的二级反应速率常数 k。

3. 紫外光（UV）光解一氯胺会产生 HO·、Cl·、Cl_2^-·和 ClO·等自由基，现向 UV/NH_2Cl 体系中加入硝基苯（NB）、苯甲酸（BA）、对甲氧基苯（DMOB）和苯酚（C_6H_5OH）四种有机物，四种有机物与不同自由基的二级反应速率常数见表 2-12。

表 2-12   硝基苯、苯甲酸、对甲氧基苯和苯酚与不同自由基的二级反应速率常数

有机物	$k_{HO·-i}$	$k_{Cl·-i}$	$k_{Cl_2^-·-i}$	$k_{ClO·-i}$
NB	$3.9×10^9$	—	—	—
BA	$5.5×10^9$	$1.8×10^{10}$	$<10^7$	$<10^7$
DMOB	$7.0×10^9$	$1.8×10^{10}$	$<10^7$	$2.1×10^9$
C_6H_5OH	$6.6×10^9$	$1.4×10^9$	$2.5×10^8$	$2.0×10^7$

现测得污染物降解的表观速率常数如表 2-13 所示。

表 2-13　硝基苯、苯甲酸、对甲氧基苯和苯酚降解的表观速率常数

污染物种类	NB	BA	DMOB	C_6H_5OH
污染物降解表观速率常数/s^{-1}	1.26×10^{-5}	3.69×10^{-5}	4.75×10^{-5}	2.65×10^{-5}

设自由基在反应过程中浓度保持不变，求不同自由基的浓度。

4. 氯氧化 N,N-二乙基对苯二胺（DPD）生成 N,N-二乙基对苯二胺自由基（DPD·$^+$），反应方程式为：$2DPD+HOCl \longrightarrow 2DPD·^+ +Cl^- +H_2O$。反应动力学为：$\dfrac{d[DPD·^+]}{dt} = k[DPD]^m[HOCl]^n$。DPD·$^+$ 在 510nm 处有显著吸收。现向不同浓度 DPD 溶液中加入少量自由氯（FC），测得 510nm 处吸光度变化如表 2-14 所示。

表 2-14　加入少量自由氯的不同浓度 DPD 溶液 510nm 处吸光度变化

t/s	条件 1： DPD 0.15mmol/L， FC 0.01mmol/L， pH=8.5	条件 2： DPD 0.175mmol/L， FC 0.01mmol/L， pH=8.5	条件 3： DPD 0.2mmol/L， FC 0.01mmol/L， pH=8.5	条件 4： DPD 0.225mmol/L， FC 0.01mmol/L， pH=8.5	条件 5： DPD 0.25mmol/L， FC 0.01mmol/L， pH=8.5
0	0.0000	0.0000	0.0000	0.0000	0.0000
0.01	0.0032	0.0037	0.0042	0.0046	0.0051
0.02	0.0060	0.0070	0.0077	0.0086	0.0094
0.03	0.0086	0.0098	0.0108	0.0119	0.0129
0.04	0.0108	0.0123	0.0134	0.0146	0.0158
0.05	0.0129	0.0145	0.0157	0.0170	0.0181
0.06	0.0146	0.0164	0.0176	0.0189	0.0201
0.07	0.0162	0.0180	0.0193	0.0206	0.0217
0.08	0.0177	0.0194	0.0207	0.0219	0.0230
0.09	0.0189	0.0207	0.0219	0.0231	0.0241
0.1	0.0201	0.0218	0.0230	0.0241	0.0250
0.11	0.0211	0.0227	0.0239	0.0249	0.0258
0.12	0.0220	0.0236	0.0246	0.0256	0.0264
0.13	0.0228	0.0243	0.0253	0.0262	0.0269
0.14	0.0235	0.0249	0.0259	0.0267	0.0273
0.15	0.0241	0.0255	0.0264	0.0271	0.0277
0.16	0.0247	0.0260	0.0268	0.0275	0.0280
0.17	0.0252	0.0264	0.0271	0.0277	0.0282
0.18	0.0256	0.0268	0.0274	0.0280	0.0284
0.19	0.0260	0.0271	0.0277	0.0282	0.0285

续表

t /s	条件1： DPD 0.15mmol/L， FC 0.01mmol/L， pH = 8.5	条件2： DPD 0.175mmol/L， FC 0.01mmol/L， pH = 8.5	条件3： DPD 0.2mmol/L， FC 0.01mmol/L， pH = 8.5	条件4： DPD 0.225mmol/L， FC 0.01mmol/L， pH = 8.5	条件5： DPD 0.25mmol/L， FC 0.01mmol/L， pH = 8.5
0.2	0.0264	0.0274	0.0279	0.0284	0.0287
0.21	0.0267	0.0276	0.0281	0.0285	0.0288
0.22	0.0270	0.0278	0.0283	0.0286	0.0289
0.23	0.0272	0.0280	0.0284	0.0287	0.0290
0.24	0.0275	0.0282	0.0286	0.0288	0.0290
0.25	0.0277	0.0283	0.0287	0.0289	0.0291

求氯氧化 DPD 的反应速率常数和反应级数。

5. 利用激光闪光光解仪发射 266nm 激光光解 1-氯丙酮溶液，反应如下：

$$CH_3COCH_2Cl \xrightarrow{h\nu} CH_3COCH_2 \cdot + Cl \cdot$$

Cl·氧化 SCN^- 生成 $(SCN)_2^- \cdot$ ，$(SCN)_2^- \cdot$ 在 472nm 处有显著吸收。$(SCN)_2^- \cdot$ 的生成动力学为 $\dfrac{d[(SCN)_2^- \cdot]}{dt} = k_{SCN}[SCN^-][Cl \cdot]$ ，其中 $k_{SCN} = 5.3 \times 10^9$ L/(mol·s)。

现往溶液中同时加入 10mmol/L 1-氯丙酮、0.5mmol/L SCN^- 和不同浓度的阿莫西林，测得不同条件下反应结束时 472nm 处吸光度如表 2-15 所示，求 Cl·氧化阿莫西林的二级反应速率常数（设该反应相对于 Cl·和阿莫西林分别为一级反应）。

表 2-15　不同阿莫西林浓度下反应结束时 472nm 处吸光度

阿莫西林浓度/(mmol/L)	0	0.046	0.092	0.138	0.184
A_{472nm}	0.0487	0.0426	0.0386	0.0361	0.0336

参考文献

[1] 王灿，陈鸿，赵欣. 环境工程反应动力学和反应器的设计与操作[M]. 天津：天津大学出版社，2018.

[2] 李天成，王军民，朱慎林. 环境工程中的化学反应技术及应用[M]. 北京：化学工业出版社，2005.

[3] Hu L, Martin H M, Osmarily A B, et al. Oxidation of carbamazepine by Mn(Ⅶ) and Fe(Ⅵ)：Reaction kinetics and mechanism[J]. Environmental Science & Technology, 2009, 43 (2)：509-515.

[4] Sun B, Zhang J, Du J, et al. Reinvestigation of the role of humic acid in the oxidation of phenols by permanganate[J]. Environmental Science & Technology, 2013, 47 (24)：14332-14340.

[5] Jiang J, Pang S Y, Ma J. Oxidation of triclosan by permanganate (Mn(Ⅶ))：Importance of ligands and in situ formed manganese oxides[J]. Environmental Science & Technology, 2009, 43 (21)：8326-8331.

[6] Song D, Liu H, Qiang Z, et al. Determination of rapid chlorination rate constants by a stopped-flow

spectrophotometric competition kinetics method[J]. Water research，2014，55（10）：126-132.

[7] Lei Y，Cheng S，Luo N，et al. Rate constants and mechanisms of the reactions of Cl · and Cl$_2^-$ · with trace organic contaminants[J]. Environmental Science & Technology，2019，53（19）：11170-11182.

[8] Sun B，Dong H，He D，et al. Modeling the kinetics of contaminants oxidation and the generation of Manganese(Ⅲ) in the permanganate/bisulfite process[J]. Environmental Science & Technology，2016，50（3）：1473-1482.

[9] Du J，Sun B，Zhang J，et al. Parabola-like shaped pH-rate profile for phenols oxidation by aqueous permanganate[J]. Environmental Science & Technology，2012，46（16）：8860-8867.

[10] Yin R，Blatchley E R，Shang C. UV Photolysis of mono-and dichloramine using UV-LEDs as radiation sources：Photodecay rates and radical concentrations[J]. Environmental Science & Technology，2020，54（13）：8420-8429.

3

酸碱化学

📖 **学习目标**

① 熟悉水中的酸、碱组分及其对 pH 值的决定作用，了解 pH 对水中物质的形态、毒性和在水系统中行为的影响，如矿物的溶解和沉淀、气体的溶解以及化学反应速率。

② 掌握酸度常数（K_a）、碱度常数（K_b）的概念，能根据 α-pH 和 lg$c$-pH 图分析水溶液中物质的形态分布。

③ 了解 pH 缓冲溶液的种类、性质和缓冲强度，能够选择合适的缓冲体系用于水中反应的研究。

④ 了解碳酸盐缓冲系统的存在是天然水 pH 值稳定的主要原因。

⑤ 熟悉 pH 对典型水污染控制过程的影响。

3.1 酸碱的定义

目前关于酸碱的定义主要有三种理论，分别为离子论（即阿伦尼乌斯酸碱理论）、质子论（布朗斯特-劳里酸碱理论）和电子论（路易斯酸碱理论），下文将对这些理论逐一进行阐述。

3.1.1 离子论

阿伦尼乌斯（Arrhenius）1887 年提出：酸是一种使其水溶液含有过量氢离子（H^+）的物质，而碱则是一种使水溶液中含有过量氢氧根离子（OH^-）的物质。Arrhenius 假设水溶液中过量的 H^+ 或 OH^- 来自水中酸或碱的解离，但其概念存在一些局限性。第一，它只适用于离子溶液；第二，该理论有一定缺陷，例如 NaCl 一类的盐甚至在结晶态下也以离子的形式存在；第三，现已证实 H^+ 不能以裸露的离子形式在水溶液中存在。理论计算表明，H^+ 会强烈地与水分子结合，形成水合质子或水合氢离子（H_3O^+）。实际上，在水溶液中 H_3O^+ 通过氢键与不同数目的 H_2O 结合在一起，形成 $H_7O_3^+$、$H_9O_4^+$ 等，但一般仍用化学式 H_3O^+ 或 H^+ 表示。类似 H_3O^+，液态氨的溶剂化质子可写作 NH_4^+。在水溶液中，OH^- 也强烈地与水结合；金属离子也不是以裸露的金属离子形式存在，而是以水合配合物的形态存在。

3.1.2 质子论

在水溶液中，氢离子不能以非水合态存在，水中酸的解离可表示为酸与水反应：
$$HCl + H_2O \Longrightarrow H_3O^+ + Cl^-$$
碱在与水的反应中，作用与酸相反：
$$NH_3 + H_2O \Longrightarrow NH_4^+ + OH^-$$
布朗斯特（Brønsted）和劳里（Lowry）于 1923 年据此提出了广义的酸碱概念。其中，酸（布朗斯特酸，Brønsted acid）是能够给出质子（H^+）的物质，碱（布朗斯特碱，Brønsted base）是能够接受质子的物质。因此，只要酸与碱发生反应，就会发生质子迁移：
$$HA + B^- \Longrightarrow HB + A^-$$
正反应过程中，HA 给出质子，B^- 接受质子，生成 HB 和 A^-；逆反应过程中，HB 给出质子，A^- 接受质子，生成 HA 和 B^-。故该系统中的 HA 和 HB 均为酸，A^- 和 B^- 均为碱。其中，HA 和 A^- 或 HB 和 B^- 构成共轭酸碱对。以 $HClO_4$ 为例，ClO_4^- 是 $HClO_4$ 的共轭碱，而 $HClO_4$ 是 ClO_4^- 的共轭酸。作为碱的水（H_2O），其共轭酸是水合氢离子（H_3O^+）；而作为酸的水（H_2O），其共轭碱是氢氧根离子（OH^-）。

这类质子迁移反应非常多，如：
$$HClO_4 + H_2O \Longrightarrow H_3O^+ + ClO_4^-$$
$$H_2CO_3 + H_2O \Longrightarrow H_3O^+ + HCO_3^-$$
$$HCO_3^- + H_2O \Longrightarrow H_3O^+ + CO_3^{2-}$$
$$NH_4^+ + H_2O \Longrightarrow H_3O^+ + NH_3$$
$$NH_4^+ + C_2H_5OH \Longrightarrow C_2H_5OH_2^+ + NH_3$$
$$CH_3COOH + NH_3 \Longrightarrow NH_4^+ + CH_3COO^-$$
$$H_2O + H_2O \Longrightarrow H_3O^+ + OH^-$$
碱从酸接受质子的反应可用同样的方式表示如下：
$$NH_3 + H_2O \Longrightarrow OH^- + NH_4^+$$
$$CN^- + H_2O \Longrightarrow OH^- + HCN$$
$$HCO_3^- + H_2O \Longrightarrow OH^- + H_2CO_3$$
$$CO_3^{2-} + H_2O \Longrightarrow OH^- + HCO_3^-$$
$$NH_3 + C_2H_5OH \Longrightarrow C_2H_5O^- + NH_4^+$$
$$RNH_2 + CH_3COOH \Longrightarrow CH_3COO^- + RNH_3^+$$

反应式 $H_2O + H_2O \rightleftharpoons H_3O^+ + OH^-$ 表示溶剂水的自解离作用，水既是质子给予体又是质子接受体，根据 Brønsted-Lowry 的酸碱概念，水既是酸也是碱。同样，液态 NH_3 的自解离可表示为：

$$NH_3 + NH_3 \rightleftharpoons NH_4^+ + NH_2^-$$

溶剂 H_2SO_4 的自解离表示为：

$$H_2SO_4 + H_2SO_4 \rightleftharpoons H_3SO_4^+ + HSO_4^-$$

盐中所含阳离子或阴离子与水的反应称为水解反应。在 Brønsted-Lowry 理论的范围内，水解这一名词已不再被需要，因为原则上一个分子的脱质子和一个阳离子或阴离子与水之间的质子迁移并没有什么区别。

与氢离子一样，金属离子在水中也以水合物形式存在，许多金属离子有四个或六个 H_2O 配位。此时，水的行为像一种酸，在金属离子水合层中 H_2O 的酸性比溶液中 H_2O 的酸性要强得多。该现象可以用一个简单的模型来解释：配位水分子酸性的增强可以看作由金属离子的正电荷排斥 H_2O 的质子所造成，或者是水合物-H_2O 分子的孤对电子固定不动的结果。据此，可以认为水合金属离子是酸，例如：

$$[Al(H_2O)_6]^{3+} + H_2O \rightleftharpoons H_3O^+ + [Al(OH)(H_2O)_5]^{2+}$$

近似来看，随着中心金属离子半径的减小和电荷的增加，水合金属离子的酸性相应增强。同样，硼酸 $[H_3BO_3$ 或 $B(OH)_3]$ 的酸性可用下式表示：

$$H_3BO_3(H_2O)_x + H_2O \rightleftharpoons B(OH)_4^-(H_2O)_{x-1} + H_3O^+$$

只有认为物质具有水合作用且水合物最内层水分子失去质子时，才能用质子迁移解释水溶液中一些物质的酸性特征。

许多酸能够给出不止一个质子。例如 H_2CO_3、H_3PO_4 和 $[Al(H_2O)_6]^{3+}$，这些酸被称为多元酸。同样，能够接受不止一个质子的碱，例如含 OH^-、CO_3^{2-} 和 NH_2^- 的一些化合物，如 $Mg(OH)_2$、$NaNH_2$ 等，被称为多元碱。很多重要的物质，例如蛋白质或聚丙烯酸，都含有大量的酸性或碱性基团，被称为聚合电解质酸或碱。

3.1.3　电子论

相对于 Brønsted-Lowry 酸碱的概念，1923 年美国物理化学家吉尔伯特·牛顿·路易斯（G. N. Lewis）提出了一种更为普遍的酸碱定义，该定义不把酸碱性归属于某一特定元素，而是将其归属于某种特殊的电子排列方式。凡能接受电子对的物质（分子、离子或原子团）都称为路易斯酸（Lewis acid），凡能给出电子对的物质（分子、离子或原子团）都称为路易斯碱（Lewis base）。酸碱反应的实质是碱提供电子对与酸形成配位键，反应产物称为酸碱配合物。

常见的路易斯酸有正离子（烷基正离子、硝基正离子等）、金属阳离子以及缺电子化合物（如三氟化硼、三氯化铝、三氧化硫、二氯卡宾）；在有机化学中路易斯酸常被用作亲电试剂。常见的路易斯碱有阴离子、具有孤对电子的中性分子（如 NH_3）以及含有碳-碳双键的分子。路易斯碱显然包括所有布朗斯特碱，但路易斯酸与布朗斯特酸不一致，如 HCl 是布朗斯特酸，但不是路易斯酸，而是酸碱配合物。

路易斯酸碱理论的明显优点在于它扩展了酸碱范围，可把酸碱概念用于许多有机反应和无溶剂反应。然而，该理论的缺点是它过于普适，使酸碱特性不够明显，常见的配位反应、氧化还原反应都可以看作酸碱反应。同时，如果选择不同的反应对象，酸或碱的强弱次序也可能不同，对确定酸碱的相对强弱没有统一的标准，这会导致难以判断酸碱的反应方向。

3.2 酸碱平衡

不同物质给质子（或电子）能力的强弱不同，基于此可将物质分为强酸或弱酸（强碱或弱碱）。但酸（或碱）的强弱是一个相对的概念，难以定量地描述一种物质酸碱性的强弱。为解决这个问题，人们提出了酸（或碱）度常数概念。酸度常数常用 K_a 表示，指酸释放氢离子反应的平衡常数，即酸的解离常数，如下所示：

$$HA + H_2O \Longrightarrow H_3O^+ + A^-$$

$$K_a = \frac{[H_3O^+][A^-]}{[HA][H_2O]} = \frac{[H^+][A^-]}{[HA]} \tag{3-1}$$

酸度常数越大，表明物质给出氢离子的趋势越强，即酸性越强。由 $pK_a = pH + \lg\dfrac{[质子受体]}{[质子供体]}$ 可知，pK_a 减小，酸性增强。常见酸的解离常数如表 3-1 所示。

表 3-1 常见酸的解离常数 （25℃）

物质种类	pK_{a1}	pK_{a2}	pK_{a3}	pK_{a4}
HCl	<0			
H_2SO_4	<0	1.99		
H_3O^+	0.00	14.00		
H_2CrO_4	0.20	6.51		
HOOCCOOH	1.250	4.266		
H_2SO_3	1.85	7.19		
Fe^{3+}	2.02	3.73	9.25	7.70
H_3PO_4	2.148	7.198	12.375	
H_3AsO_4	2.20	7.01	11.80	
$C_6H_4OHCOOH$	2.972	13.7		
$C_3H_4OH(COOH)_3$	3.128	4.761	6.396	
HF	3.18			
C_6H_5COOH	4.20			
C_6Cl_5OH	4.7			
CH_3COOH	5.757			
CH_3CH_2COOH	4.874			
H_2CO_3	6.352	10.329		
H_2S	7.02	17.4		
Cu^{2+}	7.497	8.73	10.41	13.09

续表

物质种类	pK_{a1}	pK_{a2}	pK_{a3}	pK_{a4}
HOCl	7.53			
HOBr	8.63			
Zn^{2+}	8.997	7.897	11.497	12.797
H_3AsO_3	9.17	14.10		
HCN	9.21			
H_3BO_3	9.236			
NH_4^+	9.244			
Fe^{2+}	9.397	11.097	10.497	
H_4SiO_4	9.84	13.20		
C_6H_5OH	9.98			
Cd^{2+}	10.097	10.197	13.006	13.988
Ca^{2+}	12.697			

水可解离产生氢离子和氢氧根离子，如下式所示：

$$H_2O \Longrightarrow H^+ + OH^-$$

其解离常数可写为

$$K_a = \frac{[H^+][OH^-]}{[H_2O]} \rightarrow K_a[H_2O] = [H^+][OH^-] \tag{3-2}$$

对于水溶液，水的浓度认为是定值，因此，式（3-2）中 $K_a[H_2O]$ 为常数，其数值常用 K_w 表示，即：

$$K_w = [H^+][OH^-] \tag{3-3}$$

K_w 是温度的函数（如表 3-2 所示），其中室温（25℃）下，$K_w \approx 1 \times 10^{-14}$。

表 3-2　不同温度下的 K_w 值

温度/℃	K_w	温度/℃	K_w
0	0.114×10^{-14}	30	1.47×10^{-14}
10	0.292×10^{-14}	40	2.92×10^{-14}
20	0.681×10^{-14}	50	5.5×10^{-14}
25	1.008×10^{-14}	100	55.0×10^{-14}

与酸度常数相对的是碱度常数（K_b），它描述了酸的共轭碱发生水解给出氢氧根离子的能力。以醋酸根的水解为例：

$$Ac^- + H_2O \Longrightarrow HAc + OH^- \quad K_b = ?$$

K_b 的数值可由其与 K_a 和 K_w 的关系得出：

$$K_b = \frac{[HAc][OH^-]}{[Ac^-]} = \frac{([HAc])([H^+][OH^-])}{[H^+][Ac^-]} = \frac{K_w}{K_a} \tag{3-4}$$

已知 $HAc \Longrightarrow H^+ + Ac^-$ 的 $K_a = 10^{-4.76}$，则 $K_b = \dfrac{K_w}{K_a} = \dfrac{10^{-14}}{10^{-4.76}} = 10^{-9.24}$。

因此，对于共轭酸碱对，存在下列相关关系：

$$K_a K_b = K_w \tag{3-5}$$

室温下

$$pK_a + pK_b = pK_w = 14 \tag{3-6}$$

【例 3-1】　次氯酸（HOCl）是一种常用的消毒剂。现用蒸馏水将 5mL 10g/L 的次氯酸稀释至 1L，稀释后溶液的 pH 值是多少？

解：在次氯酸溶液中存在如下平衡。

次氯酸的解离平衡　　　$HOCl \Longrightarrow H^+ + OCl^- \qquad K_a = 10^{-7.60} = \dfrac{[H^+][OCl^-]}{[HOCl]}$　①

水的解离平衡　　　　　$K_w = [H^+][OH^-] = 10^{-14}$　②

物料平衡　　　　　　　$[OCl]_T = [HOCl] + [OCl^-]$　③

式中，$[OCl]_T$ 为所加入的次氯酸的总量。

$$[OCl]_T = 5mL \times \frac{1L}{1000mL} \times \frac{10g}{L} \times \frac{mol}{52.45g} \times \frac{1}{1L} = 9.5 \times 10^{-4} \, mol/L \tag{④}$$

电荷平衡　　　　　　　$[H^+] = [OH^-] + [OCl^-]$　⑤

根据方程①、③和⑤可得下式：

$$[OCl]_T = \frac{[H^+]([H^+] - [OH^-])}{K_a} + [H^+] - [OH^-] \tag{⑥}$$

将方程②、④和⑥联立得

$$9.5 \times 10^{-4} = \frac{[H^+]\left([H^+] - \dfrac{K_w}{[H^+]}\right)}{K_a} + [H^+] - \frac{K_w}{[H^+]} \tag{⑦}$$

解方程⑦得 $[H^+] = 4.9 \times 10^{-6} \, mol/L$，即 $pH = -lg[H^+] = 5.31$。

　　一些酸可通过多步解离，分阶段释放多个氢离子。为描述这些酸的特性，引入多级解离常数的概念。下面以磷酸为例说明：

$$H_3PO_4 \Longrightarrow H^+ + H_2PO_4^- \qquad K_{a1} = \frac{[H^+][H_2PO_4^-]}{[H_3PO_4]} = 10^{-2.15}$$

$$H_2PO_4^- \Longrightarrow H^+ + HPO_4^{2-} \qquad K_{a2} = \frac{[H^+][HPO_4^{2-}]}{[H_2PO_4^-]} = 10^{-7.20}$$

$$HPO_4^{2-} \Longrightarrow H^+ + PO_4^{3-} \qquad K_{a3} = \frac{[H^+][PO_4^{3-}]}{[HPO_4^{2-}]} = 10^{-12.38}$$

　　在上述解离反应中，H_3PO_4、$H_2PO_4^-$ 和 HPO_4^{2-} 都可作为酸释放氢离子。根据酸度常数可知，H_3PO_4 的酸性强于 $H_2PO_4^-$，HPO_4^{2-} 的酸性最弱。

　　所有化学反应都可认为是可逆反应，同样，上述反应亦可从方程右边向左进行，消耗氢离子。例如，向水中加入 Na_3PO_4，一开始 Na_3PO_4 会解离生成 Na^+ 和 PO_4^{3-}。其中 Na^+ 进入水中后不再进一步发生反应。随后，部分 PO_4^{3-} 会结合氢离子生成 HPO_4^{2-}，生成的部分 HPO_4^{2-} 会进一步结合氢离子形成 $H_2PO_4^-$，反应过程如图 3-1 所示。

　　经过上述反应，溶液中的氢离子浓度下降，氢氧根浓度升高。因此，在该反应中 PO_4^{3-} 可以看作是一种碱。PO_4^{3-} 和 HPO_4^{2-} 可以通过质子的得失相互转化。当 HPO_4^{2-} 释放氢离

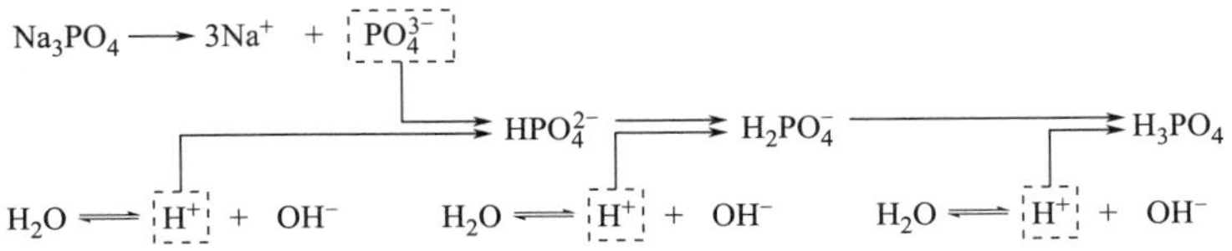

$$Na_3PO_4 \longrightarrow 3Na^+ + \boxed{PO_4^{3-}}$$

$$\longrightarrow HPO_4^{2-} \longrightarrow H_2PO_4^- \longrightarrow H_3PO_4$$

$$H_2O \rightleftharpoons \boxed{H^+} + OH^- \quad H_2O \rightleftharpoons \boxed{H^+} + OH^- \quad H_2O \rightleftharpoons \boxed{H^+} + OH^-$$

图 3-1　磷酸根逐步结合 H^+ 的过程图

子转化为 PO_4^{3-} 时，HPO_4^{2-} 是一种酸。当 PO_4^{3-} 结合质子生成 HPO_4^{2-} 时，PO_4^{3-} 是一种碱。实际上，酸解离后会产生相应的碱，一定条件下，碱又可结合氢离子生成相应的酸，具有这种关系的物质被称为共轭酸碱对。故，HPO_4^{2-} 的共轭酸是 $H_2PO_4^-$，$H_2PO_4^-$ 的共轭碱是 HPO_4^{2-}。同样，HPO_4^{2-} 也可称为 PO_4^{3-} 的共轭酸。磷酸盐之间的共轭酸碱平衡如图 3-2 所示。

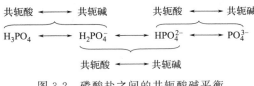

图 3-2　磷酸盐之间的共轭酸碱平衡

【例 3-2】　25℃条件下，磷酸二级解离反应的平衡常数 $K_{a2} = 10^{-7.20}$，请计算相应的碱度常数，并写出解离反应方程。

解：根据 $K_aK_b = K_w$，有

$$K_b = \frac{K_w}{K_{a2}} = \frac{10^{-14.0}}{10^{-7.20}} = 10^{-6.80}$$

磷酸二级解离反应为

$$H_2PO_4^- + OH^- \rightleftharpoons HPO_4^{2-} + H_2O$$

碱度常数对应的反应为上述反应的逆反应：

$$HPO_4^{2-} + H_2O \rightleftharpoons H_2PO_4^- + OH^-$$

3.3　α-pH 和 lgc-pH 图

3.3.1　一元酸-共轭碱体系的α-pH 和 lgc-pH 图

酸碱在溶液中不同形态的分布分数常用 α 表示。以醋酸为例，α_0、α_1 分别表示某 pH 值下溶液中醋酸分子（HAc）浓度和醋酸根（Ac^-）浓度占其总浓度的百分比。

$$\alpha_0 = \frac{[HAc]}{[HAc] + [Ac^-]} \tag{3-7}$$

$$\alpha_1 = \frac{[Ac^-]}{[HAc] + [Ac^-]} \tag{3-8}$$

各个形态醋酸的分布分数的加和等于 1，即 $\alpha_0 + \alpha_1 = 1$，且解离后各个形态的分布分数只与 pH 值有关。

根据酸的解离平衡常数有下式：

$$\frac{[Ac^-]}{[HAc]} = \frac{K_a}{[H^+]}$$

上式等号两边同时加 1 得：

$$\frac{[Ac^-]}{[HAc]}+\frac{[HAc]}{[HAc]}=\frac{K_a}{[H^+]}+\frac{[H^+]}{[H^+]}$$

即

$$\frac{[Ac^-]+[HAc]}{[HAc]}=\frac{K_a+[H^+]}{[H^+]}$$

根据分布分数的定义可得：

$$\alpha_0=\frac{[H^+]}{K_a+[H^+]}=\frac{1}{\dfrac{K_a}{[H^+]}+1}$$

$$\alpha_1=\frac{K_a}{K_a+[H^+]}=\frac{1}{\dfrac{[H^+]}{K_a}+1}$$

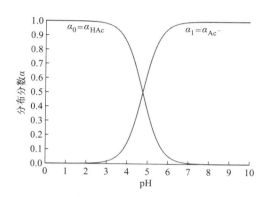

α 与 pH 的关系如图 3-3 所示。当 $pH=pK_a$ 时，$\alpha_0=\alpha_1=0.5$。

图 3-3 醋酸-醋酸根的分布分数与 pH 的关系

根据式(3-7)，醋酸分子的浓度可由下式表示：

$$[HAc]=\alpha_0([HAc]+[Ac^-])=\frac{[H^+]}{K_a+[H^+]}(TOTA)$$

式中，$TOTA=[HAc]+[Ac^-]$。

方程两边取对数得 $\qquad lg[HAc]=lg(TOTA)+lg\alpha_0$

同理 $\quad [Ac^-]=\alpha_1([HAc]+[Ac^-])=\alpha_1(TOTA)=\dfrac{K_a}{K_a+[H^+]}(TOTA)$

$$lg[Ac^-]=lg(TOTA)+lg\alpha_1$$

因此，α 与 pH 的关系可转化为 lgc 与 pH 的关系。图 3-4 为三种醋酸浓度下 $lg[HAc]$ 和 $lg[Ac^-]$ 与 pH 的关系。

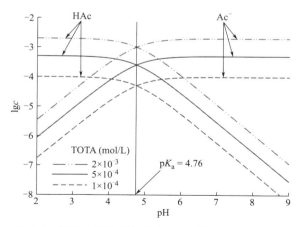

图 3-4 醋酸水溶液系统的 lgc-pH 图（$pK_a=4.76$）

由此可知，氢离子对共轭酸碱对的形态分布有显著影响。对于可解离的一元弱酸，只需知道其总浓度和解离常数，即可绘制出其 lgc-pH 关系图。图 3-5 为醋酸、次氯酸和氨水溶液系统中不同组分的 $\lg c$-pH 关系图。从图中看出，醋酸、次氯酸和氨的 $\lg c$-pH 关系非常类似，只是随 pK_a 平移，随 TOTA 纵向移动。

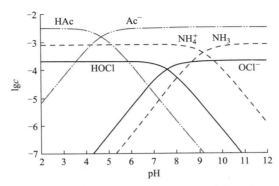

图 3-5　醋酸、次氯酸和氨水溶液系统的 $\lg c$-pH 图（TOTA$=10^{-2.5}$ mol/L，TOTOCl$^-=10^{-3.7}$ mol/L，TOTNH$_3=10^{-3.1}$ mol/L，醋酸、次氯酸和氨的 pK_a 分别为 4.76、7.53 和 9.24）

3.3.2　多元酸-共轭碱体系的 α-pH 图

多元弱酸可发生多级解离，每一级解离类似于一元酸的解离。以碳酸为例，其可发生以下两步解离反应：

$$H_2CO_3 \Longrightarrow HCO_3^- + H^+ \qquad K_{a1}=10^{-6.35}$$
$$HCO_3^- \Longrightarrow CO_3^{2-} + H^+ \qquad K_{a2}=10^{-10.33}$$

根据上述反应，达到解离平衡时有以下关系：

$$\frac{[H_2CO_3]}{[HCO_3^-]}=\frac{[H^+]}{K_{a1}}$$

$$\frac{[HCO_3^-]}{[CO_3^{2-}]}=\frac{[H^+]}{K_{a2}}$$

由以上两式，可得出 $[H_2CO_3]$ 与 $[CO_3^{2-}]$ 的关系如下所示：

$$\frac{[H_2CO_3]}{[CO_3^{2-}]}=\frac{[H^+]^2}{K_{a1}K_{a2}}$$

由此可得：

$$\alpha_0=\frac{[H_2CO_3]}{TOTCO_3}=\frac{[H_2CO_3]}{[H_2CO_3]+[HCO_3^-]+[CO_3^{2-}]}=\frac{1}{\dfrac{[H_2CO_3]}{[H_2CO_3]}+\dfrac{[HCO_3^-]}{[H_2CO_3]}+\dfrac{[CO_3^{2-}]}{[H_2CO_3]}}$$

$$=\frac{[H^+]^2}{[H^+]^2+[H^+]K_{a1}+K_{a1}K_{a2}}$$

同样，α_1 和 α_2 可表示为：

$$\alpha_1=\frac{[H^+]K_{a1}}{[H^+]^2+[H^+]K_{a1}+K_{a1}K_{a2}}$$

$$\alpha_2=\frac{K_{a1}K_{a2}}{[H^+]^2+[H^+]K_{a1}+K_{a1}K_{a2}}$$

不同形态碳酸的分布分数与 pH 的关系如图 3-6 所示。二者的关系图与一元共轭酸碱的分布分数曲线相似。在碳酸体系中，pH 值较低的条件下，分子态的碳酸占比较高，随着 pH 值升高，α_0 逐渐减小，α_1 逐渐增大。当 pH 超过 8.3 时，碳酸占比忽略不计。进一步升高 pH 值，α_1 逐渐下降，而 α_2 逐渐升高。

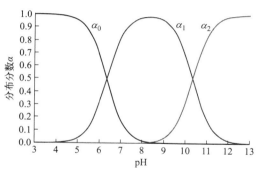

图 3-6　碳酸水溶液的 α-pH 图
（$pK_{a1}=6.35$，$pK_{a2}=10.33$）

对于任何共轭酸碱，当 $pH=pK_a$ 时，共轭酸碱的分布分数相等，升高 pH 值则导致共轭碱的比例升高。对于 $\lg c$-pH 关系，多元酸碱的解离与一元酸碱解离相似，改变 pH 值会导致该关系曲线平移，改变酸碱总浓度则会导致关系曲线垂直移动。

3.4　酸碱强度及影响因素

3.4.1　无机酸的强度及其影响因素

酸或碱的强度是根据给予或接受质子的趋势来衡量的。弱酸具有较弱的质子给予趋势，强碱则具有强烈的接受质子的趋势。但是，要确定某种酸或碱的绝对强度比较困难，因为质子迁移的程度不仅取决于酸的质子给予趋势，也取决于碱的质子接受趋势。在这些情况下，酸的强度是相对于一种标准碱——通常是溶剂来衡量的。在水溶液中，一对共轭酸-碱（HA-A^-）中，酸的强度是相对于水的酸-碱体系，即 H_3O^+-H_2O 来衡量的。同理，一对共轭碱-酸（B-HB^+）中碱的强度是相对于水的碱-酸体系，即 OH^--H_2O 来确定的。

酸 HA 相对于质子接受体 H_2O 的强度可用质子迁移反应的平衡常数表示：

$$HA+H_2O \rightleftharpoons H_3O^+ +A^- \qquad K_1 \qquad (3-9)$$

此式可由两步表示：

$$HA \rightleftharpoons H^+ +A^- \qquad K_2 \qquad (3-10)$$

$$H_2O+H^+ \rightleftharpoons H_3O^+ \qquad K_3 \qquad (3-11)$$

在水的稀溶液中，水的浓度基本上是恒定的（约 55.56mol/L），所以在确定酸-碱平衡时，可忽略 H^+ 的水合作用，因为 H^+ 和 H_3O^+ 的平衡活度不能分别求得，所以热力学中习惯规定反应式(3-11)的标准自由能变化 $\Delta G^\ominus$ 等于零，亦即 $K_3=1$。这一规定使得在讨论稀溶液时，可以使用 H^+(aq) 或 H^+ 表示水合氢离子。

根据分子结构，可以将无机酸分为两类：一是中心原子与质子直接相连的氢化物，二是中心原子与氧直接相连的含氧酸。对于氢化物，其酸性主要受电负性的影响。同一周期内的各元素的氢化物，随着电负性的增加，酸性也相应增加，如 $HCH_3<HNH_2<HOH<HF$。这是因为核电荷逐渐增加，氢化物解离的趋势增大，酸性增强。同族的元素从上到下，电负性依次降低，而酸度依次递升，碱度依次递降。如卤族氢化物的酸度排序为 $HF<HCl<HBr<HI$，氧族氢化物的酸度为 $H_2O<H_2S$。显然，这种性质与元素的半径有关，也可从

键的解离能角度来解释。解离能愈小，分子愈易解离，酸性也愈强，如卤族氢化物的解离能排序为 HI（71kcal/mol）＜HBr（87kcal/mol）＜HCl（103kcal/mol）＜HF（135kcal/mol），与其酸度的排序恰好相反。

在无机酸中，无机含氧酸的种类非常丰富，其结构与性质之间的关系也得到广泛研究。从结构因素考虑，随着含氧酸中心原子的有效正电荷增多，中心原子对羟基氧原子上电子的吸引力增强，使羟基氢原子的电子云向氧转移，O—H 键的离子性成分增加，氢在水中更容易解离，酸性增强，K_a 值增大。此外，酸的强度也受含氧酸中非羟基氧原子数目的影响。通常非羟基氧原子的数目（N）越多，酸性越强（见表 3-3）。对于最高价无机含氧酸，同一周期随着氧化数增大，非羟基氧原子的数目增大，酸性增强；同主族随中心原子核电荷增大，非羟基氧原子的数目减小，酸性减弱；同元素不同价态的含氧酸，酸性随非羟基氧原子的数目而变化，氧化数的大小则不能反映其酸性的强弱。

表 3-3　无机含氧酸的酸性强度和 N 值的关系

周期	族	含氧酸	氧化数	N 值	pK_a 值	酸性强度
2	ⅢA	H_3BO_3	+3	0	9.24	极弱
	ⅣA	H_2CO_3	+4	1	3.76	弱
	ⅤA	HNO_3	+5	2	−1.34	强
	ⅤA	HNO_2	+3	1	3.29	弱
3	ⅣA	H_4SiO_4	+4	0	9.77	极弱
	ⅤA	H_3PO_4	+5	1	2.12	弱
	ⅤA	H_3PO_3	+3	1	1.30	弱
	ⅤA	H_3PO_2	+1	1	1.1	弱
	ⅥA	H_2SO_4	+6	2	−3	强
	ⅥA	H_2SO_3	+4	1	1.9	弱
	ⅦA	$HClO_4$	+7	3	−7.3	最强
	ⅦA	$HClO_3$	+5	2	−2.7	强
	ⅦA	$HClO_2$	+3	1	1.96	弱
	ⅦA	$HClO$	+1	0	10.64	极弱
4	ⅤA	H_3AsO_4	+5	1	2.20	弱
	ⅤA	H_3AsO_3	+3	0	9.22	极弱
	ⅥA	H_2SeO_4	+6	2	−3	强
	ⅥA	H_2SeO_3	+4	1	2.57	弱
	ⅥA	$HBrO_4$	+7	3		极强
5	ⅥA	H_6TeO_6	+6	0	7.61	很弱
	ⅦA	H_5IO_6	+7	1	1.55	弱
	ⅦA	HIO_3	+5	2	0.77	强
	ⅦA	HIO	+1	0	10.64	极弱

除非羟基氧原子的数目外，含氧酸成键电子的分布还与中心原子的电子层有关。在其他结构因素相同时，中心原子价电子层的主量子数 n 越大，其电负性越小，对羟基氧原子上

电子的吸引力减小，H—O 键的离子性成分减少，氢在水中不易解离，酸性减弱，如 HClO、HBrO、HIO 酸性强度变化（见表 3-4）。两者相比而言，非羟基氧原子的数目是影响无机含氧酸强度的主要因素。

表 3-4　影响无机含氧酸强度的几个因素

含氧酸	HClO	HBrO	HIO
中心原子价电子层	$3s^2 3p^4$	$4s^2 4p^4$	$5s^2 5p^4$
价电子层主量子数 n	增大 →		
电负性	3.16	2.96	2.66
pK_a 值	7.50	8.62	10.64
酸性强度	减弱 →		

3.4.2　有机酸的强度及其影响因素

许多有机酸含有重要官能团，这些官能团可以充当电子供体或受体，因而不同有机酸具有不同的 K_a 值。官能团对物质酸碱性产生的影响包括诱导效应、去定域化效应、场效应、邻近效应和立体阻碍等。此外，解离基团主要原子的杂化状态以及主要元素的电负性也会影响物质的酸碱性。

（1）诱导效应

以一个简单的例子即氯原子取代对丁酸 pK_a 值产生的影响来说明。将氢原子替换为电负性更强的氯原子时，羧基的 pK_a 会减小，而且吸电子的氯取代基愈接近羧基，pK_a 减小得愈多（表 3-5）。这种现象称为诱导效应，即羧基（或任何其他酸官能团）上的吸电子基团有助于形成负电荷，从而增强离子态的稳定性。对于有机碱，吸电子取代基将降低其酸形态（阳离子）的稳定性，因此也降低其 pK_a 值，这种效应称作负诱导效应。

表 3-5　不同氯取代丁酸的 pK_a

物质	$CH_3CH_2CH_2COOH$	$CH_2ClCH_2CH_2COOH$	$CH_3CHClCH_2COOH$	$CH_3CH_2CHClCOOH$
pK_a	4.81	4.52	4.05	2.86

常见的大多数官能团具有吸电子诱导效应，仅有少数几个官能团具有给电子诱导效应，如烷基官能团。常见取代基的诱导效应和共振效应见表 3-6。

表 3-6　常见取代基的诱导效应和共振效应

效应	取代基
	诱导效应
给电子诱导效应	O、NH^-、烷基
吸电子诱导效应	SO_3R、NH_4^+、NO_2、CN、F、Cl、Br、$COOR$、I、COR、OH、OR、苯基、NR_2

续表

效应	取代基
	共振效应
给电子共振效应	F、Cl、Br、I、OH、OR、NH_2、NR_2、$NHCOR$、O^-、NH^-
吸电子共振效应	NO_2、CN、CO_2R、$CONH_2$、苯基、COR、SO_2R

（2）去定域化效应

对于不饱和化合物，如芳香族或含双键的化合物（即带有"流动性"的 π 电子的化合物），取代基的诱导效应可能在较长距离（即涉及更多键）上产生影响。然而，在这些体系中另一种效应——电子的去定域化，可能显得更重要。电子的去定域化可以显著增强某一有机物种的稳定性。对于有机酸，负电荷的去定域化会导致某一官能团的 pK_a 值明显降低，这一点可以通过比较脂肪醇和酚的 pK_a 值来看出［图 3-7(a)］。类似地，通过增强中性物种的稳定性，氨基自由电子的去定域化对于共轭的铵离子的 pK_a 值有非常明显的影响［图 3-7(b)］。

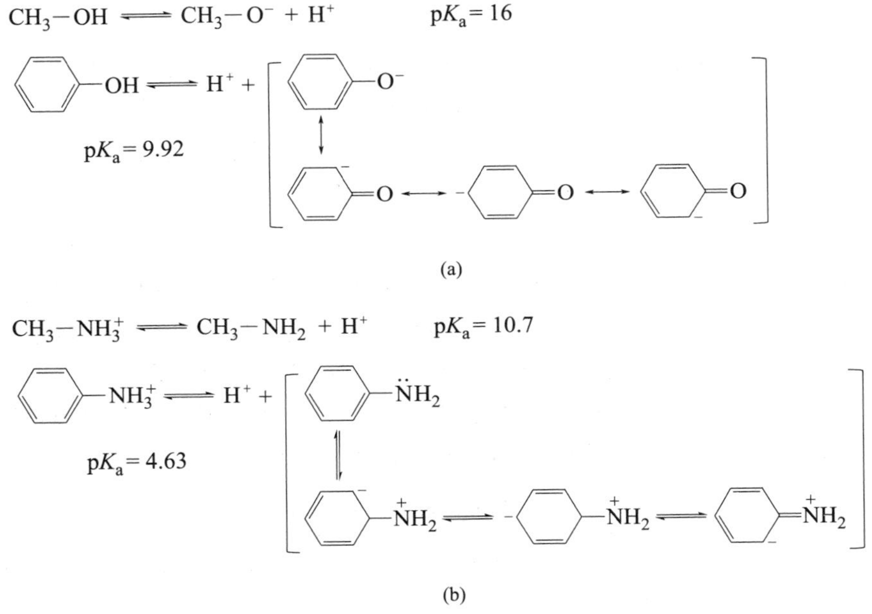

(a)

(b)

图 3-7　去定域化对—OH 和—NH_3^+ 的 pK_a 的影响

接下来，在芳香环上引入一种取代基，它能通过芳香性的电子体系（亦即通过"共振"或"共轭"作用）形成与酸性或碱性基团（如—OH 或—NH_2）的共享电子。例如，对硝基苯酚的 pK_a 值比间硝基苯酚低得多，这可能归因于对位硝基对酚氧负离子具有额外的共振稳定作用，而间位的硝基仅通过负诱导效应影响—OH。表 3-6 给出了其他可以增加酸度（减小 pK_a 值）的取代基，这些取代基均有助于负电荷的分散。另外，带有非键电子的杂原子取代基可以和 p 电子体系共振，产生给电子共振效应，从而降低酸度（即增大 pK_a 值）。应注意，许多具有负诱导效应的官能团往往同时具有正共振效应。它们的总效应取决于其在分子中的位置。例如，在单环芳香族分子中，间位的共振效应可以忽略，但是邻、对位的共振效应显著。

（3）场效应

分子中取代基通过空间或溶剂的静电诱导使酸性减弱的效应，称为场效应或空间诱导。其影响程度主要取决于取代基团的电负性及与羧基的距离，基团的电负性越高，离羧基越近，影响程度越大。例如，在二元酸中，通常都是 $K_1 > K_2$，即 $pK_1 < pK_2$（图3-8）。这是两个偶极相同（或电荷相同）而互相排斥的结果。当两个羧基靠得越近时，这种场效应就越显著。

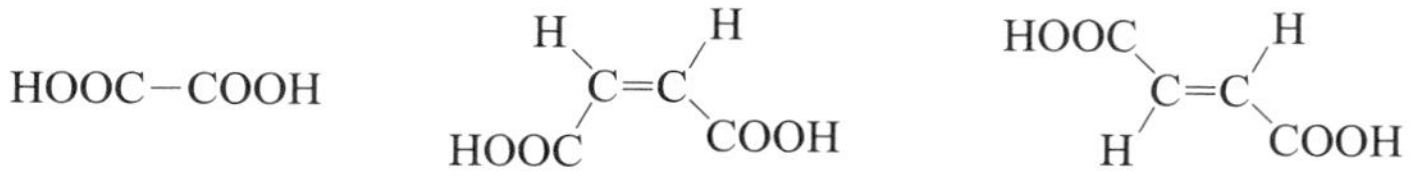

	HOOC−COOH		
pK_{a1}	1.3	2.0	3.0
pK_{a2}	4.27	6.3	4.4

图 3-8　场效应对二元酸 pK_a 的影响

（4）邻近效应

另一种重要的基团效应是邻近效应，即与酸（碱）官能团接近的取代基对其产生的影响。此处有两种重要的作用：分子内（同一分子内）氢键和立体效应。图3-9（a）给出了一个分子内氢键的例子。邻羟基苯甲酸中羟基的氢原子对羧基阴离子的稳定作用使得其 pK_{a1} 值比对羟基苯甲酸（其分子内不可能存在分子内氢键）低得多，而 pK_{a2} 值高得多。

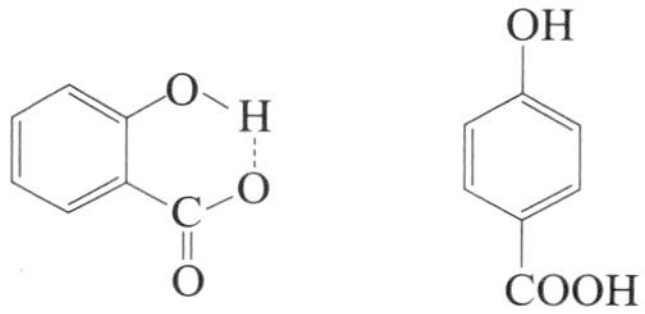

分子内氢键对酸碱度的影响很大。例如，在丁烯二酸中，pK_1 为反式＞顺式，pK_2 为顺式＞反式。

$pK_a = 2.98$　　$pK_a = 4.58$
(a) 邻位　　(b) 对位
图 3-9　取代基位于邻位和
对位的羟基苯甲酸

顺式丁烯二酸　　　　反式丁烯二酸

影响 pK_1 大小的因素前文场效应部分已经介绍，pK_2 的大小则主要受氢键的影响。因为在顺式中可以形成分子内氢键，使连接氢键的羧基不易解离，所以表现为 pK_2 增大。在芳香族化合物中，邻位取代基的影响比间、对位要大得多。如羟基苯甲酸的异构体中，邻位的酸性较大（图3-9）。其原因一方面是分子内氢键的形成可以提高其酸性；另一方面，它的共轭碱分子中羟基与羧基负离子间也能形成氢键，使这个负离子更加稳定，从而提高了羟基苯甲酸的酸性。

（5）立体阻碍

在某些情形下，立体效应可能对有机酸的 pK_a 值产生显著影响。这包括以下立体约束：通过对水分子与离子态物种最佳溶剂化作用的抑制增大 pK_a，或者通过某一官能团对另一基团的空间扭曲以及消除共平面结构等途径阻碍有机酸碱官能团的电子与分子的其他部分产生共振效应。例如，N,N-二甲基苯胺和 N,N-二乙基苯胺的 pK_a 值相差较大（图3-10），部分原因是较大的乙基限制了氮原子上自由电子的自由旋转和方向，从而限制了它们与芳香

环上 π 电子的共振作用。

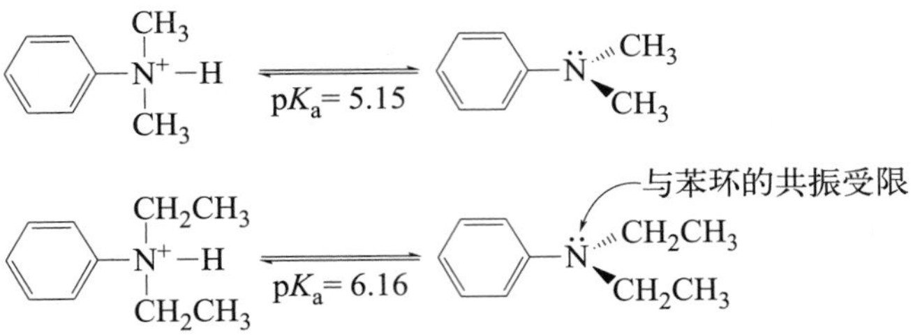

图 3-10　立体效应对酸度常数的影响

苯并奎宁环的碱性较 N,N-二甲基苯胺强，因为前者有立体障碍，使单原子上的孤对电子不能与苯环共平面（图 3-11）。

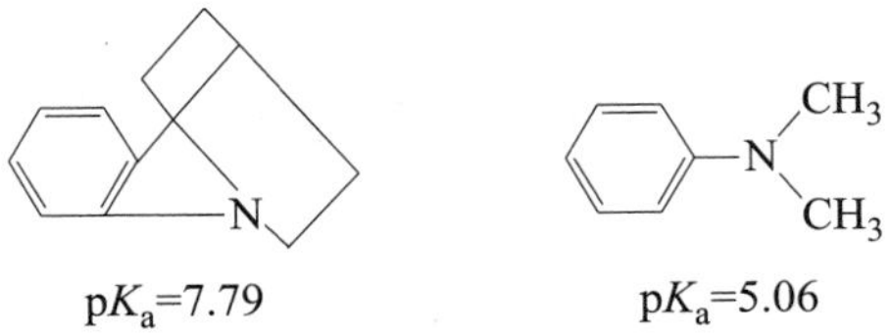

(a) 苯并奎宁环　　　　　(b) N,N-二甲基苯胺

图 3-11　苯并奎宁和 N,N-二甲基苯胺

又如图 3-12 所示，三种对羟基硝基苯类物质 pK_a 不同，也是由于甲基的立体阻碍，硝基不能与苯环共平面所致。

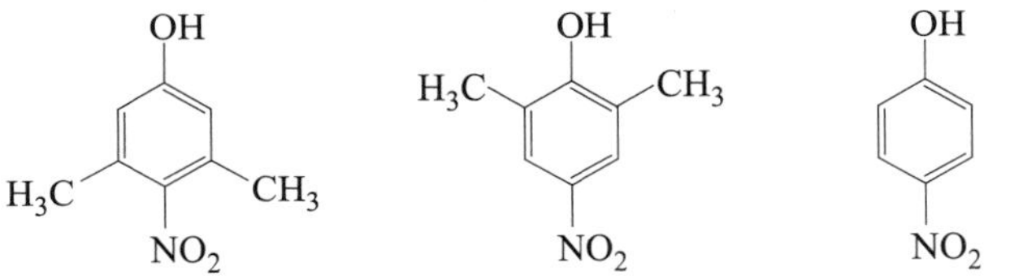

(a) $pK_a= 8.2$　　　　　(b) $pK_a= 7.2$　　　　　(c) $pK_a= 7.2$

图 3-12　立体效应对酸度常数的影响

（6）主要原子杂化状态的影响

在含碳或含氮的碱中，由于碳原子或氮原子的杂化方式不同，其酸碱性也有很大差别。例如，含碳化合物中，$CH \equiv CH$ 为 sp 杂化，$pK_a = 25$；$CH_2 = CH_2$ 为 sp^2 杂化，$pK_a = 36.5$；$CH_3 - CH_3$ 为 sp^3 杂化，$pK_a = 42$。含氮化合物中，$R-CN$ 为 sp 杂化，$pK_a \approx 14$；C_5H_5N 为 sp^2 杂化，$pK_a = 8.8$；$(C_2H_5)_3N$ 为 sp^3 杂化，$pK_a = 3.12$。

由于 s 轨道的能量比 p 轨道的能量低，因此，杂化轨道的 s 的比例越高，其能量越低，故 sp 碳上的碳负离子比相应的 sp^2、sp^3 碳上的碳负离子更加稳定，故而共轭酸的酸度相应较高。

（7）主要元素电负性的影响

在有机化合物分子中，直接与 H 连接的主要元素的电负性越大，其酸性越强。例如：CH_3OH 的酸性比 CH_3SH 强。这是因为在 R—H 结构中，R 的电负性越大，键中的离子性成分就越多，就越容易给出质子，因而酸性就越强。

总之，物质的酸碱性受许多因素的影响，情形比较复杂，除上述内在因素外，还可能受溶剂的性质、温度等外在因素的影响。在判断物质酸碱性时既需要全面考虑，又要根据结构特点具体分析，以把握分子酸碱性与结构的内在联系。

3.4.3　碱的强度及其影响因素

根据共轭酸-碱的平衡关系，某种酸的酸度越强，其共轭碱的碱性就越弱，反之亦然。关于碱强度的影响因素本节不再赘述。表 3-7 按照酸和碱的相对强度列出了不同物质的酸度常数和碱度常数。

表 3-7　水溶液中酸和碱的酸度常数和碱度常数（25℃）

物质	酸	pK_a	碱	pK_b
高氯酸	$HClO_4$	-7	ClO_4^-	21
盐酸	HCl	-3	Cl^-	17
硫酸	H_2SO_4	-3	HSO_4^-	17
硝酸	HNO_3	-1	NO_3^-	15
水合氢离子	H_3O^+	0	H_2O	14
硫酸氢根	HSO_4^-	1.9	SO_4^{2-}	12.1
磷酸	H_3PO_4	2.1	$H_2PO_4^-$	11.9
水合铁离子	$[Fe(H_2O)_6]^{3+}$	2.2	$[Fe(H_2O)_5(OH)]^{2+}$	11.8
醋酸	CH_3COOH	4.7	CH_3COO^-	9.3
水合铝离子	$[Al(H_2O)_6]^{3+}$	4.9	$[Al(H_2O)_5(OH)]^{2+}$	9.1
碳酸	H_2CO_3	6.3	HCO_3^-	7.7
硫化氢	H_2S	7.1	HS^-	6.9
磷酸二氢根	$H_2PO_4^-$	7.2	HPO_4^{2-}	6.8
次氯酸	$HOCl$	7.6	OCl^-	6.4
氢氰酸	HCN	9.2	CN^-	4.8
硼酸	H_3BO_3	9.3	$B(OH)_4^-$	4.7
铵离子	NH_4^+	9.3	NH_3	4.7
硅酸	H_4SiO_4	9.5	$SiO(OH)_3^-$	4.5
碳酸氢根	HCO_3^-	10.3	CO_3^{2-}	3.7
过氧化氢	H_2O_2	11.7	HO_2^-	2.3
硅酸根	$SiO(OH)_3^-$	12.6	$SiO_2(OH)_2^{2-}$	1.4
硫化氢根	HS^-	14	S^{2-}	0
水	H_2O	14	OH^-	0
氨	NH_3	23	NH_2^-	-9
氢氧根	OH^-	24	O^{2-}	-10
甲烷	CH_4	34	CH_3^-	-20

3.5　pH 缓冲溶液和缓冲强度

3.5.1　pH 缓冲溶液

pH 缓冲溶液指的是由弱酸及其盐、弱碱及其盐组成的混合溶液，能在一定程度上抵消、减轻外加强酸或强碱对溶液酸碱度的影响，从而保持溶液的 pH 值相对稳定。根据酸碱质子理论，可得知实际上缓冲溶液由弱酸与其共轭碱（或弱碱与其共轭酸）共同组成。

现以弱酸 HA 为例，探讨 pH 与 pK_a 的关系。对于弱酸 HA 及其共轭碱 NaA 组成的 pH 缓冲溶液，应有如下平衡式：

质量平衡：
$$c_{T,A} = [HA] + [A^-] = c_{HA} + c_{NaA} \tag{3-12}$$
$$c_{T,Na} = [Na^+] = c_{NaA} \tag{3-13}$$

式中，c_{HA} 和 c_{NaA} 分别为配制时于一定体积水中加入 HA 和 NaA 的浓度。

化学平衡：
$$K_a = \frac{[H^+][A^-]}{[HA]} \tag{3-14}$$
$$K_w = [H^+][OH^-] \tag{3-15}$$

电荷平衡：
$$[Na^+] + [H^+] = [A^-] + [OH^-] \tag{3-16}$$

将式(3-12)～式(3-16) 整理得：
$$[H^+] = K_a \frac{c_{HA} - ([H^+] - [OH^-])}{c_{NaA} + ([H^+] - [OH^-])} \tag{3-17}$$

对于大多数缓冲溶液 $[H^+] - [OH^-]$ 值是很小的，相对于 c_{HA} 和 c_{NaA} 可忽略，即
$$c_{HA} \gg [H^+] - [OH^-]$$
$$c_{NaA} \gg [H^+] - [OH^-]$$

因此，式(3-17) 可简化为
$$[H^+] = K_a \frac{c_{HA}}{c_{NaA}} \tag{3-18}$$
$$pH = pK_a + \lg \frac{c_{NaA}}{c_{HA}} \tag{3-19}$$

通式可写作
$$pH = pK_a + \lg \frac{c_{盐}}{c_{酸}} \tag{3-20}$$

通常利用式(3-20) 配制一定 pH 值的缓冲溶液。缓冲溶液的 pH 值主要受两个因素影响：首先是弱酸的解离常数 K_a 值，其次是缓冲浓度的比例。

3.5.2　缓冲强度

缓冲强度又称缓冲容量，其定义为引起缓冲溶液单位 pH 变化所需加入的强酸或强碱的

浓度（mol/L），用 β 表示。即

$$\beta = \frac{dc_B}{dpH} = -\frac{dc_A}{dpH} \tag{3-21}$$

式中　β——缓冲强度；

　　c_A——向缓冲溶液中加入的强酸的浓度；

　　c_B——向缓冲溶液中加入的强碱的浓度。

加入强酸时，pH 值会下降，因此 $\beta = -\dfrac{dc_A}{dpH}$ 式中有负号。

缓冲强度可以通过实验确定，用强酸或强碱滴定缓冲溶液，根据滴定曲线的斜率可得到 β（关于滴定曲线的绘制可查阅相关资料，本书不再赘述）。也可以通过计算求得，这对于设计具有一定缓冲能力的水溶液很重要。以下为 β 计算公式的推导。

$$\beta = \frac{dc_B}{dpH} = \frac{d[A^-]}{dpH} + \frac{d[OH^-]}{dpH} - \frac{d[H^+]}{dpH} = c\frac{d\alpha_1}{dpH} + \frac{d[OH^-]}{dpH} - \frac{d[H^+]}{dpH} \tag{3-22}$$

式(3-22) 右侧各项可微分如下：

$$-\frac{d[H^+]}{dpH} = \frac{-d[H^+]}{-\frac{1}{2.3}d\ln[H^+]} = 2.3[H^+] \tag{3-23}$$

$$\frac{d[OH^-]}{dpH} = \frac{d[OH^-]}{\frac{1}{2.3}d\ln[OH^-]} = 2.3[OH^-] \tag{3-24}$$

$$c\frac{d\alpha_1}{dpH} = c\frac{d[H^+]}{dpH} \times \frac{d\alpha_1}{d[H^+]} = 2.3c\frac{K_a[H^+]}{(K_a+[H^+])^2} \tag{3-25}$$

式中　K_a——弱酸 HA 的解离常数；

　　c——缓冲组分 HA 与 A^- 的总浓度。

将式(3-23)～式(3-25) 代入式(3-22) 得：

$$\beta = \frac{dc_B}{dpH} = 2.3\left([H^+]+[OH^-]+c\frac{K_a[H^+]}{(K_a+[H^+])^2}\right) \tag{3-26}$$

对于弱酸而言，上式可简化为

$$\beta = \frac{dc_B}{dpH} = 2.3c\frac{K_a[H^+]}{(K_a+[H^+])^2} \tag{3-27}$$

式（3-27）右侧分子分母同时除以 $[H^+]^2$，可得

$$\beta = \frac{dc_B}{dpH} = 2.3c\frac{\dfrac{K_a}{[H^+]}}{\left(1+\dfrac{K_a}{[H^+]}\right)^2} \tag{3-28}$$

又因 $\dfrac{K_a}{[H^+]} = \dfrac{[A^-]}{[HA]}$，则式(3-28) 可化为

$$\beta = \frac{dc_B}{dpH} = 2.3c\frac{\dfrac{[A^-]}{[HA]}}{\left(1+\dfrac{[A^-]}{[HA]}\right)^2} \tag{3-29}$$

为求出缓冲容量最大时的组分比，对式（3-29）求极值，可得出$\dfrac{[A^-]}{[HA]}=1$，即组分比为1时，缓冲容量具有极大值。不同组分比条件下的缓冲容量见表3-8。

表 3-8   不同组分比条件下的缓冲容量

组分比	0.1	0.2	0.4	0.5	1.0	1.5	2.0	2.5	3.0	10
β 值	$0.19c$	$0.32c$	$0.47c$	$0.51c$	$0.58c$	$0.55c$	$0.51c$	$0.47c$	$0.43c$	$0.19c$

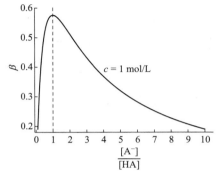

图 3-13   弱酸的缓冲强度

为更加直观地了解缓冲容量随组分比的变化关系，可选择一定的 c，然后将 β 对 $\dfrac{[A^-]}{[HA]}$ 作图（图 3-13）。

β 值越大，缓冲溶液的缓冲能力越强；β 值越小，缓冲溶液的缓冲能力越弱。缓冲溶液的总浓度和组分比是决定缓冲容量的因素。对于同一缓冲对组成的缓冲溶液，当共轭酸-碱比例为1时，总浓度越大，其 β 值就越大。当缓冲溶液浓度一定时，pH 值越接近 pK_a，缓冲能力越强。通常把缓冲溶液 $pH=pK_a\pm1$ 变化范围称为缓冲范围。因此，在选择缓冲溶液时，应尽量选择其 pK_a 与目标 pH 值接近的缓冲对，且缓冲对的浓度要适中，具有足量的抗酸成分或抗碱成分。

图 3-14 列举了部分常见缓冲溶液的缓冲范围。需要注意的是，所选缓冲对物质不能与溶液中的主要物质发生反应。例如在高级氧化体系中，选择有机缓冲对可能导致自由基被缓冲试剂消耗，影响实验结果。对于特殊的反应体系，如没有合适的缓冲试剂，则可考虑利用酸碱滴定仪或手动滴加酸碱维持 pH 稳定。

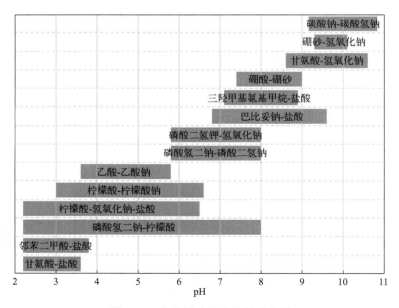

图 3-14   常见缓冲溶液的缓冲范围

3.6　天然水中的碳酸盐及缓冲能力

　　碳酸盐系统是天然水中优良的缓冲系统，有助于维持水体的 pH 值稳定，避免急剧的酸碱性变化。碳酸盐系统与水的酸度和碱度密切相关，在水处理领域也具有重要应用，如水质软化等。

3.6.1　碳酸盐的平衡关系

　　海洋是地球上最大的碳汇之一，其中包含着大量的有机碳和碳酸盐。据估计，海洋中大约含有 $7 \times 10^{14} \, mol$ 的有机碳，碳酸盐的含量超过 $3 \times 10^{18} \, mol$。图 3-15 展示了水中碳酸盐与二氧化碳的平衡过程。由于无法通过酸碱滴定分别测定 $CO_2(aq)$ 和 H_2CO_3，因此采用 $H_2CO_3^*$ 代表 $CO_2(aq)$ 和 H_2CO_3 两种物质。从图 3-15 可以看出，水中溶解性碳酸盐以 $H_2CO_3^*$、HCO_3^- 和 CO_3^{2-} 三种形式存在。

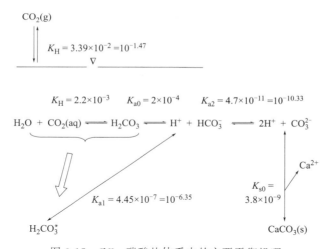

图 3-15　CO_2-碳酸盐体系中的主要平衡机理

$$CO_2(aq) + H_2O \rightleftharpoons H_2CO_3 \qquad K_H = 2.2 \times 10^{-3}$$

$$H_2CO_3 \rightleftharpoons H^+ + HCO_3^- \qquad K_{a0} = 2.0 \times 10^{-4}$$

$$[CO_2(aq)] + [H_2CO_3] = [H_2CO_3^*]$$

$$H_2CO_3^* \rightleftharpoons H^+ + HCO_3^- \qquad K_{a1} = ?$$

　　由以上公式可知，水中溶解性碳酸盐的一级解离常数（K_{a1}）与二氧化碳和水的反应平衡常数（K_H）及碳酸的一级解离常数（K_{a0}）有关，表达式如下所示：

$$K_{a1} = \frac{[H^+][HCO_3^-]}{[H_2CO_3^*]} = \frac{[H^+][HCO_3^-]}{[CO_2] + [H_2CO_3]} = \frac{[H^+][HCO_3^-]/[H_2CO_3]}{\dfrac{[CO_2]}{[H_2CO_3]} + 1}$$

$$= \frac{K_{a0}}{K_H^{-1} + 1} = \frac{2 \times 10^{-4}}{454 + 1} = 10^{-6.35}$$

HCO_3^- 的解离平衡为：

$$HCO_3^- \Longrightarrow H^+ + CO_3^{2-} \qquad K_{a2} = \frac{[H^+][CO_3^{2-}]}{[HCO_3^-]} = 10^{-10.33}$$

表 3-9 列出了不同温度下天然水中与碳酸盐系统相关的平衡常数。在酸碱反应中，$[H_2CO_3^*]$ 可消耗两倍的碱，$[HCO_3^-]$ 可消耗等量的碱。碳酸盐体系的碱中和容量（BNC）可表达为：

$$BNC = 2[H_2CO_3^*] + [HCO_3^-] + [H^+] - [OH^-]$$

表 3-9   不同温度下碳酸盐体系中涉及的平衡常数

温度/℃	$\lg K_H$	$\lg K_{a1}$	$\lg K_{a2}$
0	−1.108	−6.579	−10.629
5	−1.192	−6.516	−10.554
10	−1.269	−6.463	−10.488
15	−1.341	−6.419	−10.428
20	−1.407	−6.382	−10.376
25	−1.468	−6.352	−10.329
30	−1.524	−6.328	−10.288
35	−1.577	−6.310	−10.252
40	−1.625	−6.297	−10.222
50	−1.711	−6.286	−10.174

3.6.2   碳酸盐体系的碱度和酸度

在测定水溶液的碱度或酸度时，通常会将含碳酸盐水溶液以酸或碱滴定到相应的终点。碱度是可以用强酸滴定的碱的总量，而酸度是可以用强碱滴定的酸的总量。因此，碱度和酸度是容量因子，它们分别代表水体系的酸中和容量与碱中和容量。

碳酸盐体系的碱度为：

$$碱度 = [HCO_3^-] + 2[CO_3^{2-}] + [OH^-] - [H^+] \tag{3-30}$$

由于式(3-30)并不能完整表达天然水的总碱度，因此称其为总碳酸盐碱度。实际水中除碳酸盐外，还可能含有硼酸盐（海水中含量较高）、磷酸盐、硅酸盐、腐殖酸类物质等，这些物质也可能消耗酸。

在滴定碳酸盐体系时，有两个滴定终点。第一个滴定终点出现在 pH=8.3。当 pH 值下降至 8.3 时，溶液中的碳酸盐以 HCO_3^- 形式存在，且绝大部分 OH^- 都与酸反应生成水。第二个滴定终点出现在 pH=4.5～5.1。当 pH 值下降至 4.5～5.1 时，溶液中的碳酸盐都以 $H_2CO_3^*$ 形式存在。由于第二个滴定终点与溶液中的 $H_2CO_3^*$ 有关，因此第二个滴定终点的 pH 是一个范围。第二个滴定终点与初始的碱度及溶液中的 CO_2 扩散至大气中的速率有关。在滴定过程中，如果操作条件保持不变（如溶液的搅拌速率恒定），高碱度的溶液在第二个滴定终点处 $H_2CO_3^*$ 浓度较高，进而导致第二个滴定终点的 pH 值较低。

图 3-16 为使用盐酸标准溶液（1mol/L）滴定碳酸钠溶液（浓度为 $1×10^{-3}$ mol/L，体

积为 1L）的滴定曲线。滴定实验中需分两次加入指示剂。首先加入酚酞指示剂，滴加盐酸标准溶液，至溶液颜色由红色变为无色，表示到达计量点（pH＝8.3），即第一次滴定终点。此时，所滴加的盐酸标准溶液体积为 V_1，这样计算得出的碱度为碳酸盐碱度，也称为酚酞碱度。然后以甲基橙作指示剂，继续滴加盐酸标准溶液，当溶液颜色由橙黄色变为橙红色时，表示到达计量点（pH＝4.5～5.1），即第二次滴定终点。此时继续滴加的盐酸标准溶液体积为 V_2，这样计算得出的碱度为碳酸氢盐

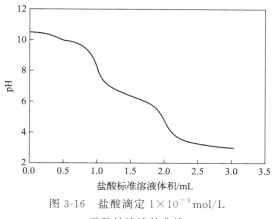

图 3-16　盐酸滴定 $1\times10^{-3}\,mol/L$
碳酸钠溶液的曲线

碱度，也称为甲基橙碱度。总碱度为碳酸盐碱度和碳酸氢盐碱度的加和。当水溶液的 pH 值小于 8.3 时，碳酸盐碱度为 0，这在实际中非常常见，此时溶液的碱度等于碳酸氢盐碱度。大多数实际水体中，其他弱碱的浓度通常远小于碳酸盐浓度，尤其是硬度和碱度较高的水中，因此水溶液的碱度主要来源于碳酸盐碱度。

需要注意的是，碱度的计算公式中不包含溶解在水中的 CO_2。因此，提高或降低水中溶解性二氧化碳的浓度不会影响总碱度。但是，当水中存在悬浮的 $CaCO_3$ 固体时，加入水中的 CO_2 会与 $CaCO_3$ 发生反应［式(3-31)］，导致 $CaCO_3$ 发生溶解，从而增加了溶液的碱度。同样，如果将溶液中的 CO_2 吹脱，可能导致 $CaCO_3$ 析出，降低溶液的碱度。

$$CaCO_3(s)+CO_2+H_2O \Longleftrightarrow Ca^{2+}+2HCO_3^- \tag{3-31}$$

加入二氧化碳导致其与 CO_3^{2-} 反应［式(3-32)］，生成 HCO_3^-，降低溶液的 pH 值，但该反应不会导致溶液的总碳酸盐碱度发生变化。

$$CO_2+CO_3^{2-}+H_2O \Longleftrightarrow 2HCO_3^- \tag{3-32}$$

【例 3-3】　烧杯中盛有 100mL 水溶液，pH 值为 7.20，要测得其总碱度需要加入 0.0205mol/L 的 HCl 8.4mL。请计算总碱度及不同形态碳酸盐的浓度。（碳酸的 $pK_{a1}=$ 6.38，$pK_{a2}=10.38$）

解：

总碱度（以 $CaCO_3$ 计）＝8.4mL×0.0205mol/L÷100mL×50g/mol＝0.0861g/L＝86.1mg/L

由于溶液的初始 pH 小于 8.3，因此溶液中没有碳酸盐碱度，所有的碱度为碳酸氢盐碱度，即 $[HCO_3^-]=1.722\times10^{-3}\,mol/L=10^{-2.76}\,mol/L$。

$$[H_2CO_3^*]=\frac{[H^+][HCO_3^-]}{K_{a1}}=10^{-7.35}\times10^{-2.76}\div10^{-6.38}=1.86\times10^{-4}\,(mol/L)$$

$$[CO_3^{2-}]=\frac{K_{a2}[HCO_3^-]}{[H^+]}=10^{-10.38}\times10^{-2.76}\div10^{-7.35}=1.62\times10^{-6}\,(mol/L)$$

【例 3-4】　向溶液中加入 $2\times10^{-3}\,mol/L$ NaHCO₃、$3\times10^{-3}\,mol/L$ Ca(OH)₂、$1\times$

$10^{-3}\,mol/L$ KOH、$1\times10^{-3}\,mol/L$ H_2SO_4 和 $6\times10^{-3}\,mol/L$ HCl，求溶液的总碱度。

解： 所加物质除 $NaHCO_3$ 外均为强酸或强碱。溶液中存在如下平衡：

$$[Na^+]+2[Ca^{2+}]+[K^+]+[H^+]=[HCO_3^-]+2[CO_3^{2-}]+[OH^-]+2[SO_4^{2-}]+[Cl^-]$$

溶液中 Na^+、Ca^{2+}、K^+、SO_4^{2-} 和 Cl^- 浓度已知，整理上述方程得：

$$[Na^+]+2[Ca^{2+}]+[K^+]-2[SO_4^{2-}]-[Cl^-]=[HCO_3^-]+2[CO_3^{2-}]+[OH^-]-[H^+]$$

上式右侧即为溶液的总碱度。

$$[Na^+]+2[Ca^{2+}]+[K^+]-2[SO_4^{2-}]-[Cl^-]=1\times10^{-3}\,mol/L$$

因此，总碱度（以 $CaCO_3$ 计）$=1\times10^{-3}\,mol/L\times50g/mol=50\times10^{-3}g/L=50mg/L$。

在探究水的酸碱平衡的过程中经常须考虑 CO_2 的参与。CO_2 在大气中的分压约为 $10^{-3.4}$ atm[❶]，气相与水相中 CO_2 的平衡关系如下式所示：

$$H_2O+CO_2(g)\rightleftharpoons H_2CO_3^* \qquad K_H=\frac{[H_2CO_3^*]}{p_{CO_2}}=10^{-1.47} \qquad (3\text{-}33)$$

式(3-33)为亨利定律，K_H 为亨利常数。

实际条件下，水中的 $H_2CO_3^*$ 与大气中的 CO_2 并不处于平衡状态。淡水中的 CO_2 常处于过饱和状态，而海水中则处于不饱和状态，这主要是受 CO_2 在气液两相中的迁移动力学影响。通常而言，气体在两相中的迁移速率取决于其在水中的浓度和溶解度。

3.6.3　影响碱度的因素

显然，所有在化学计量方程式中产生或消耗 H^+ 和 OH^- 的过程也都会影响碱度。例如，溶解的亚铁被氧化为铁氧化物，$4Fe^{2+}+O_2+4H_2O\rightleftharpoons 2Fe_2O_3(s)+8H^+$，会降低碱度，而以甲醛（$CH_2O$）还原 $MnO_2(s)$ 时，$2MnO_2(s)+CH_2O+4H^+\rightleftharpoons CO_2+3H_2O+2Mn^{2+}$，会提高碱度。表3-10中给出了一些其他的例子。其中，由光合作用和呼吸作用引起的碱度变化具有特殊的意义。

如前所述，加入或除去 CO_2 对碱度没有影响。在光合作用过程中，只要没有伴随发生 NO_3^-、NH_4^+ 和 HPO_4^{2-} 等离子的同化作用，此结论也是正确的。因为碱度是同电荷平衡联系在一起的，而这类同化过程必然伴随着 H^+ 或 OH^- 被吸收（或者 OH^- 或 H^+ 被放出），也就是伴随着碱度的变化。例如，NH_4^+ 的光合作用同化会引起 OH^- 被吸收或 H^+ 被放出。与此相似，NO_3^- 的光合作用同化会增加碱度；相反，好氧细菌使生物体分解为 NO_3^- 时伴随着碱度的减少。出现在陆地生态系中的这些过程，对毗连的水生生态系的 pH 和碱度往往是有影响的。

每当有机物的生产（同化 NH_4^+）大于它的分解时就导致碱度的下降（酸化和消耗土壤中的阳离子）。例如当泥炭沼泽或森林泥炭形成时，就会发生这种情况，这些系统通常呈现强酸性。在农业和森林地区收获农作物常引起生产和分解之间的差异。

---

❶ 1atm＝101325Pa。

表 3-10　影响碱度的各种过程

过程	反应	正反应的碱度变化
光合作用和呼吸作用	$nCO_2 + nH_2O \underset{呼吸作用}{\overset{光合作用}{\rightleftharpoons}} (CH_2O)_n + nO_2$	无变化
	$106CO_2 + 16NO_3^- + HPO_4^{2-} + 122H_2O + 18H^+ \underset{呼吸作用}{\overset{光合作用}{\rightleftharpoons}} C_{106}H_{263}O_{110}N_{16}P + 138O_2$	增大
	$106CO_2 + 16NH_4^+ + HPO_4^{2-} + 108H_2O \underset{呼吸作用}{\overset{光合作用}{\rightleftharpoons}} C_{106}H_{263}O_{110}N_{16}P + 107O_2 + 14H^+$	减小
硝化	$NH_4^+ + 2O_2 \longrightarrow NO_3^- + H_2O + 2H^+$	减小
反硝化	$5CH_2O + 4NO_3^- + 4H^+ \longrightarrow 5CO_2 + 2N_2 + 7H_2O$	增大
硫化物的氧化	$HS^- + 2O_2 \longrightarrow SO_4^{2-} + H^+$	减小
	$FeS_2(s) + 15/4O_2 + 7/2H_2O \longrightarrow Fe(OH)_3(s) + 4H^+ + 2SO_4^{2-}$	减小
硫酸盐的还原	$SO_4^{2-} + 2CH_2O + H^+ \longrightarrow 2CO_2 + HS^- + 2H_2O$	增大
$CaCO_3$ 溶解	$CaCO_3 + CO_2 + H_2O \rightleftharpoons Ca^{2+} + 2HCO_3^-$	增大

3.7　pH 对典型水污染控制过程的影响

　　许多水处理化学过程在特定的 pH 条件下才能发挥最佳作用，如混凝、吸附、氧化等。本节将以一些典型的水污染控制过程为例，探讨 pH 对它们的影响及其机理。

3.7.1　pH 对混凝过程的影响

　　混凝是水处理流程中最重要的工艺单元之一，其中最常用的混凝剂包括铁盐和铝盐等。铁盐和铝盐混凝去除污染物的效果与 pH 密切相关。首先，pH 会影响铁盐、铝盐投加到水体之后的水解形态分布，进而影响混凝去除污染物的机理和效果。铁盐和铝盐既能和酸反应也能和碱反应，所以水溶液 pH 过高或过低都可能导致铁盐和铝盐水解产生的氢氧化物的溶解，进而导致混凝效果下降。其次，pH 影响混凝剂絮体表面的 Zeta 电位。通常而言，絮体表面负电荷随 pH 升高而增加，这会影响混凝除污过程中的静电吸引作用。图 3-17 为 pH 对 $FeCl_3$ 混凝去除 As（Ⅴ）的影响。在 pH＝4.0 的条件下，As（Ⅴ）去除率仅为约 30%，这是因为酸性条件下铁的氢氧化物溶解性较高，而只有沉淀形态的Fe（Ⅲ）水解产物才可以发挥混凝作用。当pH 从 4.0 升至 5.0 时，As（Ⅴ）的去除率

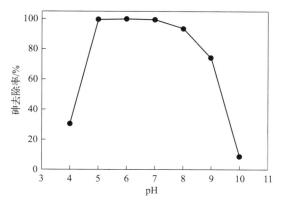

图 3-17　pH 对 $FeCl_3$ 混凝去除 As（Ⅴ）的影响

（反应条件：Fe^{3+} 浓度 4.73mg/L）

显著升高，根据 As(V) 的解离常数（$pK_{a1}=2.26$，$pK_{a2}=6.76$，$pK_{a3}=11.29$），该条件下 As(V) 以 $H_2AsO_4^-$ 形态存在，而铁的水解产物带正电，$H_2AsO_4^-$ 被吸附于混凝剂表面而去除。随着 pH 进一步升高，As(V) 的去除率下降，这是因为 pH 升高导致混凝剂絮体表面负电荷增多，而 As(V) 的形态也从 $H_2AsO_4^-$ 逐渐转变为 $HAsO_4^{2-}$，导致 As(V) 与絮体表面的静电斥力增加，混凝效果下降。当 pH 升至 10.0 时，混凝剂絮体逐渐发生溶解，导致混凝效果急剧下降。这些现象表明需要在水处理过程中仔细控制和调整 pH 值以实现最佳混凝效果。

3.7.2　pH 对吸附过程的影响

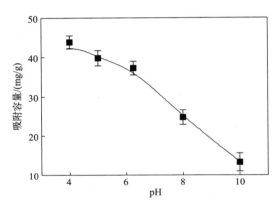

图 3-18　pH 对介孔氧化铝吸附氟离子的影响
（反应条件：初始 F^- 浓度 10mg/L）

pH 变化会改变吸附剂的表面电荷：当 pH 小于 pH_{ZPC}（等电点）时，吸附剂表面带正电；当 pH 大于 pH_{ZPC} 时，吸附剂表面则带有负电荷。对于带负电荷的污染物，升高 pH 会增加污染物与吸附剂的静电排斥作用，降低吸附效率。图 3-18 为 pH 对介孔氧化铝吸附氟离子的影响。介孔氧化铝的 pH_{ZPC} 在 $pH=8\sim10$ 范围内，随着 pH 升高，介孔氧化铝表面负电荷增加，而氟离子带负电，两者静电斥力增加，从而导致氟离子的吸附容量随 pH 的升高而下降。

pH 同样会影响物质的存在形态，当溶液的酸性降低时，物质发生解离后，其负电荷明显增加。例如污染物 As(V)，在 $pH<2.26$，$pH=2.26\sim6.76$，$pH=6.76\sim11.29$，$pH>$ 11.29 条件下主要存在形态分别为 H_2ASO_4、$H_2AsO_4^-$、$HAsO_4^{2-}$ 和 AsO_4^{3-}。pH 升高，导致吸附剂表面负电荷增加，从而增大 As(V) 与吸附剂的静电排斥作用，降低 As(V) 的去除率。降低溶液 pH，则使吸附剂表面带有正电荷，可增强 As(V) 与吸附剂之间的吸引作用，提高 As(V) 的去除率。

3.7.3　pH 对氧化过程的影响

水处理常用氧化剂多为亲电试剂，有机物分子结构中电子云密度增大有利于其被氧化降解。通常而言，有机物发生解离后，解离态分子具有更高的电子云密度，也更容易与氧化剂发生反应，即下式中 $k_2>k_1$。若氧化剂氧化能力不随 pH 变化，则污染物与氧化剂的二级反应速率常数随 pH 升高而单调递增。

$$-\frac{d[污染物]}{dt}=k_1[未解离有机物][氧化剂]+k_2[解离态有机物][氧化剂]$$

但需要注意的是，未解离有机物和解离态有机物与氧化剂的反应机理可能不同，从而导致污染物的降解速率在不同 pH 下的变化与传统观点不同。以高锰酸钾氧化酚类化合物为例，高锰酸钾可直接氧化未解离的酚类有机物，但是对于解离态的酚类，高锰酸钾先与其结合为中间体，随后在 H^+ 的参与下分解生成产物。这种机理导致高锰酸钾降解酚类化合物的速率在一定 pH 范围内随 pH 升高呈现先升高后下降的规律，且在 pH 等于酚类化合物 pK_a 处有最大降解速率。

除了影响有机物的存在形态，pH 还会影响氧化剂的氧化能力。以次氯酸为例，其 pK_a 为 7.5，当水溶液 pH 小于 7.5 时，分子态次氯酸（HOCl）占比较高，且 HOCl 的氧化能力强于 OCl^-，因此低 pH 条件有利于次氯酸消毒。二氧化锰是高锰酸钾氧化有机物时的产物之一，其氧化能力受酸碱条件影响很大。在酸性条件下，二氧化锰氧化有机物的能力高于高锰酸钾，因此降低 pH 有利于加快有机物在高锰酸钾溶液中的降解速率。高铁酸盐（$HFeO_4^-$）是一种常见的水处理氧化剂，$HFeO_4^-$ 在水中可发生解离，转化为 FeO_4^{2-}。$HFeO_4^-$ 氧化能力高于 FeO_4^{2-}，因此降低 pH 会加快高铁酸盐与目标物的反应速率。但是高铁酸盐不稳定，降低 pH 会加速其分解，从而降低高铁酸盐的利用率，导致污染物去除效率下降。在基于零价铁的高级氧化体系（例如 Fe^0/H_2O_2、$Fe^0/S_2O_8^{2-}$ 等）中，降低 pH 有利于零价铁腐蚀释放亚铁离子，此时降低 pH 有利于污染物的氧化去除。

在基于紫外辐照的有机物降解过程中，由于水中有机物的分子结构与其紫外-可见吸收光谱密切相关，因此当 pH 改变时，有机物发生解离可能导致其吸收光谱发生变化。此外，经过解离后有机物的电子云密度发生改变，其光致分解特点有可能随之变化。例如，随着 pH 由低到高，磺胺甲噁唑（$pK_{a1}=1.6$，$pK_{a2}=5.7$）的形态变化为阳离子→分子态→阴离子，而不同形态的磺胺甲噁唑吸收光谱不同（图 3-19），且不同波长下光解量子产率不同，导致其光解速率随 pH 的变化呈现先升高后降低的规律。而对于三氯生而言，解离态三氯生（$pK_a=7.8$）比分子态更容易发生光解，因此升高 pH 有利于其被光解。总而言之，pH 对多种氧化过程降解不同污染物均有显著影响，在水处理工艺选择中需综合考虑。

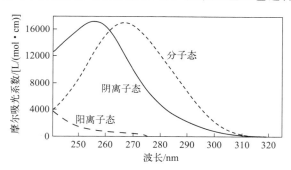

图 3-19 不同形态磺胺甲噁唑的吸收光谱

思考练习题

1. 有酸 HX 溶液，浓度为 4×10^{-3} mol/L，pH 为 2.4。求其共轭碱 Na 盐的等物质的量浓度溶液的 pH 值。

2. 有两个烧杯，每个烧杯中含有 0.1mol/L 的 NaCl 溶液。现向第一个烧杯中加入 NH_3 至浓度为 10^{-3} mol/L，向第二个烧杯中加入 NH_3 至 pH=10.5。求第一个烧杯中溶液的 pH 值，第二个烧杯中 NH_3 的浓度。

3. 向水中加入高氯酸锌 $[Zn(ClO_4)_2]$，$Zn(ClO_4)_2$ 迅速解离，随后 Zn^{2+} 水解生成

$Zn(OH)_x^{2-x}$，相关水解反应及平衡常数如下所示，ClO_4^- 与氢离子的结合忽略不计。

$$Zn^{2+} + H_2O \Longleftrightarrow ZnOH^+ + H^+ \qquad K_1 = 10^{-9.00} \tag{1}$$

$$Zn^{2+} + 2OH^- \Longleftrightarrow Zn(OH)_2 \qquad K_2 = 10^{11.11} \tag{2}$$

$$Zn(OH)_2 + OH^- \Longleftrightarrow Zn(OH)_3^- \qquad K_3 = 10^{2.5} \tag{3}$$

$$Zn^{2+} + 4H_2O \Longleftrightarrow Zn(OH)_4^{2-} + 4H^+ \qquad K_4 = 10^{-41.19} \tag{4}$$

（a）请利用上述平衡常数和 K_w 计算以下反应的平衡常数。

$$Zn^{2+} + 4OH^- \Longleftrightarrow Zn(OH)_4^{2-}$$

（b）当 $c_{Zn^{2+}} = c_{ZnOH^+}$ 时，溶液的 pH 值为多少？

（c）当 $c_{Zn(OH)_2} > c_{Zn(OH)_4^{2-}}$ 时，溶液的 pH 范围是多少？

4. 向 1×10^{-3} mol/L 的硫酸溶液中加入 4×10^{-3} mol/L NaOH 溶液，请计算溶液的 pH 值，若将 NaOH 换为 Na_2CO_3，求此条件下的 pH 值。（碳酸的 $pK_{a1} = 6.38$，$pK_{a2} = 10.38$）

5. 向泳池水中加入 NaOCl 进行消毒，泳池体积为 $150m^3$，氯浓度须达到 5.0mg/L（以 Cl_2 计）。

求：（a）需要加入多少千克 NaOCl？

（b）加入 NaOCl 后泳池水 pH 变为 8.67。为提高消毒效率，先向泳池中加入 10mol/L 的 HCl 溶液使 HOCl 占总氯比例至少为 90%，需要加多少体积的 HCl 溶液？

6. 将蒸馏水置于敞口的烧杯中，空气中的二氧化碳逐渐溶于水中，设长时间放置后二氧化碳达到溶解-析出平衡，求此时水溶液的 pH 值。（空气中 CO_2 体积分数为 0.03%，25℃条件下 CO_2 溶于水的亨利常数为 2.99×10^6 Pa·L/mol，CO_2 溶于水发生酸解离反应的总平衡常数为 2.14×10^{-6} mol/L。）

7. 按照缓冲强度由小到大的顺序排列下列溶液：

（a）10^{-3} mol/L NH_3-NH_4^+，pH=7.0；

（b）10^{-3} mol/L NH_3-NH_4^+，pH=9.2；

（c）10^{-3} mol/L $H_2CO_3^*$-HCO_3^--CO_3^{2-}，pH=8.2；

（d）10^{-3} mol/L $H_2CO_3^*$-HCO_3^--CO_3^{2-}，pH=6.3。

8. 在天然水（与周围环境隔离）中加入少量下列物质时，碱度是增加、减小还是保持不变？

（a）HCl，（b）NaOH，（c）Na_2CO_3，（d）$NaHCO_3$，（e）CO_2，（f）$AlCl_3$，（g）Na_2SO_4。

9. 有来自金属工业的工业废水含约 5×10^{-3} mol/L 的 H_2SO_4，在排入河流前用自来水将其稀释以提高 pH。自来水的性质和组成如下：pH=6.5，碱度（以碳酸钙计）= 2×10^{-3} g/L。要将 pH 提高到约 4.3，需稀释多少倍？

10. 2,4,6-三氯苯酚和 3,4,5-三氯苯酚两种异构体的 pK_a 值明显不同，造成该差异的原因是什么？

2,4,6-三氯苯酚
$pK_a = 6.15$

3,4,5-三氯苯酚
$pK_a = 7.73$

参考文献

[1]　康俊卿. 影响酸碱强度的因素[J]. 山西农业大学学报，1986（2）：130-138.

[2]　林钰，辛荣生，张国平. 常见无机含氧酸的结构与性能的关系[J]. 河南教育学院学报（自然科学版），1997（3）：6.

[3]　申扬帆. 影响有机化合物酸碱性强弱的因素[J]. 广东化工，2019，46（14）：2.

[4]　Qiao J，Jiang Z，Sun B，et al. Arsenate and arsenite removal by $FeCl_3$：Effects of pH，As/Fe ratio，initial As concentration and co-existing solutes[J]. Separation & Purification Technology，2012，92：106-114.

[5]　Su T Z，Guan X H，Tang Y L，et al. Predicting competitive adsorption behavior of major toxic anionic elements onto activated alumina：A speciation-based approach[J]. Journal of Hazardous Materials，2010，176（1-3）：466-472.

[6]　Li W，Cao C Y，Wu L Y，et al. Superb fluoride and arsenic removal performance of highly ordered mesoporous aluminas[J]. Journal of Hazardous Materials，2011，198（2）：143-150.

[7]　Zhang G，Qu J，Liu H，et al. Preparation and evaluation of a novel Fe-Mn binary oxide adsorbent for effective arsenite removal[J]. Water Research，2007，41（9）：1921-1928.

[8]　Boreen A L，Arnold W A，Mcneill K. Photochemical fate of sulfa drugs in the aquatic environment：Sulfa drugs containing five-membered heterocyclic groups[J]. Environmental Science & Technology，2004，38（14）：3933-3940.

[9]　Sun P Z，Meng T，Wang Z J，et al. Degradation of organic micropollutants in UV/NH_2Cl advanced oxidation process[J]. Environmental Science & Technology，2019，53（15）：9024-9033.

4

配位化学

    ① 熟练掌握配体提供的配位原子数目和配合物的空间结构特征，掌握判断配合物类型的方法，了解各种因素对配合物稳定性的影响。

    ② 能对水溶液中的羟基配合物、无机或有机配体配合物的形成稳定条件进行分析，能熟练计算各配合物和配合离子的平衡浓度。

    ③ 了解配位反应对自然水体中金属离子的形态、溶解度、迁移转化以及毒性的影响。

    ④ 掌握主流破络方法（如置换破络、氧化破络和电解破络等）的理论特点和应用前景。

4.1 基本概念

    配位化合物（简称配合物）是由一个或几个中心原子或中心离子（通常为金属）与周围一定数目的配体分子或离子键合组成的物质。与中心原子或离子成键的原子称为配位原子，配位原子的数目称为配位数。如对于配合物 $[Cu(NH_3)_4]^{2+}$，Cu^{2+} 是中心离子，NH_3 是配体，N 是配位原子，4 是配位数，该配合物命名为四氨合铜（Ⅱ）离子。

    当配体只有一个配位原子与中心金属离子相连时，称为单齿配体，如 NH_3、Cl^-、OH^- 等为单齿配体。当配体有两个或两个以上配位原子与中心金属离子相连时，称为双齿或多齿配体。多齿配体也称为螯合剂，由螯合剂与同一金属离子形成的配合物也称为螯合物。

    如 $[Cu(en)_2]^{2+}$（图 4-1），每个乙二胺（en）分子中两个 N 各提供一对孤对电子与

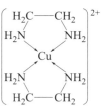

Cu^{2+} 形成一个配位键，每个配体与中心离子 Cu^{2+} 形成一个五元环；两个配体共形成两个五原子环；Cu^{2+} 的配位数为 4。

　　通常情况下，螯合剂的结合强度随着结合点位数量的增加而提高，这是因为随着配体原子数的增加，螯合剂能够填充金属离子的键合轨道增多。因此，同一个金属离子周围的螯合环越多，其螯合作用强度越高，该配合物就越稳定，这种现象称为螯合效应。由于螯合效应的存在，金属离子与螯合剂之间的螯合作用在现实生活和生物体系中被广泛应用。

图 4-1　$[Cu(en)_2]^{2+}$
结构示意图

4.2　配合物的类型

　　配位原子上常携带一对或多对可与金属离子成键的电子。从键合的角度来看，可以将配合物分为两类：内层配合物和外层配合物。下面将详细阐述这两类配合物的特征和结构差异。

4.2.1　内层配合物

　　在内层配合物中，配体原子取代了中心金属离子周围的水合水，并且供电子配体（路易斯碱）的轨道与金属离子（路易斯酸）的空键轨道重叠形成分子轨道。只要其他配体以与水相同的方式与金属离子形成键，这类配位反应常被视为取代反应（配体 X 代替配体 H_2O），配位数 C_N 即为金属离子可容纳的配体数目。对于常见的金属离子，C_N 的范围是 2~8；但对于大型金属离子，C_N 的值可以更高，如 U(IV) 的 C_N 高达 12。在天然水体中，人们关注的金属离子的最常见 C_N 值为 4 和 6，且很少有奇数。金属离子周围的配体排列会随着 C_N 的不同以及可用于键合的轨道的性质而变化，如金属离子是仅具有 s 和 p 轨道，还是也具有 d 轨道。元素周期表第二行中的金属（Li、Be）离子只有 s 和 p 轨道，最多形成四个分子轨道（包含 1 个 s 和 3 个 p 轨道）。然而，元素周期表的第三行及以下的金属在核外还具有 5 个 d 轨道，因此它们可以形成更多的（键）分子轨道，最多可以有 9 个。这些 d 轨道的参与使得这些金属离子在配位化学中具有更广泛的可能性，形成多样化的配合物结构。

　　$C_N=2$ 的金属离子通常会形成线型配合物。银 [Ag(I)] 和金 [Au(I)] 与 Cl^- 便会形成这种配合物 [如 $(Cl—Ag—Cl)^-$、$(Cl—Au—Cl)^-$]，但这些离子在淡水中很少见（海水中存在微量的金）。另一个 $C_N=2$ 的示例是高毒性的 $CH_3—Hg^{II}—CH_3$（二甲基汞），它通常被视为有机金属化合物，而不是配合物，但原理同样适用。

　　$C_N=4$ 的金属配合物主要存在两种结构构型：四面体及平面正方形。几乎所有仅用 s 和 p 轨道形成配合物的非过渡金属的配合物均为四面体结构。在四面体结构中，金属离子轨道发生 sp^3 杂化后呈四面体排列，从而使配体的分离最大化。平面正方形配合物主要由 d^8 过渡金属离子（d 轨道中有 8 个电子的过渡金属）形成，其中包括 Ni^{2+}、Pd^{2+}、Pt^{2+} 和

Au^{3+}。但是，其他过渡金属离子也可以与某些有机配体形成平面正方形配合物。平面正方形配合物中的键合轨道是杂化体：p^2d^2 或 sp^2d。此外，某些 $C_N = 4$ 的配合物（如 $CuCl_4^{2-}$）具有扁平的四面体结构，介于四面体和平面正方形之间。

$C_N = 6$ 的金属离子形成八面体配合物，其中四个配体定向于一个正方形平面中，金属离子位于正方形的中心，另外两个配体正交于该平面，分别位于其上方和下方。在某些情况下，这六个键是对称的（长度和强度相等），但在其他情况下，平面上方和下方的键合轨道较长（或更短）并且具有不同的强度，尤其是当这两个配体不同于其他四个配体时。

4.2.2　外层配合物

外层配合物的概念是由瑞典化学家 Alfred Werner（韦尔纳）在 19 世纪末到 20 世纪初提出的，用于解释随着离子强度的增加，盐溶液呈现的非理想性质。在外层配合物中，配体与完整的水合金属离子形成长距离静电键；也就是说，金属离子不会失去任何水合水，并且配体的轨道不会与金属离子的键合轨道重叠。在这种情况下，所形成的配合物的键通常较弱。金属离子与配体形成配合物的反应平衡常数称为稳定常数。稳定常数是配合物在溶液中稳定性的量度。虽然描述内层配合物和外层配合物平衡的数学关系式是一致的，但是不能仅仅基于稳定常数的大小来区分内层配合物和外层配合物。

外层配合物中静电键的强度可以根据静电原理估算，可用福斯（Fuoss）方程近似计算：

$$K_{os} = (4/3)(\pi N_A a^3 e^{-b}) \times 10^{-3} \tag{4-1}$$

式中　K_{os}——离子对形成常数；

　　　N_A——阿伏伽德罗常数，6.02×10^{23}；

　　　a——金属离子与配体的中心距离，约为 $(4 \sim 5) \times 10^{-8}$ cm；

　　　b——常数，其计算公式如下。

$$b = \frac{Z_M Z_L e_0^2}{a D k_T} \tag{4-2}$$

式中　Z_M——金属离子电荷量；

　　　Z_L——配体电荷量；

　　　e_0——电子电荷（国际通用单位制中为 1.6×10^{-19} C）；

　　　D——介电常数（25℃时，水的介电常数为 78）；

　　　k_T——每个分子的热能（25℃时，为 4.11×10^{-14} erg❶）。

由式(4-1) 和式(4-2) 可知：中心离子为+1 价，配体为−1 价时，配合物中的 $K_{os} \approx 1$；中心离子为+2 价，配体为−2 价时，配合物中的 $K_{os} \approx 200$；若配体不带电荷，则 $K_{os} \approx 0.1$。由此可见，外层配合物中静电键的强度很弱，在大多数稀溶液中并不能起很重要的作用。

尽管从稳定常数的数值并不能推断出金属离子和单齿无机配体形成的 1:1 配合物是内层配合物还是外层配合物，但还有其他几种方法可以区分这两类配合物。外层配合物的形成

---

❶ $1 \text{erg} = 10^{-7}$ J。

几乎不涉及体积变化（$\Delta V \approx 0$，即产物的摩尔体积的总和大约等于反应物的摩尔体积的总和）。因此，外层配合物的稳定常数在不同压力下不会发生显著变化。相反，内层配合物的形成涉及摩尔体积的变化，所以它们的稳定常数在不同压力下可能会发生较大变化。另外，外层配合物是在一步反应中形成的，但是内层配合物是通过多步机理形成的，其中第一步就是形成外层配合物。通过考虑体积变化和反应机制，可以更好地区分这两类配合物。

4.3 配合物的稳定性

配合物的稳定性是指配离子在溶液中解离为中心离子（原子）和配体并达到平衡时解离程度的大小。金属离子和配体的性质会影响它们之间的结合强度，也即配合物的稳定性。

4.3.1 金属离子的性质

阿尔兰-查特-戴维斯（Ahrland-Chatt-Davies，ACD）理论和 R.G. 皮尔孙的软硬酸碱理论（theory of hard and soft acid and base）分别依据金属离子的性质对其进行了分类：Ahrland-Chatt-Davies 理论将金属离子分为 A 类、B 类和临界金属离子；软硬酸碱理论将金属离子分为硬酸与软酸，其中 A 类金属离子对应硬酸，B 类金属离子对应软酸。硬酸通常表现为中心原子体积小、正电荷数高、可极化性低，软酸则表现为中心原子体积大、正电荷数低、可极化性高。电负性高、极化性低、难被氧化的配位原子被称为硬碱，反之为软碱。常见分子或离子的软硬酸碱分类见表 4-1。软硬酸碱理论认为，硬酸与硬碱结合，软酸与软碱结合，常常形成稳定的配合物。

表 4-1 常见分子或离子的软硬酸碱分类

分类	硬	软	临界
酸	H^+、Li^+、Na^+、K^+、Be^{2+}、Mg^{2+}、Ca^{2+}、Ba^{2+}、Al^{3+}、Cr^{3+}、Mn^{2+}、Fe^{3+} 等	Pt^{4+}、Pt^{2+}、Cu^+、Ag^+、Tl^+、Hg_2^{2+}、CH_3Hg^+、Au^+、Hg^{2+}、I_2、BH_3、Cd^{2+} 等	Fe^{2+}、Cu^{2+}、Zn^{2+}、Pb^{2+}、Co^{2+}、Ni^{2+}、SO_2、NO^+、$C_6H_5^+$、Sn^{2+}、Sb^{3+}、Bi^{3+} 等
碱	F^-、O^{2-}、OH^-、NH_3、H_2O、CO_3^{2-}、NO_3^-、PO_4^{3-}、SO_4^{2-}、ClO_4^-、Cl^-、RO^- 等	S^{2-}、I^-、H^-、R^-、CN^-、RSH、SCN^-、RNC、R_3P、R_3As、CO、RS^- 等	Br^-、N_3^-、NO_2^-、SO_3^{2-}、$C_6H_5NH_2$、C_5H_5N 等

根据这些分类理论，硬酸（或 A 类）金属离子具有与惰性气体类似的高度稳定的电子构型（即完整的 8 电子结构）。这类金属离子形成的配合物的稳定性一般随着离子半径增大而减小，高价金属离子形成的配合物稳定性比低价金属离子形成的相应配合物稳定性更强。因此，在主族元素的金属离子中，以电荷小、半径大的第一主族元素的金属离子（K^+、Rb^+、Cs^+ 等）所生成的配合物稳定性最弱。从物理角度来看，这些金属离子呈球形，它们的电子壳不易被配体极化（即扭曲），并且它们倾向于与配体形成相对弱的静电键。

依据库仑定律

$$f = \frac{z_1 z_2}{D d^2}$$

(4-3)

式中 f——两个电荷间的作用力；

      z_i——电荷量；

      d——两个电荷之间的距离；

      D——介质的介电常数。

可以合理推断，硬金属离子会与元素周期表某列中最小（即第一行）的原子形成最强的键。例如，同种硬金属与卤素离子形成的键，其强弱顺序为：$F^->Cl^->Br^->I^-$。

相反，软酸（或 B 类）金属离子的外壳中包含 $10\sim12$ 个电子，它们的形状更容易被配体扭曲（极化）。这些金属离子倾向于与配体形成具有较强共价键的配合物，形成该键的电子对被真正共享，并且当成键原子间的电子亲和力差异最小时，这种键的强度最大。相同条件下，软酸（或 B 类）金属离子形成配合物的趋势大于硬酸（或 A 类）金属离子，但软酸（或 B 类）金属离子形成配合物的稳定性的规律一般不如硬酸（或 A 类）金属离子明显。莱纳斯·鲍林（Linus Pauling）提出，通常可根据元素的电负性来量化电子亲和力。通过配合物的定义可知，配体原子显然是带负电的，否则它们不会拥有未被共享的电子对，同时金属离子是带正电的。因此，可以得出结论：软酸（或 B 类）金属离子可以与电负性最低的配体形成最牢固的键。在元素周期表中，同一列元素的电负性自上而下地下降，因此可以推测软酸（或 B 类）金属离子与配体结合键强度的顺序与硬酸（或 A 类）金属离子和配体的静电键强度的顺序相反。虽然元素周期表中软酸（或 B 类）金属离子的实际趋势尚未明确，但可以确定的是软酸（或 B 类）金属离子通常不会与给定基团中半径最小的原子形成最强的配合物。例如，F 的原子半径远小于 Cl，所以形成键的强弱为 F＜Cl；同样，Br 的原子半径大于 Cl，但形成键的强弱为 Cl＞Br。软硬酸碱理论既适用于金属离子，也适用于配体。像 F^- 这样的小配体是硬碱，容易形成静电键。像 I^- 这样的大离子是软碱（更易极化），倾向于形成共价键。

综上所述，金属离子性质对配合物的影响取决于所成的键主要是共价键还是静电键。当成键原子间的电子亲和力差异最小时，共价键的强度最大。考虑到配体是带负电的，而金属离子是带正电的，可以得出结论：随着金属离子电负性升高，键合作用增强。对于主要是静电键起作用形成的配合物，金属离子性质对库仑力的影响主要取决于离子大小和电荷多少。静电键强度随金属离子电荷增加而增加，随离子尺寸增加而降低。

4.3.2　配体的性质

除了前面提到的无机配体的软硬特性外，有机配体的下列三种特性对于预测稳定常数的变化趋势也有重要作用。

① 分子（或配体原子）上结合位点的数量；

② 螯合剂成环的大小；

③ 配体原子的性质。

通常，稳定常数的值随配体分子上结合位点数目（以及它可以与金属离子形成的环数）的增加而增加，这被称为螯合效应，可以用熵效应来解释。形成五元环的螯合物的稳定常数通常比形成六元环的螯合物的稳定常数要大，形成六元环的螯合物的稳定常数又比形成七元环的螯合物的稳定常数要大。图 4-2 说明了欧文-威廉斯（Irving-Williams）序列中过渡金属离子与二元羧酸分别形成五元、六元和七元环（草酸、丙二酸和琥珀酸）配合物的趋势。

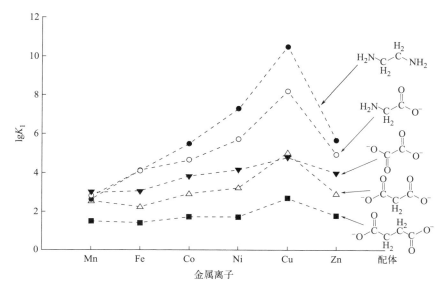

图 4-2　Irving-Williams 序列中配合物的稳定常数通常遵循二齿配体的两个趋势

（强度 N⋯N＞N⋯O＞O⋯O；稳定常数随环的增大而降低，五元环＞六元环＞七元环）

　　二齿螯合剂的强度通常按下列顺序降低：N⋯N＞N⋯O＞O⋯O（配体原子之间的符号只是表明它们是同一分子的一部分，并不代表它们之间没有直接键合）。例如，乙二胺（N⋯N 配体）的稳定常数通常大于甘氨酸（N⋯O 配体）的稳定常数，而甘氨酸（N⋯O 配体）的稳定常数大于草酸（O⋯O 配体）的稳定常数。然而，这种趋势在 Irving-Williams 序列中也有例外，实验发现，由 Mn 到 Zn 的二价金属离子与含 N 配体生成的配合物的稳定次序（亦即平衡常数）如下：$Mn^{2+}＜Fe^{2+}＜Co^{2+}＜Ni^{2+}＜Cu^{2+}＞Zn^{2+}$。

4.3.3　姜-泰勒效应

　　1937 年，姜（H. A. Jahn）和泰勒（E. Teller）指出 d 电子层未充满的中心原子所形成的非线型分子（处于简并的电子组态）的完全对称构型是不稳定的，这些分子会发生畸变（变形）从而解除简并组态，达到更低的对称性，这种效应称为姜-泰勒效应（Jahn-Teller effect）。究其原因，简并组态的电子分布不均衡，电子云缺少分子的完整对称性，作用在核上的不对称的力使分子倾向于以某种方式振动而导致畸变，从而解除简并，使分子处于相对稳定构型的最低能量状态。

　　目前，已观察到的姜-泰勒效应主要体现在 Cu（Ⅱ）、Cr（Ⅱ）、Mn（Ⅲ）、Ni（Ⅲ）离子上。以 Cu（Ⅱ）为例，它的价电子排布为 $3d^9$（图 4-3），在 O_h 场（八面体场）中的组态为 $t_{2g}^6 e_g^3$。其中，未充满的二重简并轨道 e_g 包括 d_{z^2} 和 $d_{x^2-y^2}$，3 个电子填充于其中，可能形成简并的两种排列方式，即 $d_{z^2}^2 d_{x^2-y^2}^1$ 和 $d_{z^2}^1 d_{x^2-y^2}^2$。若按第一种排列方式，z 轴上的两个配体将受到比 x 轴和 y 轴上配体更大的电子排斥，其结果是 z 轴上的两个配体的配位键被拉长，而 x 轴和 y 轴上的 4 个配位键被压缩，形成拉长的八面体；相反，若按后一种排列方式则形成压缩的八面体。姜-泰勒效应并未明确究竟会发生哪种形变，

图 4-3　用价键理论解释
Cu（Ⅱ）的价电子排布

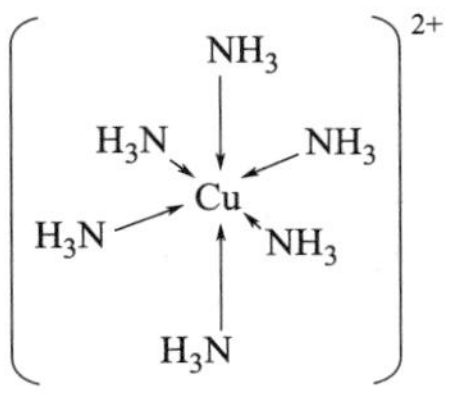

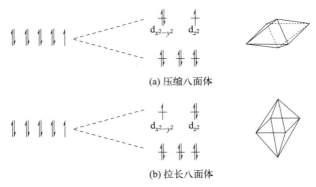

图 4-4　$[Cu(NH_3)_6]^{2+}$
结构示意图

但是详细计算表明形成拉长的八面体构型的可能性更大，例如 $[Cu(NH_3)_6]^{2+}$ 即为拉长的八面体构型（图 4-4、图 4-5）。

对于价电子排布为 d^{10}、d^5、d^0 的中心原子，其电子云分布是球形的，所以其配合物不产生姜-泰勒效应。对于价电子排布为 d^6、d^3 的中心原子，其 t_{2g} 轨道处于全满或半满状态，其电子云分布是正八面体对称的，所以也不会产生姜-泰勒效应。价电子排布为 d^9 的 $Cu(II)$，d^4 的 $Cr(II)$、$Mn(III)$，d^7 的 $Co(II)$、$Ni(III)$，其 e_g 轨道上均有一个电子，所以其八面体配合物会产生姜-泰勒效应。

(a) 压缩八面体

(b) 拉长八面体

图 4-5　d^9 组态八面体配合物的姜-泰勒变形和电子结构

4.4　配位平衡计算

作为路易斯酸碱配合物的配离子或配合物分子，在水溶液中存在着配合物的解离反应和生成反应间的平衡，该平衡被称为配位平衡。配位平衡直接影响着配合物的稳定性，是在实际应用中需要考虑的一个重要因素。配位反应的平衡常数也称为配合物的稳定常数，并有两种表示形式：逐级稳定常数（K_i）和累积稳定常数（β_n）。逐级稳定常数一般会随着配合物的配体数目的增大而逐级减小，这是由于配合物中配体之间的排斥力增大，致使配合物稳定性逐渐减弱。逐级稳定常数或是累积稳定常数越大，配合离子越难解离，配合物也就越稳定。

例如，对于 Hg^{2+} 与 Cl^- 的配位反应，有

$$Hg^{2+} + Cl^- \Longrightarrow HgCl^+ \qquad \lg K_1 = 7.15$$
$$HgCl^+ + Cl^- \Longrightarrow HgCl_2^0 \qquad \lg K_2 = 6.9$$
$$HgCl_2^0 + Cl^- \Longrightarrow HgCl_3^- \qquad \lg K_3 = 1.0$$
$$HgCl_3^- + Cl^- \Longrightarrow HgCl_4^{2-} \qquad \lg K_4 = 0.7$$

或

$$Hg^{2+} + Cl^- \Longrightarrow HgCl^+ \qquad \lg \beta_1 = \lg K_1 = 7.15$$
$$Hg^{2+} + 2Cl^- \Longrightarrow HgCl_2^0 \qquad \lg \beta_2 = \lg(K_1 K_2) = 14.05$$
$$Hg^{2+} + 3Cl^- \Longrightarrow HgCl_3^- \qquad \lg \beta_3 = \lg(K_1 K_2 K_3) = 15.05$$
$$Hg^{2+} + 4Cl^- \Longrightarrow HgCl_4^{2-} \qquad \lg \beta_4 = \lg(K_1 K_2 K_3 K_4) = 15.75$$

下面以 COD 测定中加入 $HgSO_4$ 防止 Cl^- 干扰为例进行计算练习。

【例 4-1】 某水样含 Cl^- 浓度为 $1000mg/L$，在 $20mL$ 水样中加入 $0.4g$ $HgSO_4$ 和其他试剂 $40mL$，求平衡时 Hg^{2+} 与 Cl^- 的各种配合物的浓度以及游离 Cl^- 的浓度。忽略离子强度影响，温度为 $25℃$。

解： 有未知数 $[Hg^{2+}]$、$[Cl^-]$、$[HgCl^+]$、$[HgCl_2^0]$、$[HgCl_3^-]$ 和 $[HgCl_4^{2-}]$ 共 6 个。因为在 COD 测定中加入相当量的浓硫酸，pH 值极低，Hg^{2+} 与 OH^- 形成配合物的可能性不大。

需要列出 6 个方程式：

(1) $$c_{T,Hg} = \frac{0.4g}{297g/mol} \times \frac{1}{(20+40) \times 10^{-3}L}$$
$$= 2.24 \times 10^{-2} mol/L$$
$$= [Hg^{2+}] + [HgCl^+] + [HgCl_2^0] + [HgCl_3^-] + [HgCl_4^{2-}]$$

(2) $$c_{T,Cl} = \frac{1g/L \times (20 \times 10^{-3})L}{35.5g/mol \times (20+40) \times 10^{-3}L} = 9.39 \times 10^{-3} mol/L$$
$$= [Cl^-] + [HgCl^+] + 2[HgCl_2^0] + 3[HgCl_3^-] + 4[HgCl_4^{2-}]$$

(3) $$\beta_1 = 10^{7.15} = \frac{[HgCl^+]}{[Hg^{2+}][Cl^-]}$$

(4) $$\beta_2 = 10^{14.05} = \frac{[HgCl_2^0]}{[Hg^{2+}][Cl^-]^2}$$

(5) $$\beta_3 = 10^{15.05} = \frac{[HgCl_3^-]}{[Hg^{2+}][Cl^-]^3}$$

(6) $$\beta_4 = 10^{15.75} = \frac{[HgCl_4^{2-}]}{[Hg^{2+}][Cl^-]^4}$$

解上述方程，可求出各物种浓度，从逐级形成常数看，形成 $[HgCl^+]$ 和 $[HgCl_2^0]$ 的趋势远比形成 $[HgCl_3^-]$ 和 $[HgCl_4^{2-}]$ 的大，溶液中，Hg^{2+} 和 Cl^- 形成的配合物主要为 $[HgCl^+]$ 和 $[HgCl_2^0]$，其他可忽略不计，这样便使问题大为简化，解得

$$[HgCl^+] = 6.0 \times 10^{-3} mol/L$$
$$[HgCl_2^0] = 1.6 \times 10^{-3} mol/L$$
$$[HgCl_3^-] = 4.3 \times 10^{-9} mol/L$$
$$[HgCl_4^{2-}] = 6.0 \times 10^{-16} mol/L$$
$$[Hg^{2+}] = 1.4 \times 10^{-2} mol/L$$
$$[Cl^-] = 3.0 \times 10^{-8} mol/L$$

经验证，答案成立。从结果中可看出，游离 Cl^- 浓度已降得很低，此时 Cl^- 对 COD 测定的干扰可以消除。虽然在反应过程中，$K_2Cr_2O_7$ 对 Cl^- 的氧化作用可使 $HgCl_2^0$ 进一步解离：

$$HgCl_2^0 \rightleftharpoons Hg^{2+} + 2Cl^-$$

这一影响随着加热回流时间增加而增大，但该误差一般可忽略不计。

如果不在水样中加 $HgSO_4$，那么测到的 COD 值会由于 Cl^- 消耗 $K_2Cr_2O_7$ 而产生很大

的误差。Cl^- 与 $K_2Cr_2O_7$ 的氧化还原反应如下：

$$6Cl^- + Cr_2O_7^{2-} + 14H^+ \longrightarrow 3Cl_2 + 2Cr^{3+} + 7H_2O$$

根据化学计量关系，1mol Cl^- 消耗 $\frac{1}{6}$ mol $Cr_2O_7^{2-}$ （相当于 $\frac{1}{4}$ mol O_2），因此本例中 Cl^- 对 COD 的贡献为：

$$\frac{1000\text{mg/L}}{35.5\text{mg/mmol}} \times 8\text{mg/mmol} = 225\text{mg/L}$$

具有 N 或 O 官能团的有机配体（例如胺、羧酸和酚）是重要的配位剂，其中有些是人造的，有些是天然存在的。对于带有负电荷氧原子的单齿配体（例如苯酚、氢氧化物、亚硝酸和羧酸），通常可以通过配体的解离平衡常数（K_a）或质子化常数（K_{HL}）估计金属-配体结合的平衡常数（K_{ML}）。表达式如下所示，也称为欧文-罗索蒂（Irving-Rossotti）关系式：

$$\lg K_{ML} = \alpha_0 \lg K_{HL} \tag{4-4}$$

式中 K_{ML}——金属-配体稳定常数；

$\quad\quad \alpha_0$——Irving-Rossotti 斜率，由金属离子的电荷数及在元素周期表中的位置决定；

$\quad\quad K_{HL}$——配体的质子化常数。

因为平衡常数与自由能呈指数关系，所以上式也被称为线性自由能关系（LFER）方程式。通常情况下，无须进行实验，就可以利用这一关系来预测平衡常数。α_0 的数值在 0.17~0.90 范围内变动，具体数值取决于金属离子的电荷数及在元素周期表中的位置。因为 α_0 总是小于 1，这就意味着如果金属离子和质子的浓度相等，那么质子化配体（HL）对带负电氧的单齿配体的活性总是大于对带正电氧的单齿配体的活性。

4.5 金属离子的水解—— H_2O 和 OH^- 为配体

金属离子与水配体形成的配合物称为水合（或水化）金属离子，当水中的 OH^- 配体与 H_2O 配体发生交换反应时，常称为水解。在天然水和水处理中，金属离子的水解反应具有重要意义。

一般金属离子 Me^{n+} 与 OH^- 反应可用下列通式表示：

$$Me(OH_2)_x^{n+} + OH^- \rightleftharpoons Me(OH)(OH_2)_{x-1}^{(n-1)+} + H_2O \tag{4-5a}$$

为了简化，一般写为下式

$$Me^{n+} + OH^- \rightleftharpoons MeOH^{(n-1)+} \tag{4-5b}$$

或

$$Me^{n+} + H_2O \rightleftharpoons MeOH^{(n-1)+} + H^+ \tag{4-5c}$$

例如，锌（Ⅱ）离子的水解反应可以用下面一系列反应式表示：

$$Zn^{2+} + OH^- \rightleftharpoons ZnOH^+ \quad\quad K_1 = \frac{[ZnOH^+]}{[Zn^{2+}][OH^-]} = 10^5 \tag{4-6a}$$

$$ZnOH^+ + OH^- \rightleftharpoons Zn(OH)_2^0 \quad\quad K_2 = \frac{[Zn(OH)_2^0]}{[ZnOH^+][OH^-]} = 10^{5.203} \tag{4-6b}$$

$$\text{Zn(OH)}_2^0 + \text{OH}^- \Longrightarrow \text{Zn(OH)}_3^- \qquad K_3 = \frac{[\text{Zn(OH)}_3^-]}{[\text{Zn(OH)}_2^0][\text{OH}^-]} = 10^{3.697} \qquad (4\text{-}6c)$$

$$\text{Zn(OH)}_3^- + \text{OH}^- \Longrightarrow \text{Zn(OH)}_4^{2-} \qquad K_4 = \frac{[\text{Zn(OH)}_4^{2-}]}{[\text{Zn(OH)}_3^-][\text{OH}^-]} = 10^{1.6} \qquad (4\text{-}6d)$$

上述反应也可以写作：

$$\text{Zn}^{2+} + \text{H}_2\text{O} \Longrightarrow \text{ZnOH}^+ + \text{H}^+ \qquad {}^*\beta_1 = \frac{[\text{ZnOH}^+][\text{H}^+]}{[\text{Zn}^{2+}]} = 10^{-9} \qquad (4\text{-}7a)$$

$$\text{Zn}^{2+} + 2\text{H}_2\text{O} \Longrightarrow \text{Zn(OH)}_2^0 + 2\text{H}^+ \qquad {}^*\beta_2 = \frac{[\text{Zn(OH)}_2^0][\text{H}^+]^2}{[\text{Zn}^{2+}]} = 10^{-17.797} \qquad (4\text{-}7b)$$

$$\text{Zn}^{2+} + 3\text{H}_2\text{O} \Longrightarrow \text{Zn(OH)}_3^- + 3\text{H}^+ \qquad {}^*\beta_3 = \frac{[\text{Zn(OH)}_3^-][\text{H}^+]^3}{[\text{Zn}^{2+}]} = 10^{-28.1} \qquad (4\text{-}7c)$$

$$\text{Zn}^{2+} + 4\text{H}_2\text{O} \Longrightarrow \text{Zn(OH)}_4^{2-} + 4\text{H}^+ \qquad {}^*\beta_4 = \frac{[\text{Zn(OH)}_4^{2-}][\text{H}^+]^4}{[\text{Zn}^{2+}]} = 10^{-40.5} \qquad (4\text{-}7d)$$

溶液中二价锌的总浓度可按照下式计算：

$$\text{Zn}_\text{T}^\text{II} = [\text{Zn}^{2+}] + [\text{ZnOH}^+] + [\text{Zn(OH)}_2^0] + [\text{Zn(OH)}_3^-] + [\text{Zn(OH)}_4^{2-}] \qquad (4\text{-}8)$$

将式(4-7a)～式(4-7d)代入式(4-8)可得

$$\text{Zn}_\text{T}^\text{II} = [\text{Zn}^{2+}]\left(1 + \frac{{}^*\beta_1}{[\text{H}^+]} + \frac{{}^*\beta_2}{[\text{H}^+]^2} + \frac{{}^*\beta_3}{[\text{H}^+]^3} + \frac{{}^*\beta_4}{[\text{H}^+]^4}\right) \qquad (4\text{-}9)$$

表4-2列举了部分金属羟基配合物的平衡常数。

表 4-2　部分金属羟基配合物的平衡常数

金属离子	$\lg\beta_1$①	$\lg\beta_2$	$\lg\beta_3$	$\lg\beta_4$	$\lg K_{sp}$②
Fe^{3+}	11.84	21.26		33	−38
Al^{3+}	9	—	—	34.3	−33
Cu^{2+}	8	—	15.2	16.1	−19.3
Fe^{2+}	5.7	(9.1)③	10	9.6	14.5
Mn^{2+}	3.4	(6.8)	7.8	—	−12.8
Zn^{2+}	4.15	(10.2)	(14.2)	(15.5)	−17.2
Cd^{2+}	4.16	8.4	(9.1)	(8.8)	−13.6

① β_1 是反应 $\text{M}^{n+} + i\text{OH}^- \Longrightarrow \text{M(OH)}_i^{(n-i)+}$ 的累积平衡常数。

② K_{sp} 是反应 $\text{M(OH)}_n(s) \Longrightarrow \text{M}^{n+} + n\text{OH}^-$ 的平衡常数。

③ 括号内为估计值。

【例 4-2】 有原水 pH=8，总碱度（以 CaCO_3 计）为 80mg/L，在水处理过程中加入 25mg/L 硫酸铝絮凝剂 $[\text{Al}_2(\text{SO}_4)_3 \cdot 14\text{H}_2\text{O}]$，问：为了保持水在絮凝过程中的碱度不变，需加入多少 NaOH？可以认为铝盐水解的主要产物是 $\text{Al(OH)}_3(s)$。这符合一般水处理的实际情况。

解： 这实际是一个酸碱反应的题目。铝离子是酸，水解时消耗水中的 OH^-，OH^- 是碱，这部分碱的消耗需要加入 NaOH 补偿，才能保持水的总碱度不变。

生成 Al^{3+} 的浓度为铝盐 $[\text{Al}_2(\text{SO}_4)_3 \cdot 14\text{H}_2\text{O}]$，摩尔质量为 594g/mol] 浓度的 2 倍：

$$[\text{Al}^{3+}] = 2 \times 25\text{mg/L}/(594\text{g/mol}) = 0.084\text{mmol/L}$$

根据反应

$$Al^{3+} + 3OH^- \rightleftharpoons Al(OH)_3(s)$$

1mol Al^{3+} 水解生成 $Al(OH)_3(s)$ 时需消耗 3mol OH^-，因此 Al^{3+} 消耗的氢氧根离子浓度为：

$$[OH^-] = 3 \times 0.084 mmol/L = 0.25 mmol/L$$

故需要加入 NaOH（摩尔质量为 40g/mol）：

$$0.25 mmol/L \times 40 g/mol = 10 mg/L$$

4.6　金属离子与无机配体形成的配合物

金属离子可以与任何适宜的含有孤对电子的配体形成配合物。常见的配体包括无机离子（例如 OH^-、CO_3^{2-}、CN^-）、中性分子 [例如 NH_3、乙二胺（en）] 以及有机碱和有机阴离子（例如胺和羧酸根阴离子）。

以 Zn^{2+} 与 NH_3 形成配合物为例，有

$$Zn^{2+} + NH_3 \rightleftharpoons Zn(NH_3)^{2+} \qquad K_1 = \beta_1 = 10^{2.31} \qquad (4\text{-}10a)$$

$$Zn(NH_3)^{2+} + NH_3 \rightleftharpoons Zn(NH_3)_2^{2+} \qquad K_2 = 10^{2.46} \qquad (4\text{-}10b)$$

$$Zn(NH_3)_2^{2+} + NH_3 \rightleftharpoons Zn(NH_3)_3^{2+} \qquad K_3 = 10^{2.34} \qquad (4\text{-}10c)$$

$$Zn(NH_3)_3^{2+} + NH_3 \rightleftharpoons Zn(NH_3)_4^{2+} \qquad K_4 = 10^{2.23} \qquad (4\text{-}10d)$$

为了计算方便，常用下列式子表示：

$$Zn^{2+} + NH_3 \rightleftharpoons Zn(NH_3)^{2+} \qquad \beta_1 = 10^{2.31} \qquad (4\text{-}11a)$$

$$Zn^{2+} + 2NH_3 \rightleftharpoons Zn(NH_3)_2^{2+} \qquad \beta_2 = K_1 K_2 = 10^{4.77} \qquad (4\text{-}11b)$$

$$Zn^{2+} + 3NH_3 \rightleftharpoons Zn(NH_3)_3^{2+} \qquad \beta_3 = K_1 K_2 K_3 = 10^{7.11} \qquad (4\text{-}11c)$$

$$Zn^{2+} + 4NH_3 \rightleftharpoons Zn(NH_3)_4^{2+} \qquad \beta_4 = K_1 K_2 K_3 K_4 = 10^{9.34} \qquad (4\text{-}11d)$$

总溶解锌的质量平衡表达式为

$$Zn_T^{II} = [Zn^{2+}](1 + \beta_1[NH_3] + \beta_2[NH_3]^2 + \beta_3[NH_3]^3 + \beta_4[NH_3]^4) \qquad (4\text{-}12)$$

通常，大多数无机配合物的稳定常数不大，且各级稳定常数的数量级差别不大（见表4-3），这说明许多无机配合物和多元弱酸一样，有较强的解离倾向。在溶液中，各级配合物往往同时存在，称为分级配位现象。

表 4-3　一些无机配离子的逐级稳定常数和总稳定常数

金属离子	$\lg\beta_n$	$\lg\beta_1$	$\lg\beta_2$	$\lg\beta_3$	$\lg\beta_4$	$\lg\beta_5$	$\lg\beta_6$
$[Cd(NH_3)_4]^{2+}$	9.34	2.31	2.46	2.34	2.23		
$[Cd(CN)_4]^{2-}$	18.78	5.48	5.12	4.63	3.55		
$[Zn(en)_3]^{2+}$	14.11	5.77	5.06	3.28			
$[Ag(NH_3)_2]^+$	7.05	3.24	3.81				
$[Cu(NH_3)_4]^{2+}$	13.32	4.31	3.67	3.04	2.30		

续表

金属离子	$\lg\beta_n$	$\lg\beta_1$	$\lg\beta_2$	$\lg\beta_3$	$\lg\beta_4$	$\lg\beta_5$	$\lg\beta_6$
$[Cu(en)_2]^{2+}$	20.00	10.67	9.33				
$[Ni(NH_3)_6]^{2+}$	8.74	2.80	2.24	1.73	1.19	0.75	0.03
$[AlF_6]^{3-}$	19.84	6.10	5.05	3.85	2.75	1.62	0.47
$[HgI_4]^{2-}$	29.83	12.87	10.95	3.78	2.23		

4.7　金属离子与有机配体的配合物

　　除了无机配体，自然水体中还存在各种天然有机配体，如腐殖酸是重金属离子最重要的天然螯合剂。腐殖酸与金属离子生成配合物是其最重要的性质之一，腐殖酸中的羧基可与金属离子螯合成键，进而影响重金属在环境中的迁移转化，尤其是在颗粒物对重金属的吸附以及重金属难溶化合物的溶解度等方面具有重要影响。腐殖酸本身具有卓越的吸附性能，并且这种吸附性能不受其他配位作用的影响。

　　除了天然有机配体，亦有人工合成的有机配体，如次氮基三乙酸 $[N(CH_2COOH)_3$，NTA] 和乙二胺四乙酸（EDTA）。这些人工合成的有机配体能够有效地螯合钙、镁和铜离子，因此得到广泛使用。

　　大多数金属离子与EDTA形成1:1的配合物，不存在分级配位现象。金属离子与EDTA的配位反应的进行程度可用平衡常数 $K_稳$ 或 $K_不稳$ 表示：

$$M + Y \rightleftharpoons MY$$

$$K_稳 = K_{MY} = \frac{[MY]}{[M][Y]} \quad 或 \quad K_不稳 = \frac{1}{K_{MY}} = \frac{[M][Y]}{[MY]} \tag{4-13}$$

　　表4-4列出了EDTA与一些常见金属离子配合物的稳定常数。由表4-4可见，金属离子与EDTA配合物的稳定性与金属离子的离子电荷、离子半径以及电子层结构有关。不同金属离子与EDTA配合的稳定常数差别较大；其中，碱土金属离子配合物最不稳定。碱土金属离子配合物的 $\lg K_{MY} \approx 8 \sim 11$；过渡金属离子、稀土金属离子、$Al^{3+}$ 和 Pb^{2+} 的配合物 $\lg K_{MY} \approx 14 \sim 19$；某些三价、四价金属离子和 Hg^{2+} 的配合物 $\lg K_{MY} > 20$。

表4-4　EDTA与一些常见金属离子配合物的稳定常数

（溶液离子强度 $I = 0.1mol/L$，$T = 20 \sim 25℃$）

金属离子	$\lg K_{MY}$	金属离子	$\lg K_{MY}$	金属离子	$\lg K_{MY}$
Na^+	1.66	Ce^{3+}	15.98	VO^{2+}	18.80
Ag^+	7.32	Al^{3+}	16.30	Cu^{2+}	18.80
Ba^{2+}	7.86	Co^{2+}	16.31	Ti^{3+}	21.30
Sr^{2+}	8.73	Pt^{3+}	16.31	Hg^{2+}	21.70
Mg^{2+}	8.79	Cd^{2+}	16.46	Th^{4+}	23.20

金属离子	$\lg K_{MY}$	金属离子	$\lg K_{MY}$	金属离子	$\lg K_{MY}$
Be^{2+}	9.20	Zn^{2+}	16.50	Cr^{3+}	23.40
Ca^{2+}	10.69	Pb^{2+}	18.04	Fe^{3+}	25.10
Mn^{2+}	13.87	Y^{3+}	18.09	U^{4+}	25.80
Fe^{2+}	14.32	Sn^{2+}	18.30	Bi^{3+}	27.80
La^{3+}	15.50	Ni^{2+}	18.62	Co^{3+}	40.70

4.8 配位化学对金属离子性质的影响

配位化学对金属离子的性质有着重要的影响，包括金属离子的氧化还原性质、溶解度、吸附行为以及毒性等方面。

4.8.1 影响氧化还原特性

金属离子发生配位反应以后，其氧化还原性质会发生一定变化，但具体发生何种变化取决于与其发生配位反应的配体自身的性质。

【例 4-3】 对比 Fe^{3+} 还原为 Fe^{2+} 和三价铁配合物还原为二价铁配合物的氧化还原电位的区别。

解：Fe^{3+} 还原为 Fe^{2+} 的半反应方程式为

$$Fe^{3+} + e^- \rightleftharpoons Fe^{2+}$$

标准氧化还原电位可表示为

$$E^0[Fe^{3+}/Fe^{2+}] = -\frac{\Delta G^0_{(Fe^{3+}/Fe^{2+})}}{F} = 0.77V$$

二价铁与三价铁配位反应的方程式及吉布斯自由能可分别表示为：

$$Fe^{2+} + xH^+ + yL \rightleftharpoons Fe^{II}H_xL_y \qquad \Delta G^0_{Fe^{II}L} = -RT\ln K_{Fe^{II}L}$$

$$Fe^{3+} + xH^+ + yL \rightleftharpoons Fe^{III}H_xL_y \qquad \Delta G^0_{Fe^{III}L} = -RT\ln K_{Fe^{III}L}$$

式中，$K_{Fe^{II}L}$ 和 $K_{Fe^{III}L}$ 分别为二价铁与三价铁配合物的平衡常数。

三价铁配合物还原为二价铁配合物的半反应为：

$$Fe^{III}H_xL_y + e^- \rightleftharpoons Fe^{II}H_xL_y$$

$$\Delta G^0_{(Fe^{III}L/Fe^{II}L)} = \Delta G^0_{(Fe^{3+}/Fe^{2+})} + \Delta G^0_{Fe^{II}L} - \Delta G^0_{Fe^{III}L}$$

则三价铁配合物还原为二价铁配合物的标准氧化还原电位为：

$$E^0[Fe^{III}L/Fe^{II}L] = 0.77 - \frac{RT}{F}\ln\frac{K_{Fe^{III}L}}{K_{Fe^{II}L}}$$

若配位剂与三价铁离子的平衡常数大于其与二价铁离子的平衡常数，则 $E^0[Fe^{III}L/Fe^{II}L] <$

0.77V，即配合物中的二价铁展现出比游离态的二价铁更强的还原性，反之则有相反的结论。

在自然条件下，由于水中有多种配体，配位反应对金属离子氧化还原性质的影响也较复杂。同样以 Fe^{2+} 为例，Fe^{2+} 与 NH_3 分子的配位平衡常数较大，使得 Fe^{2+} 的还原性显著降低，从而变得更加稳定。而大部分天然有机物对于 Fe(Ⅲ) 的配位平衡常数比其对 Fe(Ⅱ) 的配位平衡常数大，配合物中 Fe(Ⅱ) 的氧化反应比游离态的更容易发生，其标准氧化还原电位可降至 $-0.5V$ 以下，从而可以参与游离态 Fe^{2+} 不能参与的氧化还原反应，例如配合物中 Fe(Ⅱ) 可以将一些硝基化合物还原为氨基化合物。同时，此类配体使得 Fe(Ⅲ) 的还原反应更难进行，也正因为如此，虽然 Fe(Ⅲ) 比 Fe(Ⅱ) 更容易沉淀，但配合物的存在改变了水体中不同价态铁离子的分布。总体而言，根据水中配位剂性质的不同，配位化学对金属离子在自然环境中的氧化还原行为有不同影响，具体影响主要取决于不同价态的金属离子与配合物的配位平衡常数。

4.8.2 影响金属离子在自然环境中的迁移

配位反应对金属离子在自然环境中的迁移有促进作用。当水中不存在其他配体时，溶解态金属离子的浓度由其沉淀-溶解平衡反应控制，该反应速率一般较慢且溶度积较低。而当水中存在配体时，金属与配体形成配合物，导致水中溶解态金属离子浓度升高，即配体将金属离子从沉淀中释放出来，增强了其迁移性。

对于生命活动所必需的金属元素，这种效应会使其更容易被水生生物获取。例如腐殖酸可以提升水中溶解性铁离子的浓度，并且由于铁离子和腐殖酸的配位反应，水中游离态铁离子浓度也得到提升。然而，需要注意的是，配体的存在也可以使沉淀在水体底泥中的有毒金属离子重新溶解到水体中，扩大污染的范围，导致潜在的环境问题，增加人类和水生生物的健康风险。此外，废水中配体的存在可以使管道和沉积物中的重金属重新溶解，从而降低重金属的去除效率。

4.8.3 影响吸附行为

配体也会影响金属离子的吸附行为，具体分为以下三类：
① 配体与金属离子生成配合物，或配体与金属离子竞争表面上的吸附位点，抑制金属离子的吸附行为；
② 若与金属离子生成弱配合物，并对固体表面的亲和力较弱，吸附量变化并不明显；
③ 若与金属离子生成强配合物，同时对固体表面具有较强的亲和力，可能引起吸附量增大。
配体对金属吸附量的影响取决于配体本身的吸附行为。如果配体本身不可吸附或金属配合物不可吸附，那么配体会与表面争夺金属离子，从而使得金属吸附受限。如果配体浓度低，且配体和金属结合能力弱或配体本身无法吸附，则配体的加入对金属吸附行为并无影响。如果配体能够吸附，并且又有一个强配合官能团指向溶液，则能明显提高颗粒物对痕量金属的吸附量。

4.8.4 影响金属离子毒性

配位反应对金属离子毒性的影响，不能一概而论，而是取决于具体金属离子配合物的生物可利用性和毒性。一般认为，水中的有机配位剂会影响金属离子的跨膜转运，使其不易穿透生物膜，因此相对于游离态的金属离子，配合物中金属离子的生物可利用性较低，在生物体中累积和产生毒性的能力也较低。以铜离子为例，有研究表明，EDTA、腐殖酸等配位剂可显著降低其在大型水蚤和鱼体内的累积量，而且由于 EDTA 的生物可利用性更低，配合物也更稳定，与 EDTA 配位的铜离子更难产生生物毒性。腐殖酸的存在能够极大地改变铜、镉和镍在水和氧化铁上的吸附行为，因为形成的溶解铜-腐殖酸配合物控制着铜的吸附。然而，对于汞元素来说，其与水中的腐殖酸发生配位反应之后，可能生成毒性更大的甲基汞。腐殖酸不仅会使底泥中的汞有显著的溶出，还会抑制河水中溶解态汞的吸附和沉淀。此外，配位作用还能够抑制金属离子-碳酸盐、金属离子-硫化物以及金属离子-氢氧化物等沉淀的产生。

配位作用还可以影响重金属离子对水生生物的毒性，但影响规律并不一致。有研究指出，腐殖酸可以减弱汞对浮游植物的抑制作用和对浮游动物的毒性作用，但是不同生物富集汞的效应不同，比如腐殖酸增加了汞在鲤鱼和鲫鱼体内的富集，但降低了汞在软体动物体内的富集。

4.9 配位化学在水污染控制中的应用

随着我国化学工业的快速发展，重金属废水引发的环境风险愈来愈受到人们的关切。尤其是重金属离子易与废水中有机配体结合，形成的配合物中的重金属通常毒性高、稳定性强，进一步加重了重金属污染废水的环境风险和处理难度。为规范重金属废水的治理，生态环境部在 2022 年颁布了《关于进一步加强重金属污染防控的意见》，明确提出"到 2025 年，全国重点行业重点重金属污染物排放量比 2020 年下降 5%"。可以预见，随着国家对环保问题的持续重视，重金属废水的排放标准将更加严格。

传统的水处理技术如混凝、吸附、沉淀等大都致力于游离态重金属离子的去除，而对废水中配合物中重金属的去除效果有限。现有模式多采用氧化解络与其他处理方法结合的思路，虽能够达到去除配合物中重金属的目的，但存在总体处理流程长、成本偏高、操作复杂等问题。破络是实现废水中重金属配合物有效去除的关键途径。目前，主要的破络方法有置换破络、氧化破络和电解破络等。

置换破络即使用破络剂，生成配位平衡常数更大的配合物，将金属离子从原来的配合物中置换出来的方法。常用的此类破络剂有铁盐、硫化物和其他配位沉淀剂。铁盐的破络作用基于铁离子与配位剂之间较高的配位平衡常数，铁离子可与配位剂形成更为稳定的配合物，从而将金属离子置换出来。而硫化物的破络作用是由于硫离子与金属的配位平衡常数较高，可与金属离子形成稳定的金属硫化物固体沉淀，并且金属硫化物的溶解度甚至比其氢氧化物的溶解度更低，硫化物破络的方法可同时实现破络和金属离子的去除。由于硫化物破络剂存在一些固有缺陷，近年来，随着技术的进步，一些新型破络剂开始替代硫化物应用于破络反应，它们的主要特征是本身具有水溶性，但在其置换配合物中的配位剂后可形成不溶于水的金属配合物，从而将金属离子从水中去除。目前典型的此类破络剂有二硫代氨基甲酸盐、三巯基三嗪三钠盐等。另外，离子交换树脂也可用于破络，离子交换树脂上的阳离子能够将配合物中的金属离子置换出来，从而将其从水中去除，该反应本质上也属于置换破络。

氧化破络即利用氧化剂破坏配位剂的分子结构使金属离子游离出来的方法。常见的氧化破络剂有次氯酸钠、双氧水等，二者分别为传统氧化和高级氧化技术的代表。其中双氧水可在 Fe^{2+} 的活化下，通过芬顿反应产生强氧化性羟基自由基，这些羟基自由基在破络的同时可去除部分 COD，省去了部分后续工艺，因此基于双氧水的芬顿氧化法破络是目前较为常用的破络方法。

电解破络是通过电解过程在阴、阳两极上分别发生还原、氧化反应以去除水中配合物中金属离子的方法。在该过程中，配位剂发生氧化反应被去除的同时，金属离子也发生还原反应，从而从水中去除。该方法无须投加药剂，但耗电量较大，常用于废水中贵金属的回收。除此之外，也有运用类似原理的其他破络方法，例如利用零价铁去除铜-EDTA 配合物的方法。在该方法中，零价铁被铜-EDTA 氧化，形成的 Fe^{3+} 将铜离子置换出来，而被零价铁还原产生的零价铜以固体形式从水中去除。

除了水污染控制，配位化学还在水化学分析和水环境功能材料合成方面得到广泛应用。例如，一些配合物与某些金属离子生成有色、难溶的配合物，因此可以作为检验金属离子的特效试剂；利用有色配离子的形成可以进行滴定分析，也可以利用配位剂与干扰离子发生配位反应来消除干扰离子的影响。在水环境功能材料的合成中，金属离子易与有机配体发生配位反应，能够影响颗粒的结构形态和界面特性，进而改变环境功能材料在水污染治理中的催化性能、吸附性能和氧化还原特性。配位化学已经成为水化学的一个重要分支，对于水化学的发展具有重要意义。

思考练习题

1. 为测定某溶液的硬度，在 100mL 该溶液中加入少量铬黑 T。加入 24.2mL 浓度为 0.01mol/L 的 EDTA 后，溶液的颜色由红变蓝。求该溶液的硬度（以 $CaCO_3$ 质量计，单位为 mol/L 和 mg/L）。

2. EDTA 和铜离子、三价铁离子配位反应的平衡常数分别为 $10^{18.7}$ 和 $10^{24.2}$，试通过计算说明三价铁离子能否置换与 EDTA 配位的铜离子。

3. 为什么 EDTA 可以将金属离子-腐殖酸配合物中的金属离子置换出来？

4. 天然水中 Fe^{3+}、Al^{3+}、Cu^{2+}、Mg^{2+} 与腐殖酸生成配合物的稳定性顺序如何？

5. 已知 $E^0[Cu^{2+}/Cu^0]=0.342V$，EDTA 和铜离子配位反应的平衡常数为 $10^{18.7}$，试通过计算说明 EDTA 存在的情况下，铜单质是否可能与酸反应。

6. 已知氯化银的溶解平衡常数 $K_{sp,AgCl}=1.56\times10^{-10}$，银离子在氨水溶液中形成配合物 $Ag(NH_3)_2^+$ 的配位平衡常数 $K_{Ag(NH_3)_2^+}=1.12\times10^7$，忽略该配合物的解离，通过计算比较氯化银在水和 0.1mol/L 氨水溶液中的溶解度大小。

7. 简述水污染控制中金属离子破络的方法。

8. 简述配位反应造成的迁移性升高对金属离子环境效应的影响。

参考文献

［1］ Brezonik P，Arnold W. Water Chemistry：An Introduction to the Chemistry of Natural and Engineered Aquatic Systems［M］. New York：Oxford University Press，2011.

［2］ 刘伟生. 配位化学［M］. 北京：化学工业出版社，2013.

［3］ 周振，王罗春，吴春华. 水化学［M］. 北京：冶金工业出版社，2013.

［4］ 游效曾. 配位化合物的结构和性质［M］. 北京：科学出版社，2012.

［5］ 孟长功. 无机化学［M］. 北京：高等教育出版社，2018.

5

沉淀和溶解反应

学习目标

① 掌握沉淀过程和溶解过程的特点，能根据溶度积规则判断沉淀的生成和溶解，熟练掌握沉淀生成与溶解的条件、分步沉淀与转化的原理。

② 能够根据溶度积常数熟练计算物质在水中沉淀-溶解平衡时沉淀或溶解的量，并理解酸效应、盐效应、同离子效应和配位反应等因素对固体物质溶解度的影响。

③ 掌握典型固体物质如（氢）氧化物、硫化物、碳酸盐和磷酸盐的沉淀-溶解平衡，明晰它们的沉淀条件以及金属离子分离条件。

④ 掌握各种沉淀法的原理、适用范围，能根据水或污水的水质情况灵活地选择沉淀方法和沉淀剂。

5.1 沉淀与溶解动力学

5.1.1 沉淀过程

沉淀过程是一个非常复杂的过程，迄今为止还没有一个完全成熟的理论来解释。一般认为，沉淀的形成要经过晶体成核、长大、成熟和老化等步骤。沉淀可大致分为晶形沉淀和非晶形沉淀两大类。非晶形沉淀又称为无定形沉淀或胶状沉淀。例如，$BaSO_4$ 是典型的晶形沉淀，$Fe_2O_3 \cdot nH_2O$ 是典型的无定形沉淀，$AgCl$ 则介于前两者之间。

成核作用指在细微颗粒上发生沉淀作用，这些细微颗粒便称为晶核或晶种。如果不引入核，通常需要在溶液中达到几十倍的过饱和度（即溶液中相关离子浓度的乘积为溶度积常数的几十倍）才能触发沉淀反应。如果核是沉淀成分的分子或离子簇，称为均相成核作用；如果核是外来添加颗粒，则称为非均相成核作用。由于水中含有各种各样的细微颗粒，因此大多数成核为非均相成核。从不规则的溶液离子到形成有规则的固体颗粒，需要消耗能量，因此溶液需要过饱和。此外，在结构相似的表面上形成晶体时，其所需要的自由能较少，因此当外来颗粒表面结构与沉淀本身相似时，容易形成沉淀。

晶体长大过程指溶液中的相关离子在核上不断沉积长大的过程，这一过程通常是沉淀过程的决定性步骤。因此，这一过程的快慢能够决定水处理的效率。晶核生长的速率与溶液的浓度、温度、晶核的粒度大小和表面状况等因素有关。晶体成长速率可用下式表示：

$$\frac{\mathrm{d}c}{\mathrm{d}t}=-kS(c-c^*)^n \tag{5-1}$$

式中 $\dfrac{\mathrm{d}c}{\mathrm{d}t}$——晶体成长速率；

k——速率常数；

S——固体表面积；

c——溶液中相关离子的实际浓度；

c^*——溶液中相关离子的饱和浓度；

n——常数，当溶液中离子沉积到晶体表面的过程以扩散速率为决定因素时，$n=1$。

从上述公式可知，当固体表面积越大，实际浓度越高时，晶体成长速率越快。

成熟和老化常常是同时进行的。成熟指固体从小颗粒变成大颗粒的过程。由于小颗粒比大颗粒有更高的表面能，与小颗粒相平衡的溶液（浓度为 c_1）要比与大颗粒相平衡的溶液（浓度为 c_2）浓度高，即 $c_1>c_2$。因此，c_1 对于大颗粒来说是过饱和的，大颗粒可以不断长大；c_2 对于小颗粒来说是未饱和的，小颗粒可以不断溶解。老化指固体组成或其他方面的特征进一步稳定的过程。一开始形成的固体可能不是最稳定的相，经过一段时间后会变成稳定状态的晶体，使溶液浓度进一步降低，因为稳定状态的晶体一般具有更低的溶解度。

5.1.2   溶解过程

在一定温度下，将难溶强电解质置于水中时，固体表面的少数分子或离子会在水分子的作用下逐渐进入水中，这个过程称为溶解。固体物质的溶解实际上是沉淀（或结晶）的逆过程，溶解速率与固体物质性质、接触界面、溶剂性质、搅拌强度及温度等条件有关。溶解过程主要受限于溶解的物种离开固体表面的扩散速率，因此溶解速率可由下式表示：

$$\frac{\mathrm{d}c}{\mathrm{d}t}=kS(c-c^*) \tag{5-2}$$

式中符号的意义与晶体成长速率公式相同。同样，从式(5-2)可知，当固体表面积越大、相关离子的实际浓度越低时，固体物质的溶解速率越快。

在固-液体系中，固体物质的溶解和溶解溶质的沉淀是两个方向相反的过程。当体系中固体物质的溶解速率和沉淀速率相等时，即达到沉淀-溶解平衡。但这一平衡状态是动态的、暂时的。如果条件改变，则沉淀-溶解的平衡点可能向溶解方向或沉淀方向移动。

沉淀-溶解作用属于非均相体系的化学过程。采用动力学方法处理简单的非均相体系中沉淀-溶解过程的速率问题，通常能够得到准确的结果。但在复杂的反应体系或真实环境中，影响沉淀和溶解的因素较为复杂，有时还要引用地质化学等方面的数据。因此，式（5-1）和式（5-2）不一定适用。此外，在水处理工艺中，有时需要应用某些化学过程的反应速率确定若干工艺流程的设计参数（如防垢处理设计，需掌握特定条件下 $CaCO_3$ 的生长或溶解速率等），对此应根据能反映该工艺特点的试验数据，提出计算反应速率的专用数学模型。

5.2　溶度积与溶解度

5.2.1　标准溶度积

在一定温度下，将难溶电解质放入水中时，就会发生溶解和沉淀这两个过程。绝对不溶的物质是不存在的，这意味着尽管难溶电解质难以溶解，依然会有少部分溶解成阴阳离子进入溶液，同时部分阴阳离子又会在固体表面沉积下来。任何难溶电解质的溶解和沉淀过程都是可逆的。在一定条件下，当沉淀和溶解速率相等时，即难溶电解质的沉淀-溶解达到平衡状态，此时的平衡常数称为溶度积常数（沉淀溶解平衡常数），简称溶度积，用符号 K_{sp}［sp 为溶度积（solubility product）的缩写］表示。

对于 M_mA_n 型的难溶强电解质，其溶解平衡为

$$M_mA_n \rightleftharpoons mM^{n+} + nA^{m-} \tag{5-3}$$

根据化学平衡原理，因为 M_mA_n 为固体，$c(M_mA_n)$ 可视为一个常数，则溶度积 K_{sp} 表示为

$$K_{sp}(M_mA_n) = [c(M^{n+})]^m [c(A^{m-})]^n \tag{5-4}$$

现以难溶电解质 AgCl 为例，其溶解平衡可以表示为

$$AgCl \rightleftharpoons Ag^+ + Cl^- \tag{5-5}$$

该平衡的平衡常数为

$$K_{sp}(AgCl) = [Ag^+][Cl^-] \tag{5-6}$$

因此，AgCl 的溶度积是饱和溶液中［Ag^+］与［Cl^-］的乘积，离子浓度的单位为 mol/L。

亦可写成

$$K_{sp}(AgCl) = \{Ag^+\}\{Cl^-\} \tag{5-7}$$

对于 Ag_2CrO_4，溶解与沉淀达到平衡后，

$$Ag_2CrO_4 \rightleftharpoons 2Ag^+ + CrO_4^{2-} \tag{5-8}$$

溶度积的表达式为

$$K_{sp}(Ag_2CrO_4) = [c(Ag^+)]^2 [c(CrO_4^{2-})] \quad 或 \quad K_{sp}(Ag_2CrO_4) = \{Ag^+\}^2\{CrO_4^{2-}\} \tag{5-9}$$

金属氢氧化物固体的溶解反应及其平衡常数表达式为

$$Me(OH)_n(s) \rightleftharpoons Me^{n+} + nOH^- \tag{5-10}$$

$$K_{sp} = \frac{[Me^{n+}][OH^-]^n}{[Me(OH)_n(s)]} = [Me^{n+}][OH^-]^n \qquad (5-11)$$

水化学中常用的溶度积见表 5-1。

表 5-1 溶度积 （298K）

化学式	K_{sp}	化学式	K_{sp}
AgBr	5.3×10^{-13}	$FeCO_3$	3.1×10^{-11}
AgCl	1.8×10^{-10}	$Fe(OH)_2$	4.9×10^{-17}
Ag_2CO_3	8.3×10^{-12}	$Fe(OH)_3$	2.8×10^{-39}
Ag_2CrO_4	1.1×10^{-12}	HgI_2	2.8×10^{-29}
AgCN	5.9×10^{-17}	$HgCO_3$	3.7×10^{-17}
$Ag_2C_2O_4$	5.3×10^{-12}	$HgBr_2$	6.3×10^{-20}
AgI	8.3×10^{-17}	Hg_2Cl_2	1.4×10^{-18}
Ag_3PO_4	8.7×10^{-17}	Hg_2CrO_4	2.0×10^{-9}
Ag_2SO_4	1.2×10^{-5}	Hg_2I_2	5.3×10^{-29}
AgSCN	1.0×10^{-12}	Hg_2SO_4	7.9×10^{-7}
$Al(OH)_3$	1.3×10^{-33}	$MgCO_3$	6.8×10^{-6}
$BaCO_3$	2.6×10^{-9}	MgF_2	7.4×10^{-11}
$BaCrO_4$	1.2×10^{-10}	$Mg(OH)_2$	5.1×10^{-12}
BaF_2	1.8×10^{-7}	$Mg_3(PO_4)_2$	1.0×10^{-24}
$Ba_3(PO_4)_2$	3.4×10^{-23}	$MnCO_3$	2.2×10^{-11}
$BaSO_4$	1.1×10^{-10}	$Mn(OH)_2$	2.1×10^{-13}
$CaCO_3$	4.9×10^{-9}	$NiCO_3$	1.4×10^{-7}
CaC_2O_4	2.3×10^{-9}	$Ni(OH)_2$	5.0×10^{-16}
CaF_2	1.5×10^{-10}	$Pb(OH)_2$	1.4×10^{-20}
$Ca(OH)_2$	4.6×10^{-6}	$PbCO_3$	1.5×10^{-13}
$CaHPO_4$	1.8×10^{-7}	$PbBr_2$	6.6×10^{-6}
$Ca_3(PO_4)_2$	2.1×10^{-33}	$PbCl_2$	1.7×10^{-5}
$CaSO_4$	7.1×10^{-5}	$PbCrO_4$	2.8×10^{-13}
$Cd(OH)_2$	5.3×10^{-15}	PbI_2	8.4×10^{-9}
$Co(OH)_2$	2.3×10^{-16}	$PbSO_4$	1.8×10^{-8}
$Co(OH)_3$	1.6×10^{-44}	$Sn(OH)_2$	5.0×10^{-27}
$Cr(OH)_3$	6.3×10^{-31}	$Sn(OH)_4$	1.0×10^{-56}
CuBr	6.9×10^{-9}	$SrCO_3$	5.6×10^{-10}
CuCl	1.9×10^{-7}	$SrCrO_4$	2.2×10^{-5}
CuCN	3.5×10^{-20}	$SrSO_4$	3.4×10^{-7}
CuI	1.2×10^{-12}	$ZnCO_3$	1.2×10^{-10}
$CuCO_3$	1.4×10^{-10}	$Zn(OH)_2$	6.8×10^{-17}
$Cu(OH)_2$	2.2×10^{-20}		

5.2.2 条件溶度积

在一定温度下，难溶物质在纯水中的溶度积是一定的，其大小取决于本身性质。当外界条件变化时，比如 pH 值改变或存在配位剂的情况下，除沉淀-溶解平衡中的主反应外，还有副反应发生。考虑这些影响时的溶度积称为条件溶度积。在很多实际情况中，测得的是各种存在形态的总浓度，而不单是游离离子的浓度，以总浓度表达的溶度积即为条件溶度积。

现以难溶强电解质 MA 为例，在一定温度下，建立下列平衡：

$$MA \rightleftharpoons M^+ + A^-　　　　　　(5-12)$$

根据化学平衡原理，该平衡的条件溶度积可表示为：

$$P_s = c_{T,M} \times c_{T,A}　　　　　　(5-13)$$

式中　P_s——条件溶度积；

$c_{T,M}$——含 M 所有物种的总浓度；

$c_{T,A}$——含 A 所有物种的总浓度。

由于

$$[M^+] = \alpha_{M^+} \times c_{T,M}　　　　　　(5-14)$$

$$[A^-] = \alpha_{A^-} \times c_{T,A}　　　　　　(5-15)$$

式中　α_{M^+}——M^+ 占 $c_{T,M}$ 的比例系数；

α_{A^-}——A^- 占 $c_{T,A}$ 的比例系数。

因此

$$K_{sp} = [M^+][A^-] = (\alpha_{M^+} \times c_{T,M})(\alpha_{A^-} \times c_{T,A}) = \alpha_{M^+} \times \alpha_{A^-} \times P_s　　(5-16)$$

即

$$P_s = \frac{K_{sp}}{\alpha_{M^+} \times \alpha_{A^-}}　　　　　　(5-17)$$

α_{M^+} 和 α_{A^-} 随 pH 值等条件的变化而变化。条件溶度积，也就是特定条件下的溶度积，在实际中非常有用。

5.2.3 溶解度

在一定温度下，某固态物质在 100g 溶剂中达到饱和状态时所溶解的质量，被称为该物质在该溶剂中的溶解度。物质的溶解度属于物理性质，用字母 s 表示。在未注明的情况下，溶解度通常指的是物质在水里的溶解度。例如，在 20℃下，100g 水里最多溶解 0.165g 氢氧化钙，溶液就饱和了，因此氢氧化钙在 20℃时的溶解度就是 0.165g，也可以写成 0.165g/100g 水。又如，在 20℃时，要使 100g 水达到饱和状态，需溶解 36g 食盐或 203.9g 蔗糖，则食盐和蔗糖在 20℃时的溶解度就分别是 36g 和 203.9g，也可以写成 36g/100g 水和 203.9g/100g 水。为了方便计算，溶解度通常还以每升溶液中溶解的物质的量（即物质的量浓度）表示。

以难溶强电解质 MA 为例，设 MA 的溶解度为 s（mol/L），则

$$s=[M^+]=[A^-] \tag{5-18}$$

$$[M^+][A^-]=K_{sp}(MA) \tag{5-19}$$

$$s^2=K_{sp}(MA) \tag{5-20}$$

$$s=\sqrt{K_{sp}(MA)} \tag{5-21}$$

通过以上关系式，只要知道难溶强电解质的溶度积，就能计算得到该物质的溶解度。反之，如果知道某温度下难溶强电解质的溶解度，也可以计算该物质在此温度下的溶度积。

5.3　溶度积规则及其应用

5.3.1　溶度积规则

难溶电解质的多相离子平衡是一种动态平衡。当条件改变时，既可能使溶液中的离子生成沉淀，又可能导致固体溶解。对于给定的难溶电解质，在一定条件下沉淀能否生成或溶解，可从反应商 Q 与溶度积的比较来判断。

现以难溶强电解质 A_nB_m 为例，在一定温度下，建立下列平衡：

$$A_nB_m \rightleftharpoons nA^{m+}+mB^{n-} \tag{5-22}$$

反应商 Q 的表达式为：

$$Q=[c(A^{m+})]^n[c(B^{n-})]^m \tag{5-23}$$

根据平衡移动原理，对 Q 和 K_{sp} 进行比较，可以得到以下规则：

① $Q<K_{sp}$，不饱和溶液，无沉淀析出，反应向沉淀溶解的方向进行，直到溶液饱和；
② $Q=K_{sp}$，饱和溶液，达到沉淀-溶解平衡状态；
③ $Q>K_{sp}$，过饱和溶液，有沉淀析出，直到溶液饱和。

以上规则称为溶度积规则。根据溶度积规则，可判断某一沉淀物在一定条件下能否生成或溶解。

5.3.2　沉淀的溶解

根据溶度积规则，要使沉淀溶解，必须降低该难溶强电解质饱和溶液中构晶离子的浓度，以使 $Q<K_{sp}$。具体措施可分为两大类。

5.3.2.1　利用酸碱反应、配位反应等生成难解离物质使沉淀溶解

在难溶强电解质饱和溶液中，可以添加酸、配位剂等物质，这些物质与构晶离子反应生成难解离物质，从而降低构晶离子的浓度，促使沉淀溶解。例如 H_2O 的生成促使 $Mg(OH)_2$ 沉淀溶解（图 5-1）。由于难解离的 H_2O 的生成，OH^- 浓度减小，$Q<K_{sp}$，平衡右移，因而 $Mg(OH)_2$ 沉淀溶解。

又如图 5-2，由于难解离的 $NH_3 \cdot H_2O$ 的生成，OH^- 浓度减小，$Q < K_{sp}$，平衡右移，因而 $Mg(OH)_2$ 沉淀溶解。

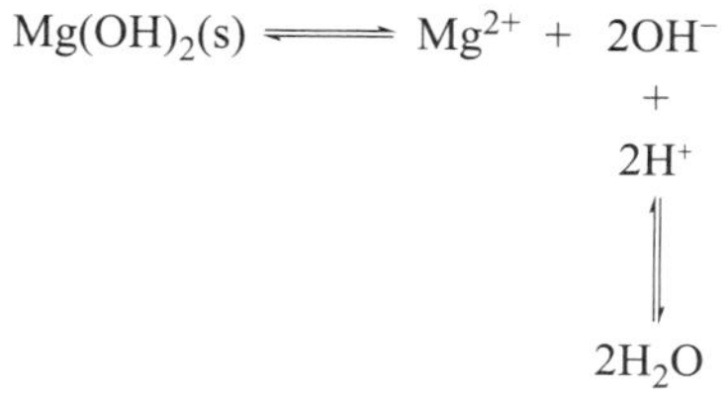

$$Mg(OH)_2(s) \rightleftharpoons Mg^{2+} + 2OH^-$$
$$+$$
$$2H^+$$
$$\big\updownarrow$$
$$2H_2O$$

$$Mg(OH)_2(s) \rightleftharpoons Mg^{2+} + 2OH^-$$
$$+$$
$$2NH_4^+$$
$$\big\updownarrow$$
$$2NH_3 \cdot H_2O$$

图 5-1　H_2O 的生成促使 $Mg(OH)_2$ 沉淀溶解 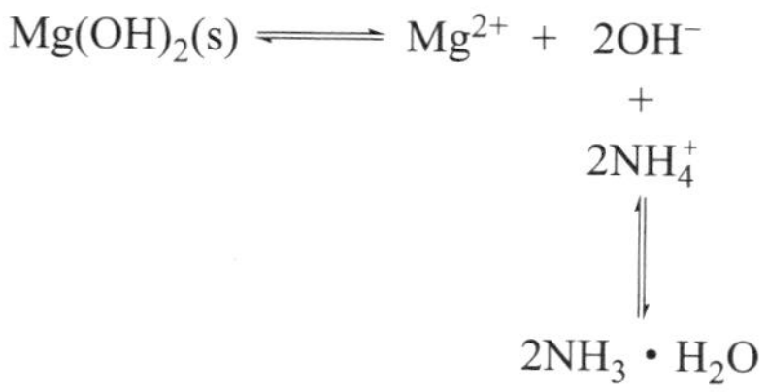　　图 5-2　$NH_3 \cdot H_2O$ 的生成促使 $Mg(OH)_2$ 沉淀溶解

再如图 5-3，由于难解离的 H_2CO_3 的生成和 CO_2 气体的逸出，CO_3^{2-} 浓度减小，$Q <$ K_{sp}，平衡右移，因而 $CaCO_3$ 沉淀溶解。

再比如图 5-4，由于难解离的 $[Ag(NH_3)_2]^+$ 的生成，Ag^+ 浓度减小，$Q < K_{sp}$，平衡右移，因而 $AgCl$ 沉淀溶解。

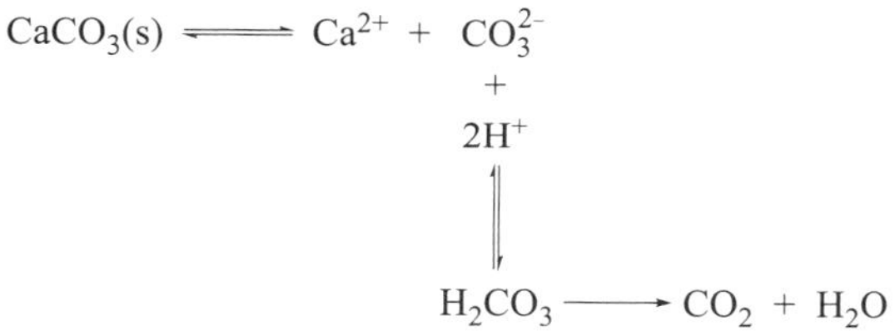

$$CaCO_3(s) \rightleftharpoons Ca^{2+} + CO_3^{2-}$$
$$+$$
$$2H^+$$
$$\big\updownarrow$$
$$H_2CO_3 \longrightarrow CO_2 + H_2O$$

$$AgCl(s) \rightleftharpoons Ag^+ + Cl^-$$
$$+$$
$$2NH_3$$
$$\big\updownarrow$$
$$[Ag(NH_3)_2]^+$$

图 5-3　H_2CO_3 的生成促使 $CaCO_3$ 沉淀溶解 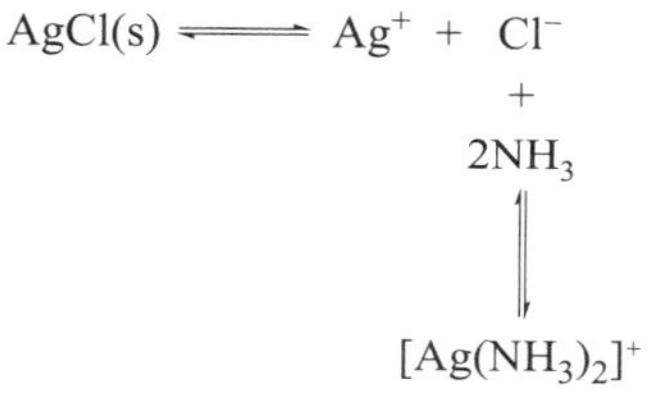　　图 5-4　$[Ag(NH_3)_2]^+$ 的生成促使 $AgCl$ 沉淀溶解

5.3.2.2　利用氧化还原反应使沉淀溶解

金属硫化物如 CuS、PbS 等，由于 K_{sp} 值特别小，不溶于盐酸。若加入稀硝酸，则由于 S^{2-} 被氧化为 S，溶液中 S^{2-} 浓度减小，$Q < K_{sp}$，平衡右移，因而 CuS 沉淀溶解（图 5-5）。

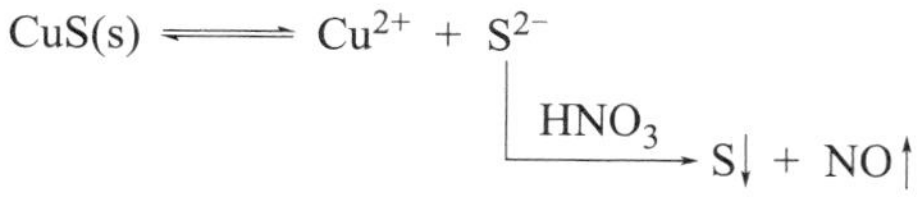

$$CuS(s) \rightleftharpoons Cu^{2+} + S^{2-}$$
$$\big\downarrow {\scriptstyle HNO_3}$$
$$S\downarrow + NO\uparrow$$

图 5-5　氧化还原反应促使 CuS 沉淀溶解

5.3.3　分步沉淀

分步沉淀是指混合溶液中不同离子发生先后沉淀的现象。实际沉淀过程中，溶液中通常含有多种可被沉淀的离子，而加入某一种沉淀试剂时，其可能会分别与溶液中的多种离子发生反应而产生沉淀。这种情况下，了解沉淀的顺序以及沉淀的程度等变得非常关键。思考以下问题：某溶液含有 $0.010\,mol/L$ 的 I^- 和 $0.010\,mol/L$ 的 Cl^-，现向其中逐滴加入 $AgNO_3$ 溶液，会出现什么现象？（$K_{sp,AgCl} = 1.77 \times 10^{-10}$，$K_{sp,AgI} = 8.51 \times 10^{-17}$）

$AgCl$ 和 AgI 开始出现沉淀时，Ag^+ 的浓度分别可以通过下式计算：

$$[Ag^+] = \frac{K_{sp,AgCl}}{[Cl^-]} = \frac{1.77 \times 10^{-10}}{0.010} = 1.77 \times 10^{-8} \,(mol/L) \tag{5-24}$$

$$[Ag^+] = \frac{K_{sp,AgI}}{[I^-]} = \frac{8.51 \times 10^{-17}}{0.010} = 8.51 \times 10^{-15} (mol/L) \tag{5-25}$$

AgI 开始沉淀时 Ag^+ 的浓度为 8.51×10^{-15} mol/L，而 AgCl 开始沉淀时 Ag^+ 的浓度为 1.77×10^{-8} mol/L。因此可以观察到随着 $AgNO_3$ 逐滴加入，溶液中先出现黄色沉淀 AgI，之后出现白色沉淀 AgCl，这是一个典型的分步沉淀过程。

同一类型的难溶电解质，在离子浓度相同或相近的情况下，溶解度较小的难溶电解质首先达到溶度积而析出沉淀。分步沉淀的次序不仅和溶度积有关，还和溶液中对应离子的浓度相关。例如，在上例中，如果 Cl^- 的浓度远大于 I^- 的浓度，那么沉淀顺序又该如何？

若要溶液中同时出现 AgCl 和 AgI 沉淀，溶液中的 Ag^+、Cl^- 和 I^- 需要满足以下平衡条件：

$$[Ag^+] = \frac{K_{sp,AgI}}{[I^-]} = \frac{K_{sp,AgCl}}{[Cl^-]} \tag{5-26}$$

$$\frac{[Cl^-]}{[I^-]} = \frac{K_{sp,AgCl}}{K_{sp,AgI}} = \frac{1.77 \times 10^{-10}}{8.51 \times 10^{-17}} = 2.08 \times 10^6 \tag{5-27}$$

因此，溶液中 $[Cl^-] \geqslant 2.08 \times 10^6 [I^-]$ 时，首先沉淀出 AgCl。由此可见，只要适当改变被沉淀离子的浓度，就可以使分步沉淀的顺序发生变化。

同一类型难溶电解质的溶度积差别越大，利用分步沉淀方法分离这些难溶电解质的效果就越好。金属硫化物溶解遵循以下平衡方程：

$$MS(s) + 2H^+(aq) \xrightarrow{K} M^{2+}(aq) + H_2S(aq) \tag{5-28}$$

$$K = \frac{[M^{2+}][H_2S]}{[H^+]^2} = \frac{[M^{2+}][S^{2-}]}{1} \times \frac{[H_2S]}{[H^+]^2[S^{2-}]} = K_{sp}(K_{a_1})^{-1}(K_{a_2})^{-1} \tag{5-29}$$

$$[M^{2+}] = \frac{K[H^+]^2}{[H_2S]} \tag{5-30}$$

因此，难溶金属硫化物的溶解度受两个主要因素的影响，即硫化物的溶度积大小和酸度。

【例 5-1】 某溶液中 Zn^{2+} 和 Pb^{2+} 含量均为 0.2mol/L，在室温下通入 H_2S 气体使之饱和，然后加入盐酸控制离子浓度，pH 调到何值时，才会只产生 PbS 沉淀而不产生 ZnS 沉淀？($K_{sp,PbS} = 4.0 \times 10^{-26}$，$K_{sp,ZnS} = 1.0 \times 10^{-20}$)

解： pH 可通过影响 S^{2-} 的浓度，进而影响沉淀的生成。

$$H_2S(aq) \rightleftharpoons H^+(aq) + HS^-(aq)$$

$$HS^-(aq) \rightleftharpoons H^+(aq) + S^{2-}(aq)$$

$$K_{a_1} = \frac{[H^+][HS^-]}{[H_2S]}$$

$$K_{a_2} = \frac{[H^+][S^{2-}]}{[HS^-]}$$

$$K_{a_1} K_{a_2} = \frac{[H^+]^2[S^{2-}]}{[H_2S]}$$

只产生 PbS 沉淀而不产生 ZnS 沉淀时，S^{2-} 的浓度需要满足如下条件：

$$\frac{K_{sp,PbS}}{[Pb^{2+}]} \leqslant [S^{2-}] \leqslant \frac{K_{sp,ZnS}}{[Zn^{2+}]}$$

$$2.0\times10^{-25}\,\text{mol/L}\leqslant[\text{S}^{2-}]\leqslant5.0\times10^{-20}\,\text{mol/L}$$

$$2.0\times10^{-25}\,\text{mol/L}\leqslant K_{a_1}K_{a_2}\frac{[\text{H}_2\text{S}]}{[\text{H}^+]^2}\leqslant5.0\times10^{-20}\,\text{mol/L}$$

$$0.0469\,\text{mol/L}\leqslant[\text{H}^+]\leqslant23.45\,\text{mol/L}$$

因此，当 $[\text{H}^+]\geqslant0.0469\,\text{mol/L}$ 时，该溶液不会生成 ZnS 沉淀；而当 $[\text{H}^+]\leqslant23.45\,\text{mol/L}$ 时，该溶液会生成 PbS 沉淀，显然，溶液中 H$^+$ 的浓度很难达到 23.45mol/L。所以，控制溶液 pH≤1.33（即 $[\text{H}^+]\geqslant0.0469\,\text{mol/L}$），可以实现只产生 PbS 沉淀而不产生 ZnS 沉淀。

5.3.4　沉淀的转化

有些沉淀既不溶于水也不溶于酸，且无法用配位溶解和氧化还原溶解的方法进行直接溶解，此时可通过将这种难溶电解质转化为另一种难溶电解质的方法使其溶解。这种把一种沉淀转化为另一种沉淀的过程，称为沉淀的转化。通常来说，溶解度大的沉淀转化为溶解度小的沉淀时，沉淀转化的平衡常数一般比较大，转化相对容易。溶解度较小的沉淀转化为溶解度较大的沉淀，平衡常数通常较小，转化通常更为困难，但在一定条件下也能够实现。如 BaCO$_3$ 向 BaCrO$_4$ 转化（$K_{\text{sp,BaCO}_3}=8.0\times10^{-9}$，$K_{\text{sp,BaCrO}_4}=2.4\times10^{-10}$），向盛有 BaCO$_3$ 白色粉末的试管中加入黄色的 K$_2$CrO$_4$ 溶液，充分搅拌后溶液呈无色，同时沉淀也从白色转变为淡黄色（BaCrO$_4$ 沉淀）。当两种同类难溶强电解质的 K_{sp} 相差不大时，通过控制离子浓度，K_{sp} 小的沉淀也可以向 K_{sp} 大的沉淀转化。例如，某溶液中既有 BaCO$_3$ 沉淀，又有 BaCrO$_4$ 沉淀时，则

$$[\text{Ba}^{2+}]=\frac{K_{\text{sp,BaCO}_3}}{[\text{CO}_3^{2-}]}=\frac{K_{\text{sp,BaCrO}_4}}{[\text{CrO}_4^{2-}]}\tag{5-31}$$

$$\frac{[\text{CO}_3^{2-}]}{[\text{CrO}_4^{2-}]}=\frac{K_{\text{sp,BaCO}_3}}{K_{\text{sp,BaCrO}_4}}=33.33\tag{5-32}$$

因此，当 $\dfrac{[\text{CO}_3^{2-}]}{[\text{CrO}_4^{2-}]}\geqslant33.33$ 时，淡黄色的 BaCrO$_4$ 沉淀可以转化为白色的 BaCO$_3$ 沉淀。

5.4　沉淀-溶解平衡的影响因素

沉淀-溶解反应达到平衡时，宏观上反应不再进行，但是微观上正、逆反应仍在进行，并且两者的速率相等。影响反应速率的外界因素，如浓度、压力和温度等对沉淀-溶解平衡也会产生影响。当外界条件改变时，可能导致向某一方向进行的反应速率大于向相反方向进行的速率，平衡状态被破坏，直到正、逆反应速率再次相等，此时系统的组成已发生变化，建立起与新条件相适应的新平衡。这种因外界条件改变而使化学反应发生平衡状态转变的现象叫作化学平衡的移动。

化学平衡移动的规律可以概括为当改变平衡系统的某一条件（如浓度、压力或温度）

时，平衡会朝着减弱这种改变的方向移动，该定性规则被称为勒夏特列原理（Le Chatelier principle）。由此可知，当改变生成物浓度时会明显影响沉淀-溶解平衡。当增大生成物浓度时，反应逆向进行，即生成沉淀；当减小生成物浓度时，反应正向进行，即沉淀溶解。显然，若生成物包含氢氧根离子（OH^-），这意味着改变体系的 pH 值也是改变生成物浓度，会造成体系平衡的移动。

难溶强电解质的溶解度除与其本身性质有关（体现为不同难溶强电解质有不同的溶度积）外，还受多种外部因素的影响。如将易溶电解质加入难溶电解质的饱和溶液中，会导致难溶电解质的溶解度与其在纯水中的溶解度产生差异。易溶电解质的存在对难溶电解质溶解度的影响是多方面的，下面分别讨论各主要因素的影响。

5.4.1   同离子效应

在难溶强电解质的饱和溶液中加入与该电解质有相同离子的易溶强电解质时，会导致难溶强电解质的溶解度减小，这一现象被称为同离子效应。同离子效应可从化学平衡移动的观点来解释难溶电解质溶解度的降低。因此，当应用沉淀反应分离溶液中的离子时，为了使离子沉淀得更加完全，往往需要加入适当过量的沉淀剂。例如，为了使 Ba^{2+} 尽可能完全地生成 $BaSO_4$ 沉淀，就不能仅仅按沉淀反应所需的量加入 Na_2SO_4，而应当加入适当过量的 Na_2SO_4。在有过量的 Na_2SO_4 的条件下，体系中存在同离子效应，溶液中的 Ba^{2+} 就可以沉淀得更为彻底。但在实际应用中，加入沉淀试剂过多时，不仅不会产生明显的同离子效应，往往还会因其他副反应的发生反而使得沉淀的溶解度增大。这一现象与我们将要讨论的盐效应有关。

5.4.2   盐效应

在难溶强电解质的饱和溶液中加入不具备相同离子的易溶强电解质时，会导致难溶强电解质的溶解度比其在纯水中的溶解度大，这一现象称为盐效应。例如，AgCl 或 $BaSO_4$ 沉淀在 KNO_3 溶液中的溶解度比其在纯水中的大，KNO_3 的浓度越大，AgCl 和 $BaSO_4$ 沉淀的溶解度也越大，如图 5-6 所示。加入易溶强电解质后，溶液中的各种离子总浓度增大，增强了离子间的静电作用，Ag^+ 周围存在更多阴离子（NO_3^-），形成了"离子氛"。同时，在 Cl^- 周围有更多的阳离子（K^+），这使 Ag^+ 和 Cl^- 受到较强的牵引作用，降低了它们在体系里的有效浓度。因此，单位时间内 Ag^+ 和 Cl^- 与沉淀表面的碰撞次数减少，导致沉淀过程变慢，难溶电解质的溶解速率大于沉淀速率，平衡向溶解方向移动。难溶电解质的溶度积较小时，盐效应的影响也会很小，计算中一般可忽略盐效应的影响；然而，当难溶电解质的溶度积较大，溶液中各种离子的总浓度也较大时，则应考虑盐效应的影响。值得注意的是，同离子效应发生的同

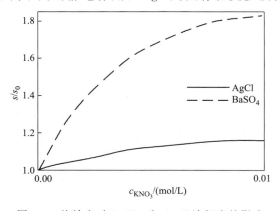

图 5-6   盐效应对 $BaSO_4$ 和 AgCl 溶解度的影响

时，也会发生盐效应，只不过这时同离子效应的影响更大，所以沉淀的溶解度减小。

5.4.3　酸碱效应

沉淀解离度会受溶液酸碱度的影响，这一现象称为酸碱效应。产生酸碱效应的原因是沉淀解离出来的构晶离子会与溶液中的 H^+ 或 OH^- 反应，生成了难解离的物质，从而降低了构晶离子的浓度，使沉淀-溶解平衡向溶解的方向移动，沉淀的溶解度增大。酸碱效应的影响可用图 5-7 表示。

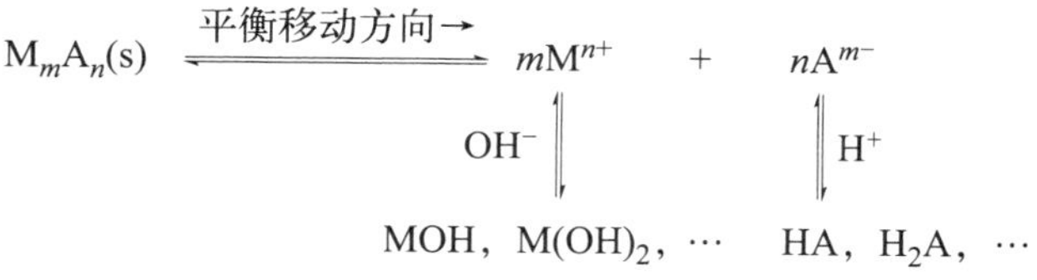

图 5-7　酸碱效应的影响示意图 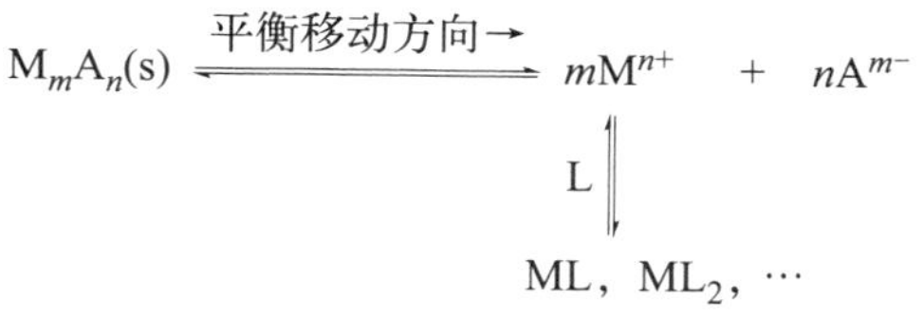　　　　图 5-8　配位效应的影响示意图

5.4.4　配位效应

沉淀解离出来的构晶离子会参与配位反应，导致沉淀的溶解度增大，这一现象称为配位效应。沉淀-溶解平衡时，配位效应生成的稳定配合物会降低构晶离子的浓度，使沉淀-溶解平衡向溶解的方向移动，沉淀的溶解度增大。配位效应的影响可用图 5-8 表示。

例如，向 AgCl 沉淀中加入过量的 HCl，可以生成配离子 $AgCl_2^-$，导致 AgCl 沉淀的溶解度增大，甚至能够溶解。配位作用对沉淀溶解度的影响与配位剂的浓度及配合物的稳定性有关。配位剂的浓度越大，生成的配合物便越稳定，沉淀的溶解度也就越大。

【例 5-2】　在 25℃和 pH＝9 的条件下，考虑 Cd^{2+} 与羟基形成配合物的影响时，$Cd(OH)_2$ 的溶解度如何变化？（不考虑离子强度的影响）

解： $Cd(OH)_2$ 的 K_{sp} 值如下。

$$Cd(OH)_2(s) \rightleftharpoons Cd^{2+} + 2OH^- \qquad lgK_{sp} = -13.65$$
$$Cd(OH)_2(s) \rightleftharpoons Cd(OH)^+ + OH^- \qquad lgK_{s1} = -9.49$$
$$Cd(OH)_2(s) \rightleftharpoons Cd(OH)_2(aq) \qquad lgK_{s2} = -9.42$$
$$Cd(OH)_2(s) + OH^- \rightleftharpoons Cd(OH)_3^- \qquad lgK_{s3} = -12.97$$
$$Cd(OH)_2(s) + 2OH^- \rightleftharpoons Cd(OH)_4^{2-} \qquad lgK_{s4} = -13.97$$

则

$$\begin{aligned}
\left[c_{T,Cd}\right]_{act} &= [Cd^{2+}] + [Cd(OH)^+] + [Cd(OH)_2](aq) + [Cd(OH)_3^-] + [Cd(OH)_4^{2-}] \\
&= 10^{-3.65} + 10^{-4.49} + 10^{-9.42} + 10^{-17.97} + 10^{-23.97} \\
&= 2.56 \times 10^{-4} (mol/L)
\end{aligned}$$

若不考虑配合物的影响，则

$$[Cd^{2+}] = 10^{-3.65} = 2.24 \times 10^{-4} (mol/L)$$

因此考虑羟基配合物的影响，$Cd(OH)_2$ 的溶解度增加了：

$$\frac{(2.56-2.24)\times10^{-4}}{2.24\times10^{-4}}=14\%$$

如果水中 Cl^- 浓度较高，还应考虑形成 $CdCl^+$、$CdCl_2$、$CdCl_3^-$、$CdCl_4^{2-}$ 等配合物的影响，海水中的 Cl^- 浓度高达 $20g/L(0.56mol/L)$，此时 $Cd(OH)_2$ 的溶解度可增加 100 多倍。

5.4.5 其他因素

沉淀的溶解反应大部分为吸热反应，因此许多无机盐类的溶解度随温度升高而增大，但天然水中有几种重要的化合物（如 $CaCO_3$、$CaSO_4$），随着温度升高，其溶解度却降低。温度的变化会引起平衡常数的改变，从而使化学平衡发生移动。温度对平衡的影响可用范特霍夫方程描述：

$$\ln\frac{K_2}{K_1}=\frac{\Delta_r H_m}{R}\left(\frac{1}{T_1}-\frac{1}{T_2}\right) \tag{5-33}$$

式中 K_1——温度为 T_1 时的平衡常数；

$\quad\quad K_2$——温度为 T_2 时的平衡常数；

$\quad\quad \Delta_r H_m$——可逆反应的摩尔焓变。

将上式整理得

$$\ln\frac{K_2}{K_1}=\frac{\Delta_r H_m}{R}\times\frac{T_2-T_1}{T_1 T_2} \tag{5-34}$$

从中可以看出，温度对平衡常数的影响与 $\Delta_r H_m$ 有关。

对于放热反应，$\Delta_r H_m<0$，温度升高时（$T_2>T_1$），可知 $K_1>K_2$，即平衡常数随着温度升高而减小，升温使平衡逆向移动，即反应向吸热方向进行；而当温度降低时，平衡向正向移动，即向放热方向移动。对于吸热反应，$\Delta_r H_m>0$，温度升高时（$T_2>T_1$），可知 $K_1<K_2$，即平衡常数随着温度升高而升高，升温使平衡正向移动，即反应向吸热方向进行；而当温度降低时，平衡向逆向移动，即向放热方向进行。

除了以上主要影响因素外，若在水溶液中加入与水能混溶的有机溶剂，也可以显著降低沉淀的溶解度。例如，$CaSO_4$ 在水中的溶解度较大，一般情况下难以析出沉淀。但若加入乙醇，则可使 $CaSO_4$ 溶解度大大降低，沉淀完全析出。对于同一种沉淀，颗粒越小，溶解度越大；颗粒越大，溶解度越小。此外，在进行沉淀反应时，如果操作不当，常常会使已形成的胶体沉淀重新分散于溶液中，这一胶溶现象会导致沉淀反应无法有效进行。因此，为了避免这种现象发生，在进行胶体沉淀时往往加入大量的强电解质，以促使胶粒聚沉。

5.5 水环境中典型物质的沉淀-溶解平衡

沉淀和溶解是污染物在水环境中迁移的重要途径。通常，金属化合物在水中的迁移能力可以通过其溶解度来定量衡量。溶解度小者，迁移能力小；溶解度大者，迁移能力大。天然水中各种矿物的溶解度和沉淀作用也遵守溶度积规则。在沉淀和溶解现象的研究中，平衡关系和反应速率都很重要。知道平衡关系就可预测污染物溶解或沉淀作用的方向，并计算平衡时溶解或沉淀的量。但是平衡计算所得结果经常与实际观测值相差甚远，造成这种差别的原因很多，主要是自然环境中非均相沉淀-溶解过程的影响因素较为复杂：①某些非均相平衡进行缓慢，在动态环境下不易达到平衡；②根据热力学原理预测的给定条件下的稳定固相不一定就是实际情况下形成的相，例如硅在生物作用下可沉淀为蛋白石，它可进一步转变为更稳定的石英，但是这种反应进行得十分缓慢且常需要高温；③可能存在过饱和现象，即物质的溶解量超过了其溶解度的极限值；④固体溶解所产生的离子可能在溶液中进一步发生反应；⑤引自不同文献的平衡常数有差异等。

水环境中的金属离子常以氧化物、氢氧化物、硫化物、碳酸盐的形式参与沉淀和溶解反应，而与水体富营养化紧密相关的磷酸根离子极易和铁、铝、钙等离子通过沉淀反应生成难溶性化合物。下面重点介绍水体中的金属氧化物和金属氢氧化物、金属硫化物、金属碳酸盐以及金属磷酸盐的沉淀-溶解平衡。

5.5.1　金属氧化物和金属氢氧化物

金属氧化物沉淀具有多种形态，它们实际上可以被看作金属氢氧化物脱水而成的产物。这类化合物由于直接与 pH 有关，实际涉及水解和羟基氧化物的平衡过程，因此往往复杂多变。

以金属氢氧化物固体 $Me(OH)_z$ 为例，根据其溶解反应［式(5-10)］和溶度积表达式［式(5-11)］，可转换为

$$[Me^{z+}]=K_{sp}/[OH^-]^z=K_{sp}[H^+]^z/K_w^z \tag{5-35}$$

由上式可以进一步推导出式(5-36) 和式(5-37)。

$$-lg[Me^{z+}]=-lgK_{sp}-zlg[H^+]+zlgK_w \tag{5-36}$$

$$-lg[Me^{z+}]=pK_{sp}+zpH-zpK_w \tag{5-37}$$

根据式(5-37)，可以得出溶液中金属离子饱和浓度对数值与 pH 呈线性负相关，直线斜率等于 z。当离子价态为 +3、+2、+1 时，直线斜率分别为 -3、-2 和 -1。当直线纵轴截距为 0 时，即 $-lg[Me^{z+}]=0$ 或 $[Me^{z+}]=1.0mol/L$ 时，相应的 pH 值为

$$pH=14-\frac{1}{z}pK_{sp} \tag{5-38}$$

根据金属氢氧化物的溶度积数值（见表 5-1），可得部分金属氢氧化物的溶解度，见图5-9。由图可以看出，同价金属离子的各线均有相同的斜率。

但是图 5-9 和式(5-37) 所表征的关系并不能准确反映出金属氧化物或氢氧化物的溶解度，还应考虑这些固体与羟基金属离子配合物处于平衡时溶解度的情况。

以 PbO 为例，其配合物反应式及平衡常数分别为

$$PbO(s)+2H^+ \Longrightarrow Pb^{2+}+H_2O \qquad lgK_{s0}=12.7 \tag{5-39}$$

$$PbO(s)+H^+ \Longrightarrow PbOH^+ \qquad lgK_{s1}=5.0 \tag{5-40}$$

$$PbO(s)+H_2O \Longrightarrow Pb(OH)_2 \qquad lgK_{s2}=-4.4 \tag{5-41}$$

$$PbO(s)+2H_2O \Longrightarrow Pb(OH)_3^-+H^+ \qquad lgK_{s3}=-15.4 \tag{5-42}$$

根据式(5-39)～式(5-42)，$[Pb^{2+}]$、$[PbOH^+]$、$[Pb(OH)_2]$、$[Pb(OH)_3^-]$ 是以 pH 为自变量的函数，把所有化合态都结合起来，$[Pb]_T$ 可由下式得出：

$$[Pb]_T = K_{s0}[H^+]^2 + K_{s1}[H^+] + K_{s2} + K_{s3}[H^+]^{-1} \qquad (5-43)$$

由上式可得出，$[Pb]_T$ 的特征线斜率分别为 -2、-1、0、$+1$，进而可得 PbO 的溶解度，见图 5-10。图 5-10 表明，Pb 的氧化物和氢氧化物具有两性的特征。它们和质子、氢氧根离子都发生反应，在特定 pH 值下溶解度达到最低，而在酸性或碱性更强的 pH 范围内，溶解度都增大。

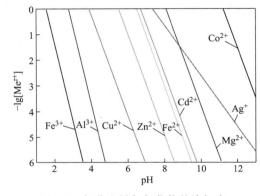

图 5-9　部分金属氢氧化物的溶解度

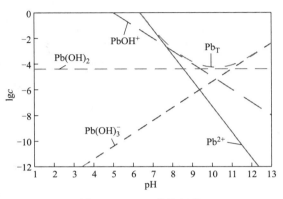

图 5-10　PbO 的溶解度

5.5.2　金属硫化物

金属硫化物是比金属氢氧化物溶度积更小的一类难溶沉淀物，在中性条件下实际上是不溶的。在盐酸中，Fe、Mn、Cd 的硫化物是可溶的，而 Ni、Co 的硫化物是难溶的，Cu、Hg、Pb 的硫化物只有在硝酸中才能溶解。根据表 5-2 可知重金属硫化物的溶度积。当水环境中存在 S^{2-} 时，几乎所有重金属均以难溶金属硫化物形式存在。

表 5-2　重金属硫化物的溶度积 （298K）

化学式	K_{sp}	化学式	K_{sp}
Ag_2S	6.3×10^{-50}	HgS	4.0×10^{-53}
CdS	7.9×10^{-27}	MnS	2.5×10^{-13}
CoS	4.0×10^{-21}	NiS	3.2×10^{-19}
Cu_2S	2.5×10^{-48}	PbS	8.0×10^{-28}
CuS	6.3×10^{-36}	SnS	1.0×10^{-25}
FeS	3.3×10^{-18}	ZnS	1.6×10^{-24}
Hg_2S	1.0×10^{-45}	Al_2S_3	2.0×10^{-7}

以金属硫化物固体 MeS 为例，其溶解反应及其平衡常数表达式为

$$MeS(s) \Longrightarrow Me^{2+} + S^{2-} \qquad (5-44)$$

$$K_{sp} = [Me^{2+}][S^{2-}] \qquad (5-45)$$

在饱和水溶液中，H_2S 浓度为 0.1mol/L，溶于水中的 H_2S 呈二元酸状态，其分级解离方程式及其平衡常数为

$$H_2S \Longrightarrow HS^- + H^+ \qquad K_1 = 8.9\times10^{-8} \qquad (5-46)$$

$$HS^- \Longrightarrow S^{2-} + H^+ \qquad K_2 = 1.3 \times 10^{-15} \tag{5-47}$$

可得

$$[S^{2-}] = K_1 K_2 [H_2 S]/[H^+]^2 \tag{5-48}$$

因此，在硫化氢和硫化物均达到饱和的溶液中，可算出溶液中金属离子的饱和浓度为

$$[Me^{2+}] = K_{sp}/[S^{2-}] = K_{sp}[H^+]^2/(0.1 K_1 K_2) \tag{5-49}$$

需要强调的是，固体硫化物经常以多种晶体形态出现。以 FeS 为例，其晶体形态包括陨硫铁、马基诺矿、磁黄铁矿、非晶体硫化物、硫复铁矿（$Fe_3 S_4$）及含不同杂质成分的 FeS_2（黄铁矿和马克赛石），这对准确计算硫化物溶解度造成了一定的困难。此外，聚硫化物的生成也会干扰硫化物溶解度的准确计算，见式(5-50)。

$$3S + HS^- \Longrightarrow HS_4^- \tag{5-50}$$

5.5.3 金属碳酸盐

研究碳酸盐的沉淀与溶解对于揭示自然现象规律、发展水污染控制技术等具有重要意义。在自然界中，最简单的固相碳酸盐形成过程发生在淡水中，但这个过程又和 CO_2 的减少有关，因此碳酸盐在淡水中不会维持极度的过饱和状态。碳酸盐在海水中的溶解度除了与 CO_2 浓度有关外，还会受海水中共存离子的影响。例如，当海水中存在高浓度的 Mg^{2+} 时，碳酸钙沉淀的动力学就变得复杂。此外，由于 Mg^{2+} 不容易脱水转化生成白云石 $[CaMg(CO_3)_2]$、菱镁矿（$MgCO_3$），因此海水中的其他碳酸盐（文石和镁方解石）处于亚稳相。

在 Me^{2+}-H_2O-CO_2 体系中，碳酸盐沉淀实际上是一个二元酸在三相中的平衡分布问题。在对待 Me^{2+}-H_2O-CO_2 体系的多相平衡时，主要区别两种情况：①对大气封闭的体系（只考虑固相和液相，把 H_2CO_3 当作不挥发酸类处理）；②除固相和液相外，还包括气相（含 CO_2）的体系。考虑到方解石在天然水体中的重要性，下面将以 $CaCO_3$ 为例做介绍。

5.5.3.1 封闭体系

例如，沉积物中的 $CaCO_3$ 溶解到湖泊的底层水中。

① $c_T(CaCO_3)$ 为常数时，有

$$CaCO_3(s) \Longrightarrow Ca^{2+} + CO_3^{2-} \qquad K_{sp} = 10^{-6.32} \tag{5-51}$$

$$[Ca^{2+}] = \frac{K_{sp}}{[CO_3^{2-}]} = \frac{K_{sp}}{c_T \alpha_2} \tag{5-52}$$

由于 α_2 随 pH 的变化情况是已知的，可得出随 c_T 和 pH 变化的 $[Ca^{2+}]$ 的饱和平衡值。同理，对于其他 $MeCO_3$ 沉淀，平衡时的 $[Me^{2+}]$ 都可以写出类似的方程，并可绘出 $\lg[Me^{2+}]$ 对 pH 的曲线图。图 5-11 是 $c_T = 3 \times 10^{-3}$ mol/L 时 $CaCO_3$ 和 $FeCO_3$ 的溶解度以及它们对 pH 的依赖关系。

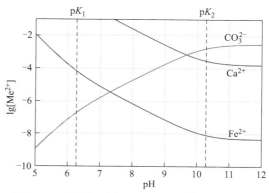

图 5-11　封闭体系中 $c_T = 3 \times 10^{-3}$ mol/L 时，$MeCO_3$ 的溶解度

② $CaCO_3$ 在纯水中的溶解。溶液中的溶质为 Ca^{2+}、H_2CO_3、HCO_3^-、CO_3^{2-}、H^+、OH^-，因而共有六个未知数。所以在一定的压力和温度下，需要有相应方程限定溶液的组成。考虑到所有溶解出来的 Ca^{2+} 在浓度上必然等于溶解的碳酸化合态的总和，可得到方程

$$[Ca^{2+}] = c_T \tag{5-53}$$

且溶液必须满足电中性条件，则

$$2[Ca^{2+}] + [H^+] = [HCO_3^-] + 2[CO_3^{2-}] + [OH^-] \tag{5-54}$$

达到平衡时，可以用 $CaCO_3$ 的溶度积来计算：

$$[Ca^{2+}] = \frac{K_{sp}}{[CO_3^{2-}]} = \frac{K_{sp}}{c_T \alpha_2} \tag{5-55}$$

综合考虑上式，可得：

$$-\lg[Ca^{2+}] = 0.5pK_{sp} - 0.5p\alpha_2 \tag{5-56}$$

对于其他金属碳酸盐，则可写成：

$$-\lg[Me^{2+}] = 0.5pK_{sp} - 0.5p\alpha_2 \tag{5-57}$$

$$\left(\frac{K_{sp}}{\alpha_2}\right)^{0.5}(2 - \alpha_1 - 2\alpha_2) + [H^+] - \frac{K_w}{[H^+]} = 0 \tag{5-58}$$

可用试算法求解。同样也可用 pc-pH 图表示碳酸钙溶解度与 pH 的关系，应用在不同 pH 范围中存在的以下近似条件便可绘制该图。

当 $pH > pK_2$，$\alpha_2 \approx 1$ 时，则

$$\lg[Ca^{2+}] = 0.5\lg K_{sp} \tag{5-59}$$

当 $pK_1 < pH < pK_2$，$\alpha_2 \approx \dfrac{K_2}{[H^+]}$ 时，则

$$\lg[Ca^{2+}] = 0.5\lg K_{sp} - 0.5\lg K_2 - 0.5pH \tag{5-60}$$

当 $pH < pK_1$，$\alpha_2 \approx \dfrac{K_1 K_2}{[H^+]^2}$ 时，则

$$\lg[Ca^{2+}] = 0.5\lg K_{sp} - 0.5\lg K_1 K_2 - pH \tag{5-61}$$

5.5.3.2　开放体系

例如，地下水流过微生物活动频繁的土壤后，水中的 CO_2 浓度较高，可使 $CaCO_3$ 溶解。这样的水以泉水形式流出地面后，$CaCO_3$ 又会沉淀析出，形成石灰华。

向纯水中加入适量 $CaCO_3$，并且将此溶液暴露于含有 CO_2 的气相中，因大气中 CO_2 分压固定，所以溶液中的 CO_2 浓度也相应固定：

$$c_T = \frac{[CO_2]}{\alpha_0} = \frac{K_H p_{CO_2}}{\alpha_0} \tag{5-62}$$

$$[CO_3^{2-}] = \frac{\alpha_2 K_H p_{CO_2}}{\alpha_0} \tag{5-63}$$

由于要与气相中 CO_2 处于平衡，此时 $[Ca^{2+}]$ 就不再等于 c_T，但仍保持同样的电中性条件：

$$2[Ca^{2+}] + [H^+] = c_T(\alpha_1 + 2\alpha_2) + [OH^-] \tag{5-64}$$

综合考虑气-液平衡和固-液平衡，可以得到基本计算式：

$$[Ca^{2+}] = \frac{\alpha_0}{\alpha_2} \frac{K_{sp}}{K_H p_{CO_2}} \tag{5-65}$$

同样，此关系可推广到其他金属碳酸盐体系，绘制出相应的 pc-pH 图。

5.5.4　金属磷酸盐

磷酸盐作为水生生物和微生物的营养物质，在维持天然水体中的生命活动、分析水体富营养化成因以及水处理等方面均具有重要的实际意义。水中的磷酸盐涉及多相平衡，表 5-3 列出了水中重要含磷化合物的种类、结构、重要代表物种和有关解离平衡常数。

表 5-3　水中重要含磷化合物的种类、结构、重要代表物种和有关解离平衡常数

类别	典型结构	重要物种	解离平衡常数
正磷酸盐	$^-O-P(=O)(-O^-)-O^-$	H_3PO_4、$H_2PO_4^-$、HPO_4^{2-}、PO_4^{3-}	$pK_{a1}=2.1$ $pK_{a2}=7.2$ $pK_{a3}=12.3$
聚磷酸盐	$^-O-P(=O)(-O^-)-O-P(=O)(-O^-)-O^-$ （焦磷酸盐）	$H_4P_2O_7$、$H_3P_2O_7^-$、$H_2P_2O_7^{2-}$、$HP_2O_7^{3-}$、$P_2O_7^{4-}$	$pK_{a1}=1.52$ $pK_{a2}=2.4$ $pK_{a3}=6.6$ $pK_{a4}=9.3$
	$^-O-P(=O)(-O^-)-O-P(=O)(-O^-)-O-P(=O)(-O^-)-O^-$ （三聚磷酸盐）	$H_3P_3O_{10}^{2-}$、$H_2P_3O_{10}^{3-}$、$HP_3O_{10}^{4-}$、$P_3O_{10}^{5-}$	$pK_{a1}=2.3$ $pK_{a2}=6.5$ $pK_{a3}=9.2$
偏磷酸盐	（三偏磷酸盐）	$HP_3O_9^{2-}$、$P_3O_9^{3-}$	$pK_{a1}=2.1$
有机磷化合物	$CH_2O-P(=O)(OH)(OH)$ （葡萄糖磷酸盐）	磷脂、糖磷酸盐、核苷酸、磷酰胺、有机磷农药	—

水体中正磷酸盐在溶液中的物种分布由 pH 值控制，因此，在讨论磷酸盐的溶解度时，必须了解磷酸盐的物种分布情况。在水体 pH 值为 6～9 时，磷酸盐主要以 $H_2PO_4^-$ 和 HPO_4^{2-} 形式存在。当水体中钙离子浓度和 pH 已知时，可根据溶解平衡常数计算出磷酸盐的总溶解度（P_T）。图 5-12 绘出了几种磷酸盐固体相的溶解区域图。该区域图表明，如果磷酸盐是在低 pH 范围沉淀，则 FePO₄(s) 和 AlPO₄(s) 是稳定的固相，

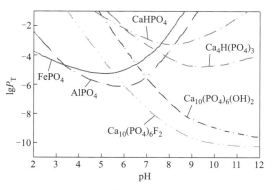

图 5-12　金属磷酸盐的沉淀-溶解平衡

$AlPO_4(s)$ 的最小溶解度出现的 pH 值要比 $FePO_4(s)$ 高约 1 个单位。在中性 pH 范围内可以生成介稳状态的 Al(Ⅲ) 或 Fe(Ⅲ) 的羟基磷酸盐沉淀物。

聚磷酸盐可与钙离子、镁离子螯合，起到软化水的作用。三偏磷酸盐由于其环状结构，螯合钙、镁离子的效果不如聚磷酸盐。三聚磷酸钠曾被大量用作洗涤剂的助剂以增强洗涤效果，但由于生活污水中的磷酸盐可能造成严重的水体富营养化，因此现在全球范围内都提倡使用无磷洗涤剂，三聚磷酸钠已被次氮基三乙酸（NTA）或沸石取代。

5.6 化学沉淀在水污染控制中的应用

化学沉淀法可通过向水或污水中投加化学沉淀剂，从而达到去除重金属离子、磷酸根离子和硫离子等的目的。该方法主要包括氢氧化物沉淀法、硫化物沉淀法、碳酸盐沉淀法、铁盐或铝盐沉淀法等。化学沉淀法中所选用的沉淀剂主要包括铁盐、铝盐、石灰、碳酸钠和碳酸氢钠、氢氧化钠和硫化亚铁等。在实践中，需要根据水或污水的水质情况灵活地选择沉淀方法和沉淀剂。

5.6.1 水中重金属的去除

5.6.1.1 氢氧化物沉淀法

在碱性条件下，某些重金属离子的溶解度较低，因此，可通过控制水体的 pH 值有效去除这些金属离子。以污水中的铬为例，它主要以 +3 价和 +6 价的形式存在。在常规的除铬工艺中，可先将高毒性不稳定的 Cr(Ⅵ) 还原为低毒性相对稳定的 Cr(Ⅲ)，再投加氢氧化钠或氨水调控水体的 pH，将 Cr(Ⅲ) 转化为 $Cr(OH)_3$ 沉淀去除。该方法具有一定的可靠性、经济性和选择性，可通过调整工艺参数将金属铬浓度降低到 1mg/L 左右。氢氧化物沉淀法的沉淀剂主要包括氢氧化钠、氢氧化钙、氢氧化镁等。

5.6.1.2 硫化物沉淀法

硫化物的溶度积往往比氢氧化物的溶度积更小，因此硫化物沉淀法对金属离子的去除效果一般优于氢氧化物沉淀法。此外，氢氧化物沉淀在较高的 pH 下会再次溶解，而硫化物随着 pH 的升高更易发生沉淀反应。当金属离子以配合物的形式存在或出水中金属离子浓度限值较低时，硫化物沉淀法是更好的选择。硫化物沉淀法所使用的沉淀剂主要包括不溶的 FeS 和可溶的 NaHS 或 Na_2S。相比 NaHS 或 Na_2S，FeS 溶解度更小，产生的 H_2S 量也较少，气味也较小，具有一定的优势。

但是，硫化物沉淀法也有一些缺点：①沉淀反应过程中会产生有毒有害的难闻气体 H_2S；②成本较高；③应用过程中对运营要求较高，需要工作人员控制 H_2S 的产生；④沉淀反应生成的固体难以进行脱水处理。

5.6.1.3 碳酸盐沉淀法

碳酸盐沉淀法主要利用沉淀剂 Na_2CO_3 或 $NaHCO_3$ 去除水体中的重金属离子。相比于氢氧化物和硫化物沉淀法，碳酸盐沉淀法有以下优势：①可以在 pH＝7～9 的范围内有效沉淀金属离子；②沉淀剂碳酸盐或碳酸氢盐属于绿色药剂，不产生二次污染。然而，金属离子和碳酸盐之间的沉淀反应较慢，因此要求较长的停留时间或较大的池容积。

Na$_2$CO$_3$ 和 NaHCO$_3$ 联用对金属离子的去除效果更好。这主要是由于单独使用 NaHCO$_3$ 时水体的 pH 上限为 8.3，而该 pH 条件下，某些金属离子的沉淀效果不好，如镍离子和镉离子。两者联用时水体 pH 可以升至 9 或更高，因此可提高对金属离子的去除效果。

【例 5-3】 以 Mn^{2+} 为例，说明使用沉淀法去除金属离子时应如何选择沉淀剂。

解： 化学沉淀法可将溶解态的 Mn^{2+} 转化为不溶的沉淀，实现对水中 Mn^{2+} 的去除。按照沉淀剂的种类进行分类，主要包括氢氧化物沉淀法、碳酸盐沉淀法、氧化沉淀法。

① 氢氧化物沉淀法。向含 Mn^{2+} 废水中加入氢氧根离子，可将 Mn^{2+} 转化为不溶性的 Mn(OH)$_2$ 沉淀。根据稳定常数 K，当废水中 Mg^{2+} 浓度较高时，氢氧化物沉淀法去除 Mn^{2+} 的选择性会降低。

$$Mg(OH)_2 + Mn^{2+} \longrightarrow Mn(OH)_2(s) + Mg^{2+} \quad lgK = 1.44$$
$$Ca(OH)_2 + Mn^{2+} \longrightarrow Mn(OH)_2(s) + Ca^{2+} \quad lgK = 7.36$$

氢氧化物沉淀法去除 Mn^{2+} 存在以下缺点：对锰离子的选择性较差；要求水体的 pH 足够高（pH＞8.5）；水中 Mg^{2+} 因共沉淀作用也会消耗沉淀剂从而增加经济成本；沉淀产物 Mn(OH)$_2$ 是非晶颗粒结构，难以脱水处理。因此，对于含 Mn^{2+} 废水，氢氧化物沉淀法可能不是最佳选择。

值得注意的是，氢氧化物沉淀法具有特定的应用场景。例如，在湿法冶金时，可利用氢氧化物沉淀法共沉淀多种金属（Mn、Zn、Cu、Ni、Co），然后在氧化剂的协助下，酸浸沉淀物后回收有价金属（Zn、Cu、Ni、Co），Mn^{2+} 则被转化为不溶的 MnO$_2$ 从而去除。

② 碳酸盐沉淀法。碳酸盐沉淀法是去除水中 Mn^{2+} 的有效且实用的沉淀方法。根据稳定常数 K，相比于氢氧化物沉淀法，碳酸盐沉淀法更适合处理 Mg^{2+} 含量较高的含 Mn^{2+} 废水。与氢氧化物沉淀法相比，碳酸盐沉淀法对 Mn^{2+} 的选择性较好，且后续产物 MnCO$_3$ 的处理成本更低。然而，当对出水水质要求要高时（即要求 Mn^{2+} 残留较少），水中的 Mg^{2+} 会通过共沉淀作用干扰 Mn^{2+} 的去除，因此，和氢氧化物沉淀法类似，碳酸盐沉淀法不适用于对除 Mn^{2+} 要求较高的场景。

$$MgCO_3 + Mn^{2+} \longrightarrow MnCO_3(s) + Mg^{2+} \quad lgK = 5.48$$
$$CaCO_3 + Mn^{2+} \longrightarrow MnCO_3(s) + Ca^{2+} \quad lgK = 2.35$$

③ 氧化沉淀法。氧化沉淀法利用氧化剂将 Mn^{2+} 氧化为 MnO$_2$ 沉淀，实现对 Mn^{2+} 的高选择性去除。MnO$_2$ 的氧化还原电位约为 1.224V，因此，氧化沉淀法要求沉淀剂具有较高的氧化还原电位。目前，常见的氧化沉淀剂包括臭氧、SO$_2$/O$_2$、过硫酸盐、次氯酸和氯酸盐。臭氧和过硫酸盐的成本较高，因此，在处理含 Mn^{2+} 废水时，通常选择更为廉价的 SO$_2$/O$_2$ 体系。此外，氧化沉淀法通常和碳酸盐沉淀法或氢氧化物沉淀法联用，以实现对水中 Mn^{2+} 的高效去除。

值得注意的是，硫化物沉淀法通常不适用于 Mn^{2+} 的去除，主要因其存在以下两个缺点：①应用过程中需要对 H$_2$S 进行污染控制；②MnS 沉淀并不像碳酸锰沉淀一样可直接作为工业原料进行回收利用。

5.6.2 水中磷酸盐的去除

向含磷酸盐的水中加入 Fe^{3+}、Al^{3+}、Ca^{2+} 沉淀剂可生成对应的 $FePO_4$、$AlPO_4$、$Ca_5(PO_4)_3OH$ 沉淀，从而达到去除并回收磷酸盐的目的。城市污水处理厂为达到排放标准，通常采用生物法和化学沉淀法相结合的方式去除水中的磷酸根离子。用铝盐、铁盐和石灰处理含磷酸盐废水时，相关的沉淀反应方程式如下所示：

Al^{3+} 　　　　　　　　$Al^{3+} + PO_4^{3-} \Longrightarrow AlPO_4(s)$

　　　　　　　　　　　　$Al^{3+} + 3OH^- \Longrightarrow Al(OH)_3(s)$

Fe^{3+} 　　　　　　　　$Fe^{3+} + PO_4^{3-} \Longrightarrow FePO_4(s)$

　　　　　　　　　　　　$Fe^{3+} + 3OH^- \Longrightarrow Fe(OH)_3(s)$

Fe^{2+} 　　　　　　　　$3Fe^{2+} + 2PO_4^{3-} \Longrightarrow Fe_3(PO_4)_2(s)$

　　　　　　　　　　　　$Fe^{2+} + 2OH^- \Longrightarrow Fe(OH)_2(s)$

Ca^{2+} 　　　　　　$5Ca^{2+} + 3PO_4^{3-} + OH^- \Longrightarrow Ca_5(PO_4)_3OH(s)$

　　　　　　　　　　　　$Ca^{2+} + CO_3^{2-} \Longrightarrow CaCO_3(s)$

铝盐或铁盐可直接沉淀磷酸盐。石灰沉淀磷酸盐分为两步：①石灰与废水中的碱度反应形成碳酸钙沉淀；②加入足够多的石灰使废水的 pH 值提高到 10 以上后，多余的钙离子与磷酸盐反应生成 $Ca_5(PO_4)_3OH$。石灰法除磷有以下特点：①和铁盐或铝盐相比，石灰法除磷会产生更多污泥；②对运营的要求较高；③石灰的成本低于铁盐和铝盐；④关键是提高水体的 pH 值。

Fe^{3+}、Al^{3+}、Ca^{2+} 沉淀剂包括硫酸铁 [$Fe_2(SO_4)_3$] 和氯化铁（$FeCl_3$）、明矾 [$K_2SO_4 \cdot Al_2(SO_4)_3 \cdot 24H_2O$]、石灰 [$Ca(OH)_2$]。在实际操作中，沉淀剂的选择取决于废水 pH 和温度、沉淀的沉降性、排水中铁离子或铝离子的限值和经济成本。当污水处理厂对出水中磷酸盐浓度要求较低时（1.0mg/L 以上），铁盐或铝盐是优先选择的沉淀剂；当污水处理厂对出水中磷酸盐浓度要求较高时，需在三级处理单元添加石灰去除磷酸盐，同时提高水体的 pH（这样更有利于磷酸盐的沉淀）；当污水处理厂对出水中磷酸盐浓度要求更高时，则需要同时添加 NaF 和石灰，通过形成 $Ca_5(PO_4)_3F$ 去除磷酸根离子。

在实际水处理过程中，化学沉淀剂的用量取决于污水流量、进水磷酸根浓度和预定去除效果、污水 pH、污水中竞争离子浓度、污水的碱度和缓冲能力、污水中溶解性有机物浓度等因素。正确调整和优化这些参数对于达到所需的水质处理效果至关重要。

这里以磷酸盐废水为例，讨论沉淀剂的用量。采用铁盐或铝盐沉淀剂处理磷酸根离子时，沉淀反应的化学计量学是决定沉淀剂用量的重要参考：较高的磷酸根浓度需要较高的铁盐或铝盐用量以实现既定的去除效果。根据化学反应计量比，1.67mol 的 Ca^{2+}、1mol 的 Al^{3+} 或 Fe^{3+}、1.5mol 的 Fe^{2+} 将分别沉淀 1mol 的 P。实际水处理过程中，铁盐和铝盐加入具有一定碱度的水中后，会先被碱度消耗，生成金属氢氧化物絮体，这就会增加沉淀剂的用量。而钙盐也会消耗碱度生成碳酸钙沉淀。因此，相比于水中磷酸盐的浓度，水的碱度在更大程度上影响了沉淀剂的用量。因此，实际水处理过程中，建议先通过小试和中试实验对沉淀剂用量等实验参数进行优化，也需要根据水质变化情况不断调整沉淀剂用量以取得最优效果。

【例 5-4】　当污水中磷酸根浓度（以 P 计）为 4mg/L 时，如果选用 $FeCl_3$ 作为沉淀剂，理论上需要多少沉淀剂才可将污水中的磷酸根完全去除？

解：根据之前的分析，完全沉淀 1mol 的 P 需要 1mol Fe^{3+}，则完全去除该污水中的磷酸根所需要 $FeCl_3$ 的量为：

$$4mg/L \times \frac{162.2g/mol}{30.97g/mol} = 20.9mg/L$$

5.6.3　水中离子的鉴定分析

在水化学分析中，可利用沉淀反应进行滴定分析来测定环境水样中的成分和含量，此即为沉淀滴定法。通过判断离子与某些试剂是否发生沉淀反应，进而推断水中存在离子的种类。例如，Fe^{2+} 与 $K_3[Fe(CN)_6]$ 反应生成深蓝色沉淀 $Fe_3[Fe(CN)_6]_2$，因此可以通过向水中投加 $K_3[Fe(CN)_6]$ 来鉴定 Fe^{2+} 的存在。但应注意的是，在利用沉淀反应进行离子定性鉴定时，需要避免干扰反应的发生。例如，利用 CrO_4^{2-} 与 Ba^{2+} 生成黄色 $BaCrO_4$ 沉淀的反应鉴定 Ba^{2+} 时，为避免 $SrCrO_4$ 黄色沉淀的生成对鉴定反应产生干扰，反应应在醋酸介质中进行。这是因为 $SrCrO_4$ 可溶于醋酸，因而避免了其对 Ba^{2+} 鉴定的干扰。

沉淀反应亦可用于水中离子的定量分析。利用沉淀反应，使水中的被测成分与过量试剂反应，生成一种难溶沉淀而从水中分离出来，然后根据沉淀物质量计算出水中被测离子的含量，这种定量分析方法被称为重量分析法。例如，测定水中可溶性硫酸盐的含硫量时，可先准确量取一定量溶液，加入过量 $BaCl_2$ 沉淀剂，使水中的 SO_4^{2-} 完全转化为 $BaSO_4$ 沉淀，然后再经过滤、洗涤、干燥、灼烧等过程，称量得到 $BaSO_4$ 的质量，最终计算得出水中可溶性硫酸盐的含硫量。

思考练习题

1. 室温下取 0.2mol/L 的盐酸与 0.2mol/L MOH 等体积混合（忽略混合后溶液体积的变化），测得混合溶液的 pH=6，试回答下列问题：

（1）混合溶液中由水解离出的 $c(H^+)$ _____ 0.2mol/L 盐酸中水解离出的 $c(H^+)$（填"<"">""="）。

（2）求出混合溶液中下列算式的精确计算结果（填具体数字，忽略混合后溶液体积的变化），$c(Cl^-) - c(M^+)$ = _____ mol/L，$c(H^+) - c(MOH)$ = _____ mol/L。

（3）室温下如果取 0.2mol/L MOH 溶液与 0.1mol/L 盐酸等体积混合，测得混合溶液的 pH<7，则说明 MOH 的解离程度 _____ MCl 的水解程度（填"<"">""="），溶液中各离子浓度由大到小的顺序为 _____。

2. 在 0.01mol/L 的 $NaHCO_3$ 溶液中，若要避免发生 $FeCO_3$ 的沉淀，最多能够存在多少 Fe^{2+}？已知 $FeCO_3$ 的溶度积 $K_{s0} = 10^{-10.7}$。

3. 向 50mL 0.018mol/L 的 $AgNO_3$ 溶液中加入 50mL 0.02mol/L 的盐酸，生成沉淀。如果溶液中 $c(Ag^+)$ 和 $c(Cl^-)$ 的乘积是一个常数 C，且 $c(Ag^+)c(Cl^-) = 1.0 \times 10^{-10}$，当溶液中 $c(Ag^+)c(Cl^-) > C$ 时，则有沉淀产生，反之沉淀溶解。求：

（1）沉淀生成后溶液中 $c(Ag^+)$ 是多少？

(2) 如果向沉淀生成后的溶液中再加入 50mL 0.001mol/L 的盐酸, 是否产生沉淀, 为什么?

4. 向 100mL 0.018mol/L 的 $AgNO_3$ 溶液中加入 100mL 0.02mol/L 的盐酸, 生成沉淀。已知 AgCl(s) 的溶度积常数 $K_{sp}=c(Ag^+)c(Cl^-)=1\times10^{-10}$。混合后溶液的体积变化忽略不计。试计算:

(1) 沉淀生成后溶液中 Cl^- 的浓度。

(2) 沉淀生成后溶液中 Ag^+ 的浓度。

5. 与水的离子积 $K_w=[H^+][OH^-]$ 相似, FeS 饱和溶液中也有离子积 $K_{sp}=[Fe^{2+}][S^{2-}]$。已知温度为 $t℃$ 时 FeS 的 $K_{sp}=6.25\times10^{-18}$, 则 $t℃$ 时 FeS 饱和溶液的物质的量浓度为多少?

又知温度为 $t℃$ 时 H_2S 饱和溶液中 $[H^+]^2[S^{2-}]=1.0\times10^{-22}$, 现将适量 FeS 投入 H_2S 饱和溶液中, 要使 $[Fe^{2+}]$ 达到 1mol/L, 则应将溶液的 pH 调节到多少?

如已知 CuS 的离子积 $K_{sp}=9.1\times10^{-36}$, 现将适量 CuS 放入 H_2S 饱和溶液中, 要使 $[Cu^{2+}]$ 达到 0.01mol/L, 应使该溶液的 $[H^+]$ 达到多少? 由此说明 CuS 在一般酸中能否溶解?

6. 硫酸银的溶解度较小, 25℃时, 每 100g 水仅溶解 0.836g。

(1) 25℃时, 在烧杯中放入 6.24g 硫酸银固体, 加 200g 水, 经充分溶解后, 所得饱和溶液的体积为 200mL, 计算溶液中 Ag^+ 的物质的量浓度。

(2) 若在上述烧杯中加入 50mL 0.0268mol/L $BaCl_2$ 溶液, 充分搅拌, 溶液中 Ag^+ 的物质的量浓度是多少?

7. 根据 AgI 的溶度积, 计算:

(1) AgI 在纯水中的溶解度 (mol/L);

(2) 在 0.0010mol/L KI 溶液中 AgI 的溶解度 (mol/L);

(3) 在 0.010mol/L $AgNO_3$ 溶液中 AgI 的溶解度 (mol/L)。

参考文献

[1] 魏振枢. 环境水化学[M]. 北京: 化学工业出版社, 2002.

[2] Peng J, Guo J. Removal of chromium from wastewater by membrane filtration, chemical precipitation, ion exchange, adsorption electrocoagulation, electrochemical reduction, electrodialysis, electrodeionization, photocatalysis and nanotechnology: A review[J]. Environmental Chemistry Letters, 2020, 18 (6): 2055-2068.

6

吸 附

📖 学习目标

① 掌握吸附和吸附等温线的类型，能根据吸附等温式计算吸附剂的吸附容量，并能够通过对比不同吸附质的特性及混合物质的竞争性吸附来设置吸附控制条件。

② 能根据吸附动力学模型计算吸附速率，理解吸附过程的历程以及速控步骤。

③ 了解主要理化因素对吸附的影响规律和吸附剂对水中不同污染物的吸附机理。

6.1 吸附的类型

吸附剂与吸附质之间的作用力是非常复杂的，除了分子间作用力（范德瓦耳斯力）以外还有化学键力和静电作用力。根据发生吸附作用时吸附质与吸附剂之间起主要作用的作用力不同，可将固体表面上的吸附分为物理吸附、化学吸附和离子交换吸附三种基本类型。

6.1.1 物理吸附

物理吸附是指吸附剂与吸附质之间主要通过分子间作用力所产生的吸附，没有电子转移，没有化学键的生成与破坏，也没有原子重排等，是最常见的一种吸附现象。物理吸附有如下特征。①没有选择性，即吸附剂与吸附质之间没有特定的关系，只要互相接触，吸附即可发生。不同物质之间的唯一差异仅在于分子间引力的大小，随着分子量的增大，分子间引力亦相应增强，因此分子量较高的物质更容易被吸附。②物理吸附是放热过程，释放的热量相对较小，通常约为 $42kJ/mol$ 或更少，因此在较低温度下即可发生。③吸附质并不固定在吸附剂表面的特定位置上，而是一定程度上能在吸附剂表面发生自由移动。④物理吸附可以是单分子层也可以是多分子层，多分子层吸附是指吸附剂表面吸附了一层吸附质后还可以再吸附同类物质或其他物质。⑤易脱附，由于分子间引力是物理吸附的主要作用力，因此在外力作用下，吸附质容易从吸附剂表面脱离。

6.1.2 化学吸附

化学吸附是指吸附质与吸附剂之间发生化学反应，形成牢固的化学键或表面配合物，在红外或紫外-可见光谱中会出现新的特征吸收带的吸附，与物理吸附存在很大的不同。其特征为：①有选择性，即一种吸附剂只对某种或特定几种物质有吸附作用；②吸附时放热量较大，与化学反应的反应热相近，约 $83.7 \sim 418.7 kJ/mol$，通常需要一定的活化能，在低温条件下，吸附速率较小；③吸附质不能在吸附剂表面自由移动，即一旦被吸附，吸附质便被固定在某一点；④一般为单分子层吸附，即只要吸附了一个分子层的吸附质，吸附剂就不能再吸附其他吸附质；⑤吸附牢固，不易解吸。

物理吸附与化学吸附的比较见表 6-1。

表 6-1 物理吸附与化学吸附的比较

吸附性能	吸附类型	
	物理吸附	化学吸附
作用力	分子间作用力(范德瓦耳斯力)	化学键力
吸附热	较小(约 $42 kJ/mol$)	较大($83.7 \sim 418.7 kJ/mol$)
选择性	一般无选择性	有选择性
温度	放热过程,低温有利于吸附	温度升高,吸附速率加快
吸附层	单分子层或多分子层	单分子层
吸附速率	快	较慢,需要一定的活化能
可逆性	易解吸	难解吸

6.1.3 离子交换吸附

离子交换吸附是指水中呈离子状态的吸附质由于静电引力作用聚集在吸附剂表面的带电点上，并置换出原先固定在这些带电点上的其他离子的吸附。其特征为：①只有废水中呈离子状态的物质才能发生交换吸附，这与物理吸附和化学吸附不同；②吸附质从吸附剂上置换出等物质的量的物质，而物理吸附和化学吸附都是单向的，即只有吸附质在吸附剂上的吸附，吸附剂并不释放物质到废水中；③作用力为静电力。

实际吸附过程中，上述三种吸附类型并不是孤立的，往往相伴发生。由于吸附质、吸附剂及其他因素的影响，可能在一定条件下某种吸附是主要的，其他吸附是次要的。如有的吸附过程在低温时主要是物理吸附，在高温时是化学吸附。多数情况下，往往是这几种吸附作用的综合结果。

6.2　吸附平衡

吸附过程具有可逆性，废水与吸附剂充分接触后，便会出现两个相反的过程。一方面吸附质被吸附，称为吸附过程；另一方面，一部分已被吸附的吸附质由于热运动的结果，脱离了吸附剂的表面又回到水中，称为解吸过程。当吸附速率与解吸速率相等，即单位时间内吸附的数量等于解吸的数量时，吸附质在液相中和吸附剂表面上的浓度都不再改变，这时称其达到了动态吸附平衡。平衡浓度即是达到吸附平衡时吸附质在液相中的浓度。

吸附容量是指达到吸附平衡时单位质量的吸附剂所吸附的吸附质的质量，可用来评价吸附剂对吸附质吸附能力的大小，一般用 mg/g 表示，可由下式进行计算：

$$q = \frac{(c_0 - c_e)V}{W} \tag{6-1}$$

式中　q——吸附容量，mg/g；

　　　V——溶液体积，L；

　c_0，c_e——吸附质的初始浓度和平衡浓度，mg/L；

　　　W——吸附剂投加量，g。

式(6-1) 仅表示计算吸附容量的公式，并不能反映吸附容量和平衡浓度的关系，事实上平衡浓度与所投加的吸附剂的质量是有关系的，即在一定程度上，一个吸附剂投加量只对应一个平衡浓度，若改变吸附剂的投加量，平衡浓度也随之改变。

当温度一定时，吸附容量是温度和吸附质浓度的函数，在吸附质浓度相同的情况下，如果需要降低平衡浓度，就必须增加吸附剂的投加量，这将导致吸附剂的吸附容量降低。相反，如果要提高吸附容量，可以通过提高平衡浓度来实现。

吸附过程中，从吸附剂与水接触开始计时，在不同水中达到吸附平衡的时间是各异的，所需时间与吸附速率相关。吸附速率是指单位质量的吸附剂在单位时间内所吸附的吸附质的质量。吸附速率取决于吸附质和吸附剂的物理化学性质，在实际水处理中，由于水样成分复杂，吸附速率通常由试验确定。

6.3　吸附等温线

6.3.1　吸附等温线的类型

吸附等温线是指在一定温度下吸附容量与溶液浓度之间的关系曲线。吸附等温线是描述吸附过程最常用的基础数据，大体上可以归纳为如图 6-1 所示的五种类型。Ⅰ型的特征是吸附量存在最大值，可以理解为吸附剂的所有表面都发生单分子层吸附，达到吸附饱和后，吸附量趋于定值。Ⅱ型是非常常见的物理吸附，常称为 S 形曲线。在这种情况下，吸附剂孔径大小不一，发生多分子层吸附，吸附量的极限值取决于物质的溶解度。Ⅲ型比较罕见，其特点是吸附热等于或小于纯吸附质的溶解热。如水在石墨上的吸附即属此型。Ⅳ型和Ⅴ型反映了毛细管冷凝现象和孔容的限制，由于在达到饱和浓度之前吸附就已经达到平衡状态，因而显示出滞后效应。

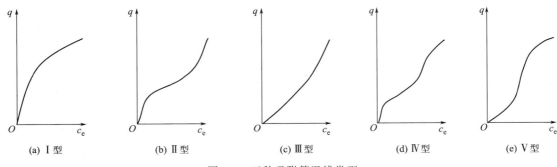

(a) Ⅰ型　　　　(b) Ⅱ型　　　　(c) Ⅲ型　　　　(d) Ⅳ型　　　　(e) Ⅴ型

图 6-1　五种吸附等温线类型

吸附等温线的形状充分反映了吸附质和吸附剂的特性。因此，通过对等温线的研究可以获取有关吸附剂和吸附质的信息。如Ⅳ型等温线是中等孔的特征表现，且同时具有拐点和滞后环，因而可被用于中等范围孔的分布计算。

6.3.2　吸附等温式

描述吸附等温线的数学表达式称为吸附等温式，废水处理中常用的有朗缪尔（Langmuir）、弗罗因德利希（Freundlich）和 BET（Brunauer-Emmett-Teller）等温式。

6.3.2.1　Langmuir 等温式

Langmuir 在 1918 年从动力学理论中推导出了单分子层吸附等温式。其前提主要涉及四个假设：

① 单分子层吸附。每个吸附中心只能被一个吸附分子占据（气体分子只有碰撞到固体的空白表面上才能被吸附），形成不可移动的吸附层。

② 理想的均匀表面。各个吸附中心都具有相等的吸附能，并在吸附剂表面上均匀分布。

③ 局部吸附。吸附剂固体的表面存在一定数量的吸附中心，形成局部吸附，各吸附中心互相独立。各吸附中心的吸附或解吸与周围相邻的吸附中心是否为其他分子所占据无关。

④ 在一定条件下，吸附速率与脱附速率相等，从而达到动态平衡。

（1）单组分吸附体系

假定吸附质（A）在水相中被吸附剂（M）所吸附，即

$$A + M \rightleftharpoons AM$$

定义 k_1、k_2 分别是吸附和脱附过程的速率系数，则吸附过程的吸附速率 v_1 及脱附速率 v_2 为：

$$v_1 = k_1 c_e (1 - \theta) \tag{6-2}$$

$$v_2 = k_2\theta \tag{6-3}$$

式中　c_e——吸附平衡时溶液中吸附质的浓度，mg/L；

　　　θ——吸附剂的表面覆盖率。

吸附动态平衡时，则有

$$k_1 c_e(1-\theta) = k_2\theta \tag{6-4}$$

令 $k = k_1/k_2$，代入式(6-4)，并解出 θ 得：

$$\theta = \frac{q}{q_{max}} = \frac{kc_e}{1 + kc_e} \tag{6-5}$$

式中　q——平衡吸附量，mg/g；

　　　q_{max}——饱和吸附量，mg/g；

　　　k——吸附平衡常数，L/mg，其大小代表了固体表面吸附能力的强弱。

式(6-5)即为 Langmuir 等温式。Langmuir 等温线是一条双曲线，属于 I 型曲线，其渐近线为 $q = q_{max}$。

当浓度很小时，即 $kc_e \ll 1$ 时，

$$q = q_{max} kc_e \tag{6-6}$$

式中，$q_{max}k$ 是一个常数，说明平衡吸附量 q 与平衡浓度 c_e 成正比，为线性关系。

当浓度很大时，即 $kc_e \gg 1$ 时，$q = q_{max}$。

式(6-5)可改写成如下直线式：

$$\frac{1}{q} = \frac{1}{q_{max}} + \frac{1}{kq_{max}c_e} \tag{6-7}$$

根据吸附实验数据，以 $1/c_e$ 为横坐标，$1/q$ 为纵坐标作图可得到一条直线，由直线的斜率和截距可求出 k 和 q_{max}。

（2）多组分吸附体系

当有多组分同时在固体表面发生吸附时，它们之间将产生竞争吸附，通过对 Langmuir 模型进行一定的改进，就可以得到多组分吸附的 Langmuir 等温式，一般在 m 组分吸附体系中，组分 i 的吸附量为

$$q_i = \frac{k_i c_i}{1 + \sum_{j=1}^{m} k_j c_j} \tag{6-8}$$

应当指出，当固体表面的吸附作用相当均匀，且吸附限于单分子层时，Langmuir 分子吸附模型能够较好地代表实验结果。但是由于它的假定不够严格，因而具有相当的局限性。尽管如此，Langmuir 等温式仍不失为一个重要的吸附等温式，适用于各种浓度条件，它的推导第一次对吸附机理作了形象的描述，为后续吸附模型的建立奠定了坚实的基础。

6.3.2.2　Freundlich 等温式

Freundlich 等温式是通过实验所得的经验公式：

$$q_e = Kc_e^{1/n} \tag{6-9}$$

式中　K——Freundlich 吸附常数；

　　　n——反映吸附作用的强度，与吸附剂、吸附质的种类和温度有关，通常大于1。

式(6-9) 虽为经验式，但与实验数据颇为吻合。将式(6-9) 两边取对数，得：

$$\lg q_e = \lg K + \frac{1}{n}\lg c_e \tag{6-10}$$

以 $\lg c_e$ 为横坐标，$\lg q_e$ 为纵坐标，即可绘制出直线形式的吸附等温线，其斜率为 $1/n$（称作吸附指数），截距为 $\lg K$。通常认为，当 $1/n$ 为 $0.1\sim0.5$ 时，容易发生吸附，而当 $1/n$ 大于 2 时难以吸附。利用 K 和 $1/n$ 两个常数，可以比较不同吸附剂的特性。

Freundlich 方程在实践中得到了广泛的应用，应用此方程处理和归纳实验数据简便又准确，因此该方程有很重要的实用意义。

6.3.2.3　BET 等温式

BET 理论（或多分子层理论）是在 Langmuir 单分子层吸附理论的基础上进一步发展而来的。该理论主要包括以下三点内容。①该理论采纳了 Langmuir 理论中固体表面均匀性的假设，但认为吸附是多分子层的，即在原先被吸附的分子上面仍可吸附另外的分子，而且不一定等第一层饱和后再吸附第二层。②第一层吸附与随后的吸附层吸附机制不同。第一层吸附是依赖吸附剂与吸附质间的分子引力，而第二层及以后是依赖吸附质分子间的引力。因为相互作用不同，吸附热也不同，第二层及以后各层的吸附热接近凝聚热。③其总吸附量等于各层吸附量之和。BET 吸附等温式为：

$$q = \frac{q^0 B c_e}{(c_s - c_e)\left[1 + (B-1)\left(\dfrac{c_e}{c_s}\right)\right]} \tag{6-11}$$

式中　c_s——吸附质的饱和浓度，mg/L；

　　　B——吸附热常数；

　　　q^0——吸满单分子层时的最大吸附量，mg/g。

为了使用方便，常将式(6-11) 改写为：

$$\frac{c_e}{q(c_s - c_e)} = \frac{(B-1)c_e}{q^0 B c_s} + \frac{1}{q^0 B} \tag{6-12}$$

用实验数据 $c_e/[q(c_s - c_e)]$ 对 c_e/c_s 作图，若能得到一条直线，说明数据符合 BET 吸附等温式，并且利用公式的截距和斜率可计算出 B 和 q^0 两个常数值。

BET 吸附模型主要适用于 I 型、II 型和 III 型吸附等温线。如果 $c_e \ll c_s$，式(6-12) 可简化为：

$$q = \frac{q^0 B c_e}{c_s\left(1 + B\dfrac{c_e}{c_s}\right)} \tag{6-13}$$

令 $b = B/c_s$，则

$$q = \frac{q^0 b c_e}{1 + b c_e} \tag{6-14}$$

式(6-14) 即为 Langmuir 吸附等温式，这表明吸附平衡时的吸附质的饱和浓度比吸附质在水溶液中浓度大时，在固体吸附剂上只产生单分子层吸附，此时，BET 吸附模型可简化为 Langmuir 吸附模型。

以上这些数学模型所表达的等温吸附方程的工程意义在于：

① 比较选择同种吸附剂对不同吸附质的最佳吸附条件；

② 由吸附容量确定吸附剂用量；

③ 选择最佳吸附剂；

④ 通过对比不同吸附质的特性及混合物质的竞争性吸附来指导动态吸附。

等温线在一定程度上反映了吸附剂与吸附质的特性，其形式在多种情况下与实验所用溶质浓度区间有关。

6.4　吸附动力学

6.4.1　吸附传质过程

吸附动力学是研究吸附过程中吸附量与时间关系的理论，即吸附速率和吸附动态平衡的问题，涉及物质的传递现象和物质的扩散速率大小。所谓吸附速率，是指单位质量的吸附剂在单位时间内所吸附的吸附质的质量。吸附速率决定了水和吸附剂的接触时间，吸附速率越快，达到吸附平衡的时间越短，所需设备容积就越小，反之亦然。吸附速率对吸附剂与吸附质之间的吸附过程起着重要作用。

水中多孔吸附剂对吸附质的吸附过程可分为三个阶段：

第一阶段为颗粒外部扩散（又称膜扩散）阶段。在这个阶段，吸附剂颗粒周围存在一层固定的溶剂薄膜。当溶液与吸附剂相对运动时，这层溶剂薄膜不随溶液一同移动，吸附质需要通过这个薄膜才能到达吸附剂的外表面，所以吸附速率与液膜扩散速率有关。

第二阶段为颗粒内部扩散阶段。即已经通过液膜扩散到达吸附剂表面的吸附质向细孔深处扩散。

第三阶段为吸附反应阶段。在此阶段，吸附质被吸附在细孔内表面上。

吸附速率与上述三个阶段进行的快慢有关。在一般情况下，由于第三阶段（吸附反应）的速率非常快，对吸附速率的影响可以忽略不计，因此，总吸附速率主要由液膜扩散速率和颗粒内部扩散速率控制。

6.4.2　颗粒内部扩散方程

颗粒内扩散是吸附质从液相向固相传递的关键过程之一，在众多吸附过程中，颗粒内扩散往往是控制整个吸附过程的重要步骤，一般可以采用颗粒内部扩散方程来判断其是否为吸附速率的控制步骤。

颗粒内部扩散动力学模型假设可以忽略液膜的扩散作用，并且颗粒内扩散是唯一的速率控制步骤。其方程可以写作：

$$q_t = k_i t^{1/2} + C \tag{6-15}$$

式中　k_i——颗粒内扩散速率常数，$mg/(g \cdot min^{1/2})$；

　　　C——涉及厚度、边界层的常数。

若 q_t 对 $t^{1/2}$ 作图呈线性关系且经过原点，说明颗粒内扩散是唯一的速率控制步骤。否则，说明其他过程将伴随颗粒内扩散进行，颗粒内扩散并不是唯一的速率控制步骤。

提高溶液的流速，可使液膜厚度降低，从而使液膜传质系数增大，可加快吸附速率。此外，吸附剂颗粒的减小、液膜面积的增加、溶液浓度的提高等都可加快吸附速率。孔隙扩散速率与吸附剂孔隙的大小和结构、吸附质颗粒的大小等因素有关。扩散速率与吸附剂颗粒外表面的吸附量和颗粒的平均吸附量的差成正比。吸附速率与吸附质颗粒直径成反比，颗粒越小，内扩散阻力越小，扩散速率越快。

6.4.3　准一级反应动力学模型

准一级反应动力学模型认为吸附剂上的活性位点被占据的速率与未被占据的数量成正比，其表达式为：

$$\frac{dq}{dt} = k_1(q_e - q_t)$$

$$q_t = q_e[1 - \exp(-k_1 t)] \tag{6-16}$$

式中　q_t——吸附时间为 t 时的吸附量；

　　　q_e——平衡吸附量，mg/g；

　　　k_1——一级动力学模型的速率常数。

准一级动力学模型建立在膜扩散理论的基础上，认为吸附质的吸附速率和系统中平衡吸附量与某时刻吸附量之间差值的一次方成正比。它通常只适于吸附初始阶段的动力学描述，而不能准确地描述吸附全过程。

6.4.4　准二级反应动力学模型

1999 年，Ho 提出准二级反应动力学方程。该方程常被用于拟合动力学数据，且拟合效果很好。该方程的假设条件是发生化学吸附，但是准二级动力学方程能够很好地拟合数据，并不足以反推该吸附是化学吸附，然而它可以定量判断不同吸附条件下的初始吸附速率。

准二级反应动力学的方程如下所示：

$$\frac{dq}{dt} = k_2(q_e - q_t)^2$$

积分可得：

$$\frac{t}{q_t} = \frac{t}{q_e} + \frac{1}{k_2 q_e^2} \tag{6-17}$$

$$q_t = \frac{k_2 q_e^2 t}{1 + k_2 q_e t}$$

式中　k_2——准二级动力学模型的速率常数。

准二级动力学模型是基于吸附速率受化学吸附机理控制的假定而建立的，这种化学吸附涉及吸附质与吸附剂之间的电子共用或转移。符合二级吸附模型则说明吸附动力学主要是受化学作用控制，而不是受物质传输步骤控制。

6.5　影响吸附的因素

为了达到最佳吸附效果，需要选择合适的吸附剂并控制恰当的工作条件。影响吸附的因素很多，而吸附是溶剂、溶质和固体吸附剂三者之间的作用，因此主要有吸附剂的性质、吸附质的性质和吸附过程的水化学条件三种因素。

6.5.1　吸附剂的性质

一般情况下，吸附量随着吸附剂比表面积的增大而增加。吸附剂的孔径、颗粒度等都影响着比表面积的大小，从而影响吸附性能。吸附过程中理想的吸附剂通常具有大的比表面积、适宜的孔结构和表面结构，能够表现出对吸附质的高选择性。它们一般不与吸附质和介质发生化学反应，同时还具备制造方便、易于再生、机械强度良好等特点。吸附剂可根据颗粒形状、化学成分、孔径大小、表面性质等分类，如可分为粒状、粉状、条状吸附剂，炭和氧化物类吸附剂，大孔和小孔吸附剂，极性和非极性吸附剂，等等。目前在吸附过程中常用的吸附剂主要有合成沸石（分子筛）、硅胶、活性炭、金属氧化物等。采用不同方法制造的吸附剂，其吸附性能也有所不同。此外，吸附剂的极性对不同吸附质的吸附性能的影响也具有差异性。

6.5.1.1　比表面积

吸附剂的比表面积指的是单位质量吸附剂的表面积，常用单位为 m^2/g。吸附剂的表面积包括内表面积和外表面积。内表面积是指吸附剂孔隙内的表面积，一般内表面积大于外表面积，故内表面实际上起主要的吸附作用。吸附剂的粒径越小，或微孔越发达，其比表面积越大。通常地，吸附剂的吸附能力与其比表面积成正比。当吸附质的量一定时，增大比表面积能有效提高吸附效果。但需要注意的是，比表面积也不是越大越好。对于大分子吸附质，比表面积增大到一定程度即可达到吸附量最大值，继续增加比表面积，吸附量反而可能会降低，原因是微孔提供的表面积对大分子不起吸附作用。

6.5.1.2　孔结构

相同种类或不同种类的吸附剂中，孔的大小和形状常常表现出显著的差异。孔的大小通常以孔的宽度表征。如圆形孔宽度即为其直径，重叠板形孔的宽度为其板间距。孔的大小分类最早由杜比宁（Dubinin）提出，后为国际纯粹化学与应用化学联合会（IUPAC）采纳：孔宽度小于 2nm 为小孔（微孔）；孔宽度在 2～50nm 之间为中孔（过渡孔）；孔宽度大于 50nm 为大孔。以最常用的吸附剂活性炭为例，三种孔在活性炭中所占比例与其所用原料和制造工艺有关。通常情况下，小孔的容积约为 0.15～0.9mL/g，其比表面积占总比表面积的 95% 以上；中孔容积通常为 0.02～0.1mL/g，除采用特殊活化方式外，其比表面积不超过总比表面积的 5%；大孔容积为 0.2～0.5mL/g，其比表面积仅为 0.2～0.5m²/g，不足总比表面积的 1%。

吸附剂内孔的大小和分布对其吸附性能影响很大。孔径过大会导致比表面积减小，从而降低吸附能力；孔径过小则不利于吸附质的扩散，并对较大直径的分子产生屏蔽效应。吸附剂的孔通常是不规则的：大孔主要提供吸附质和溶剂的扩散通道，对吸附能力贡献有限；中孔吸附较大分子溶质，并帮助小分子溶质通向小孔；小孔宽度则与大多数小分子的大小接近，很大程度上限制了能被吸附分子的大小，小孔体积决定了吸附剂的最大吸附量。因此，一般来说，吸附量主要受小孔支配，但对于分子量（或分子直径）较大的吸附质，小孔几乎不起作用。所以，在实际应用中，应根据吸附质的直径大小和吸附剂的孔径分布来选择合适的吸附剂，这样可以最大程度地优化吸附性能，确保吸附过程有效进行。

6.5.1.3 表面化学性质

吸附剂在制造过程中会形成一定量的不均匀表面氧化物，其成分和数量因原料和活化工艺的不同而异。一般把表面氧化物分成酸性和碱性两大类。常见酸性氧化物基团有羧基、酚羟基、醌型羰基等，其对碱金属氧化物有很好的吸附能力。如活性炭在低温（<500℃）活化时可形成酸性氧化物。目前关于碱性氧化物的成分尚有分歧，有的研究认为是氧萘的结构，有的则认为是类似吡喃酮的结构。碱性氧化物可在高温（800～1000℃）活化时形成，可以吸附溶液中的酸性物质。

6.5.1.4 再生方式及次数

经过多次再生之后，吸附剂本身及其吸附量都不可避免地会有损失，主要原因是灰分堵塞小孔或吸附质不能完全去除，使有效吸附表面积减小。因此，为了得到可靠的试验结果，做吸附试验时必须采用再生后的吸附剂。采用加热再生法时，再生后的吸附剂小孔可能有所减少，中孔有所增加，导致比表面积降低。因此，对于主要依赖中孔结构的吸附过程，再生次数对吸附性能的影响不明显。而对于主要依赖小孔结构的吸附过程，再生次数对吸附性能有显著的影响。

6.5.2 吸附质的性质

对于特定的吸附剂，吸附质性质的差异可以在很大程度上影响吸附效果。这是一个非常复杂的关系，此处仅选取一般规律进行论述。

6.5.2.1 吸附质的浓度

吸附过程中，提高吸附质的浓度可增加吸附量，但当吸附剂表面全部被吸附质占据时，吸附达到饱和状态，吸附量不再随吸附质的浓度增加而增加。

6.5.2.2 液体表面自由能

能使液体表面自由能降低的吸附质容易被吸附，如用活性炭在水溶液中吸附脂肪酸，由于脂肪酸分子可使活性炭-溶液界面自由能降低很多，所以吸附量就大。

6.5.2.3 吸附质分子

若吸附质是有机物，其分子尺寸越小，吸附进行得越快。一般情况下，随着吸附质分子量的增加，吸附量增加。但当吸附速率受颗粒内扩散速率控制时，吸附速率随着分子量的增加而降低，低分子量的有机物反而容易被去除。活性炭对有机物的吸附量随其分子量增加而增加，但当分子量过大时会影响扩散速率，进而降低吸附量。对于分子量超过 1000 的有机物分子，应先将其分解成分子量较小的物质再用活性炭进行吸附。

6.5.2.4 吸附质的溶解度

溶质在水中的溶解度越大，溶质对水的亲和力就越强，就越不容易转向吸附剂界面而被吸附。在一般情况下，吸附质的溶解度越低，越容易被吸附。

6.5.2.5 吸附质的极性

有机物的极性是分子内部电荷分布的函数，不对称的化合物几乎都带有极性。在衡量溶质极性对吸附的影响时，一般遵循极性相容的原则，即极性的吸附剂易吸附极性的吸附质，非极性的吸附剂易吸附非极性的吸附质。水是一种极性较强的物质，因此，极性溶质在水中的吸附量会随着溶质极性的增强而减小。羟基、羧基、硝基、磺基、胺基等都能增加分子的极性，对吸附不利。

6.5.3 pH 值

溶液的 pH 值会影响吸附质的存在状态（分子、离子、配合物）以及吸附剂表面的电荷特性和化学特性，从而进一步影响吸附效果。低 pH 值时，水中的有机物和含氧阴离子［如 $As(V)$、$Cr(VI)$］一般解离度较小，因此吸附去除效率高。而在水中以阳离子形态存在的重金属离子会发生质子化效应，此时吸附剂的活性位点带大量正电荷，与目标重金属离子间存在较强的静电排斥作用，同时大量的 H_3O^+ 和 H^+ 与目标重金属离子产生竞争性吸附效应。因此，在低 pH 值条件下，大多数吸附剂对以阳离子为主要存在形态的重金属离子的吸附作用较差。

溶液的 pH 值也会影响到吸附剂表面的活性位点和溶解度。初始溶液 pH 值的变化还可能会对材料表面活性位点的结构产生影响甚至是破坏作用。如在低 pH 值下，磁性二硫代氨基甲酸盐功能化石墨烯的吸附活性位点（—N—CS_2^-）容易被分解，产生胺和二硫化碳，导致材料的吸附容量降低。壳聚糖在酸性条件下会发生轻微的溶解造成吸附作用下降。通常活性炭在酸性溶液中的吸附速率比碱性溶液中快。

综上，pH 值对吸附性能的影响是多方面的。在分析 pH 值影响时，要结合吸附材料和吸附质的性质。对于吸附材料，需要通过 Zeta 电位测试得到其等电点，从而判断其表面的电荷状况。此外，还要注意吸附材料在不同 pH 值条件下是否有溶解、表面官能团被破坏等问题。对于离子型吸附质，首先需要弄清楚其在特定 pH 值条件下的解离状态，这对判断吸附质的带电情况以及与吸附剂活性位点的相互作用非常重要。

6.5.4 离子强度

背景离子强度是影响吸附过程的重要因素之一。离子强度对不同吸附过程产生不同的影响，这与吸附剂和吸附质的性质以及相关的吸附机理有关。离子强度对于吸附过程的影响途径是多样的，一般认为有以下几点：

① 溶液背景离子强度的增加，增强了其与吸附质之间的吸附竞争，从而减少了吸附质能够获得的有效吸附位点。

② 改变了吸附剂的 Zeta 电位，影响其与吸附质之间的静电相互作用。

③ 离子强度的增加可以减少静电斥力，引起粒子聚集，减少有效吸附位点的数量，从而减少对目标重金属离子的吸附。

④ 影响吸附质的活度系数，限制了它们在吸附剂表面的吸附过程。

⑤ 溶液的背景离子可能会影响吸附剂的扩散双电层厚度和界面电位，从而区分外球（对离子强度敏感）和内球（对离子强度不敏感）表面复合物。进一步解释就是，如果某吸附过程对离子强度敏感，则该过程中静电吸引或离子交换是其中一种主要的吸附机制；反之，其吸附机制基本不涉及静电吸引或离子交换。

⑥ 溶液的背景离子可能会与吸附质形成不利于吸附的水溶性配合物。如 Cl^- 会与 Hg^{2+} 形成 $HgClOH$、$HgCl^+$ 和 $HgCl_2(aq)$，也会与 Cd^{2+} 形成 $CdCl^+$。

一般认为，电解质的加入压缩了双电层的厚度，削弱了吸附质与吸附剂之间的静电作用。因此，当吸附剂和吸附质之间存在静电吸引作用时，增加离子强度对吸附不利；而当吸附剂和吸附质之间存在静电排斥作用时，增加离子强度对吸附有利。向溶液中加入电解质之后，溶液中的其他电解质或非电解质的溶解度减小或增大的现象，分别称为盐析或盐溶效应。电解质被加入非电解质溶液中后，它们相互争夺溶剂分子，电解质离子争夺溶剂分子的能力更强，这会导致溶剂分子由非电解质向电解质离子迁移，从而降低非电解质的水合度和溶解度，使其更倾向于被吸附。一般来说，阳离子水合度高于阴离子水合度，阳离子主要与盐析效应有关，而阴离子主要与盐溶效应有关，整体效应如何，取决于二者的平衡。例如有机物被活性炭吸附，离子强度增加时，吸附量增大，这可能和盐析效应有关：由于盐析效应，吸附质在溶液中的溶解度减小，亲水性减弱，从而更容易靠疏水作用被吸附。总之，离子强度对吸附的影响比较复杂，在实际吸附过程中，平衡吸附量随离子强度的增加而增加、基本不变和减小的情况都有可能存在，应视情况而论。

6.5.5　共存物质

共存物质对吸附的影响较复杂，有的可以相互诱发吸附，有的能独立地被吸附，有的则相互起干扰作用。当水溶液中无机离子含量与自然水体相近时，对有机物的吸附几乎没有什么影响，但当有汞、铬、铁等金属离子在活性炭表面发生氧化还原反应沉积时，会使活性炭的孔径变窄。水环境中有机物对吸附过程的影响不容忽视，其中以腐殖酸和黄腐酸为代表，它们包含了天然水体中约 60% 的有机物。腐殖酸含有丰富的羧基、酚羟基和醇羟基等功能基团，与水体中溶解的吸附质和固体吸附剂表面官能团相互作用，从而影响对吸附质的吸附。水中有机物对吸附的影响是非常复杂的，与重金属离子的种类、吸附剂的性质、有机物的种类和初始浓度等因素都有密切的关系。以 Pb(Ⅱ) 为例，在腐殖酸浓度较低时，腐殖酸通过配位作用与吸附剂活性位点结合，引入更多的功能基团，从而可以吸附更多的 Pb(Ⅱ)；但随着腐殖酸浓度的增大，溶液中更多的游离腐殖酸与 Pb(Ⅱ) 发生作用，形成稳定的腐殖酸-Pb 配合物，从而减少 Pb(Ⅱ) 的吸附；进一步增大腐殖酸的浓度会形成更多的腐殖酸-Pb 配合物，它们之间开始发生聚集、沉淀，最终导致溶液中 Pb(Ⅱ) 再次减少。

在物理吸附过程中，吸附剂可对多种吸附质产生吸附作用，因此多种吸附质共存时，吸附剂对其中任何一种吸附质的吸附能力，都要低于组分浓度相同但只含该吸附质时的吸附能力，即每种溶质都会以某种方式与其他溶质竞争吸附活性中心点。比如，废水中有油类物质或悬浮物存在时，前者会在吸附剂表面形成油膜，后者会堵塞吸附剂孔隙，分别对膜扩散和孔隙扩散产生干扰和阻碍作用，因此在吸附之前，需要采用预处理措施将它们去除。

6.5.6 其他因素

温度是影响吸附性能的重要参数之一。在水相吸附行为研究中，温度范围一般为 $10\sim50℃$，这符合各种污废水或天然水的实际情况。温度对吸附性能的影响常常体现在吸附等温线与吸附热力学中。在吸附等温线的分析中，温度的变化影响各种吸附等温线模型中的参数。在热力学研究中，常用吉布斯自由能变（ΔG）判断吸附过程能否自发进行和自发程度，ΔG 的值越负，说明吸附过程越容易自发进行，即越有利于吸附。由于吸附通常是放热过程，所以温度越低对吸附越有利，特别是以物理吸附为主的场合。除了对吸附的热力学过程产生影响外，温度升高还会影响吸附材料的性质，导致吸附剂变质，从而影响吸附性能。如当温度超过 $45℃$ 时，壳聚糖材料由于不能承受更高的温度而变质，导致对金属离子的吸附性能下降。

在吸附过程中，应尽量使吸附剂与吸附质之间有充足的接触时间，确保吸附接近平衡。当流速过大时，接触时间较短，虽然单位时间内处理的水量较大，但吸附未能达到平衡，因此吸附量较小；延长接触时间可以在一定程度上提高处理效果，但会降低设备的生产能力。实际吸附操作过程需通过试验确定最佳接触时间，一般不超过 $0.5\sim1.0h$。此外，搅拌或增大流速能提高扩散速率，减小吸附剂表面液膜厚度，从而有利于吸附过程的进行。但相较于其他因素，搅拌强度对吸附过程的影响并不明显。

6.6 吸附机理及水处理中常用吸附剂

吸附是一种建立在分子扩散基础上的物质表面现象，可根据固体表面与吸附质分子之间作用力的性质分为物理吸附、化学吸附和离子交换吸附。

人们认为引起物理吸附的力是普遍存在于各种原子和分子之间的范德瓦耳斯力。范德瓦耳斯力来源于原子与分子间的取向力、诱导力和色散力三种作用。极性分子之间固有偶极与固有偶极之间的静电引力称为取向力，其实质是静电力。非极性分子之间只有色散力；非极性分子与极性分子之间有诱导力和色散力；极性分子之间有取向力、诱导力和色散力。这些作用力的总和称为分子间力，其大小和分子间距离的 6 次方成反比，一般作用范围在 $300\sim500pm$ 之间。此外，还有一种较强的特殊的分子间作用力——氢键。氢键的形成是由于氢原子和电负性较大的 X 原子（如 F、O、N）以共价键结合后，共用电子对强烈地偏向 X 原子，使氢核几乎"裸露"出来。这种"裸露"的氢核由于体积很小，又不带内层电子，不易被其他原子的电子云所排斥，所以它还能吸引另一个电负性较大的 Y 原子（如 F、O、N）中的孤对电子的电子云而形成 X—H…Y 类型的氢键。

化学吸附的吸附力是化学键力。化学键是分子内或晶体内相邻两个或多个原子（或离子）间强烈的相互作用力的统称。化学键主要有三种基本类型，即离子键、共价键和金属键。离子键是由电子转移（失去电子者为阳离子，获得电子者为阴离子）形成的，即阳离子和阴离子之间由于静电引力所形成的化学键。离子键的作用力强，无饱和性，无方向性。共价键是相邻两个原子之间自旋方向相反的电子相互配对形成的，此时原子轨道相互重叠，两核间的电子云密度相对增大，从而增加对两核的引力。共价键的作用力很强，有饱和性与方向性。由于金属晶体中存在自由电子，整个金属晶体的原子（或离子）与自由电子形成的化学键称为金属键。这种键可以看成由多个原子共用这些自由电子所组成，所以有人称其为改性的共价键。对于这种键还有一种形象化的说法："好像把金属原子沉浸在自由电子的海洋中。"金属键没有方向性与饱和性。由于固体表面存在不均匀力场，表面上的原子往往还有剩余的成键能力，当吸附质分子碰撞到吸附剂表面上时便与表面原子发生电子的交换、转移或共有，形成基于吸附化学键的吸附作用。化学吸附是多相催化反应的先决条件，并且在多个学科领域有广泛的应用。

吸附质的离子由于静电引力聚集到吸附剂表面的带电点上，同时吸附剂也放出一个等当量离子，这种吸附称为离子交换吸附。其特征为：离子所带电荷越多，吸附作用越强；电荷相同的离子，其水化半径越小，越易被吸附。

在实际吸附过程中，物理吸附、化学吸附和离子交换吸附并不是孤立的，往往同时发生，实际应用中的大多数吸附现象往往是上述三种吸附作用的综合结果。但由于吸附质、吸附剂及其他因素的影响，某一种吸附作用可能在特定情况下成为主要机理。固体表面与液体接触时，液体中的一种或多种组分可在固液界面上富集，这种现象即为固液界面的吸附作用。目前，固液吸附的机制大多是沿袭气体吸附的理论模型，适当地做一些修正，但由这些理论得出的某些参数的物理意义尚不清晰，或者说是经验性的。因此，本节主要对一些比较成熟的吸附机制进行阐述，主要包括金属氧化物或黏土矿物对溶液中无机离子及有机物的吸附作用机制。

6.6.1　无机离子的吸附

对于水中的无机离子，特别是重金属离子与电解质离子，其在氧化物固体表面的吸附已经得到了广泛的研究，现就一般规律进行阐述。

6.6.1.1　重金属离子在无机表面的吸附

（1）表面配位吸附

在水环境中，硅、铝、铁的氧化物和氢氧化物是常用的吸附剂，特别适用于对金属离子的吸附，涉及的吸附机理包含离子交换、水解吸附、表面沉淀等。曾有许多学者提出各种模型试图实现定量计算，其中斯蒂姆（Stumm）及欣德勒（Shindler）等人在 20 世纪 70 年代提出的表面配位模型逐步得到了广泛认可和推广应用，目前已成为吸附的主流理论之一。该模型把氧化物表面对金属离子的吸附看作一种表面配位反应。一般在水环境中，金属氧化物表面都含有 $\equiv XOH$ 基团，这是由于其表面离子的配位不饱和，因而金属氧化物表面的离子与水溶液中的水发生配位反应，并随着配合态的水的解离而生成羟基化表面。金属氧化物表面的 $\equiv XOH$ 基团在溶液中可以与金属阳离子生成配位化合物，从而表现出两性表面特性及相应的电荷变化。

$$XOH + M^{n+} \rightleftharpoons XOM^{(n-1)+} + H^+$$

上式的平衡常数可反映出吸附程度及电荷与溶液 pH 和离子浓度的关系。如果可以求出平衡常数的数值，则由溶液 pH 和离子浓度可求得表面的吸附量和相应的电荷。表面配位模型的实质是把金属氧化物表面看作一种聚合酸，其大量羟基可以发生表面配位反应，但在配位平衡过程中需将邻近基团的电荷影响考虑在内，由此区别于溶液中的配位反应。现在，该吸附模型已经得到广泛应用，吸附剂扩展到黏土矿物和有机物，吸附质已扩展到许多阳离子、阴离子、有机酸和高分子等。

（2）静电引力吸附

水合金属氧化物表面官能团会因溶液 pH 的改变而发生质子化或去质子化，从而使固体表面带正电荷或负电荷，由此可通过静电引力将带相反电荷的金属离子吸附在其表面上。如壳聚糖表面带正电的氨基可作为活性结合位点与带负电的重铬酸根离子［Cr(Ⅵ) 主要以 $Cr_2O_7^{2-}$、$HCrO_4^-$、CrO_4^{2-} 和 $HCr_2O_7^-$ 的形式存在于水溶液中］产生静电吸引将其去除。

6.6.1.2 电解质离子在无机表面的吸附

（1）离子的强烈静电作用的吸附

某些与固体表面带电性质相反的离子在一定条件下可因静电相互作用在固液界面吸附，从而构成斯特恩（Stern）层。表征固体表面带电性质的基本参数是等电点（IEP），当溶液 pH 值低于等电点时，固体表面带正电荷，反之则带负电荷。因此，pH<IEP 时固体表面吸附阴离子，pH>IEP 时固体表面吸附阳离子。同时，需要指出的是，也有与固体表面带电性质相同的离子被吸附的情况，如带正电荷的硫酸钡晶体可以从溶液中吸附 Pb^{2+} 和 Cu^{2+}，在这种情况下，吸附主要是依靠其他作用而非电性吸引作用。

（2）离子交换吸附

天然的和人工合成的某些无机固体上的束缚离子可与电解质溶液中的某些离子发生等当量的交换反应，这种作用称为离子交换。具有离子交换能力的固体物质称为离子交换剂。设 XM_2 为带有可交换离子 M_2 的离子交换剂，M_1 为溶液中的可交换离子，两者之间可发生如下交换：

$$XM_2 + M_1 \rightleftharpoons XM_1 + M_2$$

根据离子交换的性质，可将离子交换剂分为阳离子型和阴离子型两大类。阳离子型的典型活性基团有—COOH、—OH 及—SO_3H 等，阴离子型的活性基团有—NH_2 及—NH 等。离子交换剂的基本参数之一为交换容量，它通常以每克干交换剂能交换的离子量表示，其大小与活性基团数目、交换离子的浓度和价态及离子半径大小有关。

一般地，在稀溶液中一价阳离子交换能力的顺序为：

$$Cs^+ > Rb^+ > K^+ > NH_4^+ > Na^+ > H^+ > Li^+$$

二价阳离子交换能力的顺序为：

$$Ba^{2+} > Pb^{2+} > Sr^{2+} > Ca^{2+} > Cd^{2+} > Mg^{2+} > Be^{2+}$$

阴离子交换能力的顺序为：

$$柠檬酸根 > SO_4^{2-} > 草酸根 > I^- > NO_3^- > Br^- > SCN^- > Cl^- >$$

$$H_2PO_4^- > HCOO^- > OH^- > F^-$$

6.6.2　有机物的吸附

在有些环境条件下，极性无机物表面可能对有机分子的吸附至关重要。如果有机物的结构有助于表面作用，将会提升水溶液中有机化合物在极性无机物表面的吸附效果。通常地，这种吸附驱动力包括有机物的疏水性、电子供体/受体作用、异种电荷的相互吸引作用及表面键合作用（内部-球面复合体）（图 6-2）。本小节主要研究水相中有机物在极性无机物表面吸附的作用机理，首先考虑了非离子型有机物在极性无机物表面的吸附，然后讨论了溶液中离子型化合物在静电引力作用下在带电矿物表面的吸附。

6.6.2.1　非离子型有机物在无机物表面的吸附

当无机固体完全浸没于水中时，其表面会吸附非离子型有机物。在某些条件下，这类吸附是相当重要的。比如，在某些环境体系中，没有足够多的天然有机质覆盖固体表面来支配吸附。因此，无机矿物表面和有机质之间可能存在唯一的吸附过程，该过程可以忽略天然有机质的存在。根据经验得知，非离子型有机物在无机固体上的吸附最好用线性等温线来描述，如芘在高岭土悬浮物上的吸附符合此经验结果。总体上，这些有机吸附物的结构使其不能同极性表面之间进行强烈的相互作用。相反，对于其他化合物，如某些含硝基的芳香族化合物（NACs），在黏土矿物上的吸附则符合 Langmuir 吸附等温线，这些化合物可专门与矿物表面上的点位反应，从吸附焓来看，此类化合物与矿物表面点位的作用呈现更强的键合性。

一些非离子型有机物表现出比氯苯和多环芳烃（PAHs）等非极性和弱单极性化合物强得多的矿物表面亲和作用。在这种情况下，有机吸附物能从无机矿物表面取代水，并参与吸附质与吸附剂分子之间的相当强的相互作用。此类化合物通常包括硝基芳香族化合物，如三硝基甲苯（TNT）、一些除草剂、二硝基甲酚等。在一定条件下，这些硝基芳香族化合物在硅酸盐黏土上的吸附表现为非线性等温特性，表明两者之间存在特殊的相互作用。由于芳香环上硝基取代物具有很强的吸电子特性，而硅酸盐矿物的硅氧烷上存在多余电子，因此只要这些硅氧烷表面的氧没有被大量的水合阳离子所阻挡，硝基芳香族化合物就能与其构成一个电子供体/受体的复合物。

6.6.2.2　离子型有机物在带电荷矿物表面的吸附

本小节讨论的带电荷矿物，其结构至少具有 1 个解离的官能团（如—COO^-、—NH_3^-、—SO_3^- 等），这些离子型有机物一般出现在两类区域：溶解到水层并立即与表面接触[图 6-2(d)]或实质键合到矿物表面 [图 6-2(e)]。目前研究表明，离子型有机吸附物同天然固体作用的吸附等温线是非线性的。此外，由于 pH 值可改变矿物表面电荷和离子型有机物的形态，因此离子型有机物与固体表面的作用受 pH 值等因素影响。同时，固体的电荷密度取决于材料对周围条件的特殊响应，所以吸附剂的矿物组成也是关键因素之一。下面将具体分析离子型有机物同带电固体表面作用的特性，并讨论如何估算此类吸附的程度。

首先需要讨论控制水中固体表面电荷 $\sigma_{surface}$ 存在的机理。

每种无机固体都具有可解离表面基团，所以其在水溶液中都有一个带电表面。如果表面电荷与离子型有机物所带的电荷相反，则会在溶液中该有机吸附物和颗粒表面之间产生静电

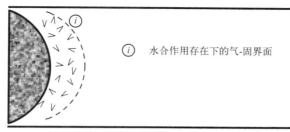

(a) 从气相中吸附到仅有少量水存在的无机表面

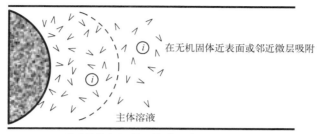

(b) 从水溶液分配到与无机表面结合的有机吸附质

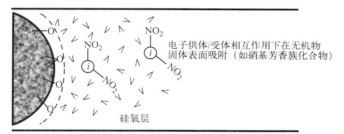

(c) 从水溶液吸附到电子供体/受体相互作用产生的特殊表面位置

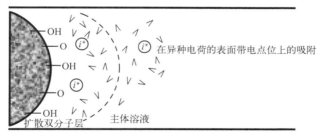

(d) 由于静电吸引力，带电分子从水溶液中吸附到有过剩电荷的无机物表面

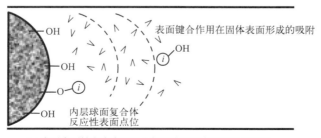

(e) 由于表面键合或内层配合物形成作用产生的化学吸附

图 6-2　有机物 i 吸附于天然无机物固体表面的多种可能途径

吸引。这种静电引力将无机抗衡离子（如 Ca^{2+}）吸引至负电荷表面。所以，离子型有机物就会在颗粒周围的薄水层上不断积累并作为溶液中电荷的一部分来平衡固体表面电荷。相反，与固体表面带有相同电荷的有机物将被排斥离开固体近表层水。要临近固体表面水层必须含有过量"抗衡离子"（见图 6-3 中的 Cl^- 和 i^-），它们带有与颗粒表面等量但极性相反的电荷。富含离子的水层有时也被称为扩散双电层，其厚度与溶液离子强度成反比。有研究报道扩散双电层的特征厚度是 $0.28 \times I^{-0.5}$ nm，I 是溶液离子强度。对天然水的典型离子组分（约为 $10^{-2} \sim 0.5$ mol/L）而言，这意味着大多数抗衡离子都被压缩在 $0.3 \sim 10$ nm 厚的水层中，几乎全部在表面 $1 \sim 30$ nm 的水层中。可以说，这是真正的非常特殊的微观水环境。

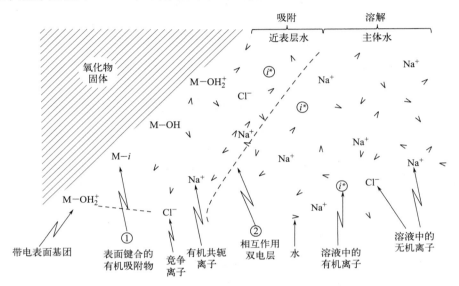

图 6-3   水中带电粒子在矿物表面的吸附

[水中一个带正电的氧化物颗粒吸引阴离子物质（包括有机阴离子）到近表层水，其中一些阴离子物质可能会和表面反应，取代其他基团，形成与表面结合的吸附物，固体中的 M 指 Si、Al、Fe 等原子]

无机固体所处的水溶液和其矿物学性质很大程度上决定了颗粒表面电荷的量。此处只讨论一些代表性无机吸附剂，如氧化物或氢氧化物。

天然固体一般由氧化物或氢氧化物构成，它们的水-湿表面覆盖着羟基，能够与水溶液发生质子交换：

$$\equiv M\!-\!OH_2^+ \rightleftharpoons \equiv M\!-\!OH + H^+ \tag{6-18}$$

$$\equiv M\!-\!OH \rightleftharpoons \equiv M\!-\!O^- + H^+ \tag{6-19}$$

其中 $\equiv M$ 代表颗粒表面的原子，如 Si、Fe 和 Al。这些反应的酸-碱平衡常数如下：

$$K_{a1} = [\equiv M\!-\!OH][H^+]/[\equiv M\!-\!OH_2^+] \tag{6-20}$$

$$K_{a2} = [\equiv M\!-\!O^-][H^+]/[\equiv M\!-\!OH] \tag{6-21}$$

这些平衡常数既反映了特殊 O—H 键的本质，又反映了 H^+ 靠近或离开带电表面的静电自由能。

$$K_{a1} = K_{a1}^{int} e^{zF\psi/(RT)} \tag{6-22}$$

$$K_{a2} = K_{a2}^{int} e^{zF\psi/(RT)} \tag{6-23}$$

式中 z——电荷数，对交换离子 $z = +1$，在这里交换离子指 H^+；

F——法拉第常数，96485C/mol；

ψ——与溶液相关的表面电位，V 或 J/C；

R——摩尔气体常数，8.314J/(mol·K)；

T——热力学温度，K。

在 pH 值逐渐升高的情况下，反应(6-18)向右进行，ψ 正值将越来越小；随着反应(6-19)向右进行，ψ 会越来越负。并且随着溶液 pH 值不断升高，表面电荷累积的变化使得从负电荷增加的氧化物表面移走 H^+ 愈加困难，这种影响可以通过式(6-22)和式(6-23)中的指数项计算得到。

从上述反应可以看出固体表面 $\equiv MOH_2^+$ 和 $\equiv MO^-$ 的量控制着表面电荷密度。电荷浓度 $\sigma_{surface}$ 可以通过计算正负点位浓度差获得（忽略其他特殊吸附质）：

$$\sigma_{surface} = [\equiv M-OH_2^+] - [\equiv M-O^-] \tag{6-24}$$

其中表面电荷浓度以 mol/m^2 为单位。当两者浓度相等时，表面上的净电荷为零（$\psi=0$）；此时溶液的 pH 值为电荷零点 pH 值，称为 pH_{zpc}。知道 $\equiv MOH_2^+$ 和 $\equiv MOH$ 本身的酸度就可以计算得到 pH_{zpc}。

$$[H^+]_{zpc}^2 = K_{a1}^{int} K_{a2}^{int} \tag{6-25}$$

$$pH_{zpc} = 0.5(pK_{a1}^{int} + pK_{a2}^{int}) \tag{6-26}$$

式(6-26)表明氢氧化物的 pH_{zpc} 位于其表面基团所固有的 pK_a 中间。因此，当水溶液 pH 值低于 pH_{zpc} 时，$[\equiv MOH_2^+] > [\equiv MO^-]$，表面带正电荷，反之则带负电荷。

通常地，在 pH 近中性时，氧化物的表面电荷密度应在 $10^{-8} \sim 10^{-6}\ mol/m^2$ 范围内，这说明在每平方米表面上有 $10^{-8} \sim 10^{-6}\ mol$ 抗衡离子由于静电引力而聚集，该表面的特性通常显示出固体的阳离子交换容量或阴离子交换容量，它们分别取决于固体带净负电荷还是净正电荷。

6.6.3　水处理中常用吸附剂

在水处理中，所有的固体界面反应都有吸附作用的参与。作为常用的吸附剂，其必须具有较大的比表面积、较高的吸附容量、出色的吸附选择性、稳定性、耐磨性、耐腐蚀性、较好的机械强度且具有价廉易得等特点。

（1）活性白土、漂白土、硅藻土等天然矿物质

其主要成分是 SiO_2、Al_2O_3、Fe_2O_3，经适当加工活化处理后即可作为吸附剂使用。虽然吸附容量不大，选择吸附分离能力差，但这些天然材料来源广泛。

（2）活性炭

活性炭是煤、重油、木材、果壳等含碳类物质加热炭化，再经药剂（如氯化锌、氯化锰、磷酸等）或水蒸气活化制成的多孔性炭结构的吸附剂。活性炭的性质因原料和制备方法的不同而相差很大。按原料可分为果壳系、泥炭褐煤系、烟煤系和石油系，按形态可分为粉末活性炭、颗粒活性炭、纤维活性炭等。活性炭具有吸附容量大、性能稳定、抗腐蚀、高温解吸时结构热稳定性好、解吸容易等特点，并且可吸附、解吸多次反复使用，被广泛用于水污染控制领域。

（3）硅胶

硅胶是一种坚硬、多孔结构的硅酸聚合物颗粒，其分子式为 $SiO_2 \cdot nH_2O$，是用酸处理硅酸钠水溶液生成的凝胶。控制其生成、洗涤和老化的条件，可调节和控制其比表面积、孔体积和孔半径的大小。硅胶是极性吸附剂，其对极性的含氮物质（如胺、吡啶）或含氧物质（如酚、水、醇）等具有较强的吸附能力，但对非极性物质吸附较难。

（4）活性氧化铝

由铝的水合物加热脱水、活化而制成。水合物的结构和形态以及制备条件都能够影响产品的性质。活性氧化铝是没有毒性的坚硬颗粒，在水或液体中不溶胀、软化或崩碎破裂，抗冲击和耐磨损能力强。

（5）沸石分子筛

沸石分子筛是一种孔径大小均一的吸附剂，具有许多孔穴和微孔，因此具有很大的内表面积和吸附容量。沸石分子筛的孔径大小均匀一致，因此只能吸附能通过孔道的分子。人工合成沸石是极性吸附剂，对极性分子具有很大的亲和力，能根据溶质极性的不同进行选择性吸附。分子筛的化学稳定性、耐热稳定性、抗酸碱能力、机械强度、耐磨损性都较差。除了人工合成沸石外，我国天然沸石资源丰富，价格低廉，亦具有沸石分子筛的性能。天然沸石因成因和晶体结构不同而种类繁多，性质相差也较大，天然沸石离子交换容量和选择性较低，工业水处理中常用改性的沸石。

（6）吸附树脂

吸附树脂是一种具有巨大网状结构的合成大孔径树脂，由苯乙烯、吡啶等单体和二乙烯苯共聚而成。树脂物理化学性能稳定，品种较多，有非极性到高极性多种类型，可按需求选择使用。

（7）腐殖酸类吸附剂

主要有天然的富含腐殖酸的风化煤、泥煤、褐煤等，它们可以直接使用或经简单处理后使用。腐殖酸的活性基团有酚羟基、羧基、醇羟基、甲氧基、羰基、醌基、氨基、磺酸基等。这些活性基团有阳离子吸附性能，能够吸附工业废水中多种金属离子，如汞、铬、锌、镉、铅、铜等。

6.7   吸附在水污染控制中的应用

在水污染控制中，吸附技术处理的对象是生化过程难以降解的有机污染物或用一般氧化技术难以氧化的溶解性有机物，包括木质素、氯或硝基取代的芳烃化合物、合成染料、洗涤剂和难降解的农药等。同时，吸附法能够从高浓度废水中吸附某些物质达到资源回收的目的。由于吸附法对进水的预处理要求高以及吸附剂的成本相对较高，吸附法主要用来去除废水中的微量污染物，以达到深度净化的目的，如用于废水中少量重金属离子的去除、有害的生物难降解有机物的去除、脱色除臭等。此外，吸附在受污染水体的深度处理或自然水体突发环境事件应急中也得到了广泛的应用。以下是几个具体的应用示例。

6.7.1　芳香类有机废水的治理和资源回收

重庆市某化工厂生产 2-萘酚，它是一种重要的染料中间体。生产过程中产生的含高浓度萘磺酸钠的母液废水，经吹萘后形成的吹萘废水的 COD 高达 20000mg/L，经检测，废水中的主要有机物是 β-萘磺酸钠和 α-萘磺酸钠，同时含有 60g/L 左右的无机盐。该废水很难进行生物处理，采用配位吸附树脂 ND-910 与复合功能吸附树脂 NDA-99 二级吸附加氧化的组合工艺处理后，废水可直接达标排放，同时可从每吨废水中回收约 5~8kg 的萘磺酸钠，年回收量超过 1000t。

江苏某化工厂生产 4,4′-二氨基二苯基乙烯-2,2′-二磺酸（DSD 酸），该物质是重要的染料中间体。在生产过程中，氧化工艺工段产生的废水颜色深、酸性强、无机盐含量高，COD 高达 20000mg/L，色度高达 25000 倍。通过采用配位吸附树脂 ND-900 与复合功能吸附树脂 NDA-88 二级串联吸附工艺，COD 去除率达到 95% 以上，色度可降到 100 倍左右。

江苏某化工厂生产邻甲苯胺和对甲苯胺，它们都是重要的有机中间体。生产过程中产生 COD 分别高达 37000mg/L 和 21000mg/L 的废水，其色度高、毒性大且可生物降解性差。通过采用氨基修饰复合功能吸附树脂处理该废水，COD 去除率均达到 94% 左右，还可从废水中回收大部分邻甲苯胺和对甲苯胺，平均每吨废水中可回收邻甲苯胺产品 8~10kg，对甲苯胺产品 4~6kg。

6.7.2　饮用水重大污染事故中的应用

2005 年 11 月，某地化工厂车间发生爆炸，对流域饮用水源安全造成严重威胁，活性炭吸附是这次污染事故的首选应急处理技术。具体应急措施如下：一是在水厂取水口处投加粉末活性炭，这样活性炭可以在取水口到净水厂的输水管线中将水中可能存在的硝基苯吸附去除（实际运行中发现在抵达某市水源之前，河水中硝基苯已经提前挥发殆尽，因此水源中并未检出硝基苯）；二是将现有砂滤池改造成活性炭和石英砂双层滤料滤池，具体方法是把现有的石英砂挖出半米左右再加入半米厚的粒状活性炭。上述两种措施保障了水厂出水水质。

2014 年 4 月，某地石化管道泄漏导致当地自来水厂出水中苯含量高达 $118\mu g/L$，此后曾升高至 $200\mu g/L$ 左右，超出国家规定排放标准的 20 倍。事故发生后，工作人员第一时间向水厂沉淀池投加大量活性炭，对苯进行为期三天的持续吸附后，水厂出水水质达到国家相关标准。

在应急过程中，活性炭吸附法展现出了良好的净化效果，经活性炭吸附后，水质可达到生活饮用水水质标准。

6.7.3　废水中重金属和有机物的去除

山东某氯碱化工企业的聚氯乙烯（PVC）生产过程产生的含汞废水，经过前端的硫化沉淀＋活性炭过滤吸附，汞含量保持在 $50\mu g/L$ 左右，但出水要求汞含量达到 $3\mu g/L$ 以下，而后该公司采用特制除汞螯合树脂 CH-97，最终出水汞含量降至 50ng/L 以下，达到排放标准。该吸附技术获得工程公司及终端业主高度好评，也因此在 PVC 行业含汞废水深度处理中树立了行业标杆。

山东某化工企业产量为 350t/d 的含吡啶废水的处理流程如下：将废水预先过滤去除其中的悬浮和颗粒物质，随后废水进入含有活性炭的吸附塔进行吸附，吸附后废水中吡啶含量由初始的 656mg/L 降至 2mg/L 以下，处理后的废水可直接进入生化系统，生化处理后的废水可实现中水回用，减少生产消耗的水量。

此外，吸附法对铁路货车洗刷废水、火药（TNT）化工废水等均有较好的净化效果。研究还证实，活性炭及其纳米金属氧化物对锑、铜、铬、铅和镉等金属及其化合物都有很好的吸附能力。

📚 思考练习题

1. 什么叫物理吸附和化学吸附？两者有什么不同点？

2. 什么叫吸附等温线？它的基本类型有哪些？

3. Langmuir 方程的基本假设是什么？方程的形式和适用范围如何？方程式中的常数如何求解？

4. 吸附过程通常分为哪几个阶段？吸附速率一般由哪几个阶段控制？

5. 准一级与准二级反应的动力学方程式是什么？其含义是什么？

6. 简要论述影响吸附反应的因素。

7. 有机物在固液界面吸附，其吸附驱动力一般有哪些？

8. 请简要论述吸附作用如何影响污染物在水中的迁移转化。

参考文献

[1]　章燕豪. 吸附作用[M]. 上海：上海科技文献出版社，1989.

[2]　王郁. 水污染控制工程[M]. 北京：化学工业出版社，2008.

[3]　北川浩，铃木谦一郎，鹿政理. 吸附的基础与设计[M]. 北京：化学工业出版社，1983.

[4]　吴志坚，刘海宁，张慧芳. 离子强度对吸附影响机理的研究进展[J]. 环境化学，2010，（16）：997-1003.

[5]　黄志宇. 表面及胶体化学[M]. 北京：石油工业出版社，2012.

[6]　Stumm W. Chemistry of the Solid-Water Interface[M]. New York：John Wiley & Sons，Inc.，1992.

[7]　戴树桂. 环境化学[M]. 2 版. 北京：高等教育出版社，2006.

[8]　安德森. 水溶液吸附化学：无机物在固-液界面上的吸附作用[M]. 北京：科学出版社，1989.

[9]　赵振国. 吸附作用应用原理[M]. 北京：化学工业出版社，2005.

[10]　Schwarzenbach R P，Gschwend P M，Imboden D M. Environmental Organic Chemistry[M]. New York：John Wiley & Sons，Inc.，2002.

[11]　王云海，陈庆云，赵景联. 环境有机化学[M]. 西安：西安交通大学出版社，2015.

7

氧化还原反应

📖 **学习目标**

① 掌握氧化还原电对的概念，能够应用能斯特方程计算标准电极电位和条件电极电位，掌握影响条件电极电位的因素。

② 能根据能斯特方程，由相关电对的电极电位求得其平衡常数，能够从氧化还原反应的平衡常数判断反应进行的完全程度；掌握影响氧化还原反应速率的因素，包括反应物浓度、温度、催化剂等。

③ 能够绘制并解析经典氧化还原反应体系的 pε-pH 图。

④ 了解水污染控制中常见的氧化技术和还原技术。

7.1 氧化还原反应的基本原理

7.1.1 氧化还原电对

反应前后化合价发生变化的反应称为氧化还原反应，其反应过程始终伴随着电子的转移。

在氧化还原反应过程中，氧化剂（氧化态）得到电子，转化为还原态；还原剂（还原态）失去电子，转化为氧化态。一对氧化态和还原态构成的共轭体系称为氧化还原电对，简称电对，用"氧化态/还原态"表示，比如 Fe^{3+}/Fe^{2+} 电对、Sn^{4+}/Sn^{2+} 电对。氧化还原电对的反应称为氧化还原半反应。

一个完整的氧化还原反应是两个氧化还原电对共同作用的结果。例如，Fe^{3+}/Fe^{2+} 电对和 Sn^{4+}/Sn^{2+} 电对之间可以发生如下氧化还原反应：

$$2Fe^{3+} + Sn^{2+} \rightleftharpoons 2Fe^{2+} + Sn^{4+}$$

电对中氧化态和还原态的共轭关系可以用氧化还原半反应来表示，例如 Fe^{3+}/Fe^{2+} 电对和 Sn^{4+}/Sn^{2+} 电对的半反应可以表示为：

$$2Fe^{3+} + 2e^- \rightleftharpoons 2Fe^{2+}$$

$$Sn^{4+} + 2e^- \rightleftharpoons Sn^{2+}$$

氧化还原反应中可能同时发生的酸碱反应、沉淀反应及配位反应对氧化还原反应产生的影响，必须在氧化还原反应中表示出来。例如，$Cr_2O_7^{2-}$ 中的六价铬在酸性条件下被还原为三价铬，$Cr_2O_7^{2-}/Cr^{3+}$ 电对的半反应为：

$$Cr_2O_7^{2-} + 6e^- + 14H^+ \rightleftharpoons 2Cr^{3+} + 7H_2O$$

7.1.2 能斯特方程

氧化还原反应可由下列平衡式表示：

$$Ox_1 + Red_2 \rightleftharpoons Red_1 + Ox_2$$

式中 Ox 表示某一氧化还原电对的氧化态，Red 表示其还原态，它们的氧化还原半反应可用下式表示：

$$Ox + ne^- \rightleftharpoons Red$$

式中 n——电子转移数。

氧化剂的氧化能力或还原剂的还原能力的大小可以用电极电位来衡量，可逆氧化还原电对的电极电位可由能斯特（Nernst）方程求得，即

$$\varphi_{Ox/Red} = \varphi_{Ox/Red}^{\ominus} + \frac{RT}{nF}\ln\frac{a_{Ox}}{a_{Red}} \tag{7-1a}$$

式中 $\varphi_{Ox/Red}$——Ox/Red 电对的电极电位；

$\varphi_{Ox/Red}^{\ominus}$——Ox/Red 电对的标准电极电位；

a_{Ox}，a_{Red}——氧化态（Ox）和还原态（Red）的活度；

n——半反应中的电子转移数。

式中其他项均为常数，如摩尔气体常数 R 为 8.314J/（K·mol），T 为 298K（25℃），法拉第常数 F 为 96485C/mol。将有关常数代入式(7-1a)，并取常用对数，温度为 25℃时，

$$\varphi_{Ox/Red} = \varphi_{Ox/Red}^{\ominus} + \frac{0.059}{n}\lg\frac{a_{Ox}}{a_{Red}} \tag{7-1b}$$

在 25℃条件下，当氧化还原半反应中各组分都处于标准状态，即分子或离子的活度等于 1mol/L 或 $a_{Ox}/a_{Red} = 1$，如有气体参加反应，则其分压为 101.325kPa，此时 $\varphi_{Ox/Red}$ 就等于该电对的标准电极电位，即

$$\varphi_{Ox/Red} = \varphi_{Ox/Red}^{\ominus}$$

$\varphi_{Ox/Red}^{\ominus}$ 的大小只与电对本身及温度有关，在温度一定时为常数。

应该说明，能斯特方程只适用于可逆氧化还原电对（例如 I_2/I^-、Fe^{3+}/Fe^{2+} 等），可逆电对在反应的任一瞬间能迅速建立起氧化还原平衡，其电极电位的实测值与能斯特方程计

算值完全一致。相反，不可逆电对（例如，$S_4O_6^{2-}/S_2O_3^{2-}$、$Cr_2O_7^{2-}/Cr^{3+}$、MnO_4^-/Mn^{2+}、$CO_2/C_2O_4^{2-}$、SO_4^{2-}/SO_3^{2-} 等）的电极电位实测值与计算值差别较大。但是，目前尚没有更简便的理论公式用于计算不可逆电对的电极电位，故仍沿用能斯特方程，这在实际工作中仍有相当的参考价值。

如果忽略离子强度的影响，以溶液中的实际浓度（$[Ox]$ 和 $[Red]$）代替活度进行计算，则能斯特方程转变为以下形式：

$$\varphi_{Ox/Red} = \varphi_{Ox/Red}^{\ominus} + \frac{0.059}{n} \lg \frac{[Ox]}{[Red]}$$

Ox/Red 电对的电极电位越大，其氧化态的氧化能力越强；电对的电极电位越小，其还原态的还原能力越强。因此，根据有关电对的电极电位大小，可以判断氧化还原反应进行的方向，电极电位大的氧化态物质可以氧化电极电位小的还原态物质。例如：

$$2ClO_2 + 5Mn^{2+} + 6H_2O \Longrightarrow 5MnO_2 + 12H^+ + 2Cl^-$$

已知 $\varphi_{ClO_2/Cl^-}^{\ominus} = 1.95V$，$\varphi_{MnO_2/Mn^{2+}}^{\ominus} = 1.23V$，可见 $\varphi_{Ox/Red}$ 大的氧化态物质 ClO_2 的氧化能力强，$\varphi_{Ox/Red}$ 小的还原态物质 Mn^{2+} 还原能力强，上式反应向右进行。故在水处理中，可用 ClO_2 氧化去除 Mn^{2+}，生成的 MnO_2 通过过滤去除。

7.1.3 条件电极电位

条件电极电位，是考虑外界因素影响时的电极电位。在实际工作中，溶液中离子强度的影响通常是不能忽略的。另外，一旦溶液的组成发生变化，氧化态和还原态物质的存在形态也将随之改变，从而引起其电极电位的变化。因此，在用能斯特方程计算有关电对的电极电位时，必须考虑离子强度和氧化态或还原态的存在形态这两个因素。如若仍然使用该电对的标准电极电位进行计算，计算结果将会与实际情况产生较大的偏离。

以 Fe^{3+} 为例，其活度与浓度之间的关系如下：

$$a_{Fe^{3+}} = \gamma_{Fe^{3+}}[Fe^{3+}]$$

式中　$a_{Fe^{3+}}$——Fe^{3+} 的活度；

$\gamma_{Fe^{3+}}$——Fe^{3+} 的活度系数；

$[Fe^{3+}]$——Fe^{3+} 的物质的量浓度。

由于离子间静电作用随它们的浓度增大而增大，因此活度系数 γ 的值小于 1.0。γ 的引入可以矫正溶液中某成分的物化行为偏离理想溶液的程度，γ 是溶液离子强度（μ）的函数。

当 $\mu < 5 \times 10^{-3}$ 时，　　　　　$-\lg\gamma_i = 0.5Z_i^2\mu^{0.5}$

当 $5 \times 10^{-3} < \mu < 0.1$ 时，　　　$-\lg\gamma_i = \dfrac{AZ_i^2\mu^{0.5}}{1 + B\alpha_i\mu^{0.5}}$

式中　Z_i——组分 i 的电荷数；

A——和溶液相关的常数，$A = 0.488$（$0℃$），0.50（$0.45℃$），0.509（$25℃$）；

B——和溶液相关的另一常数，$B = 0.324 \times 10^8$（$0℃$），0.326×10^8（$0.45℃$），0.328×10^8（$25℃$）；

α_i——与水合离子直径相关的常数（对除 H^+ 外的一价离子，$\alpha_i = 3 \times 10^{-8} \sim 4 \times 10^{-8}$）。

在 Fe(Ⅲ) 和 Fe(Ⅱ) 体系中，考虑离子强度的影响，活度与浓度之间的关系如下：

$$a_{Fe^{3+}} = \gamma_{Fe^{3+}}[Fe^{3+}], \quad a_{Fe^{2+}} = \gamma_{Fe^{2+}}[Fe^{2+}]$$

代入式(7-1b)，则

$$\varphi_{Fe^{3+}/Fe^{2+}} = \varphi_{Fe^{3+}/Fe^{2+}}^{\ominus} + \frac{0.059}{n}lg\frac{\gamma_{Fe^{3+}}[Fe^{3+}]}{\gamma_{Fe^{2+}}[Fe^{2+}]} \tag{7-2a}$$

在 Fe(Ⅲ) 和 Fe(Ⅱ) 体系中，除了 Fe^{3+} 和 Fe^{2+} 外，还有 Fe^{3+} 和 Fe^{2+} 与溶剂或 Cl^- 等阴离子发生反应产生的其他多种形态。比如在 1mol/L HCl 溶液中，Fe(Ⅲ) 除 Fe^{3+} 外，还有 $FeOH^{2+}$、$FeCl^{2+}$、$FeCl_2^+$ 等形态；Fe(Ⅱ) 除了 Fe^{2+} 外，还有 $FeOH^+$、$FeCl^+$、$FeCl_2$ 等形态。若用 $c_{Fe(Ⅲ)}$、$c_{Fe(Ⅱ)}$ 表示溶液中 Fe^{3+} 及 Fe^{2+} 的浓度，则有

$$\alpha_{Fe^{3+}} = \frac{c_{Fe(Ⅲ)}}{[Fe^{3+}]}, \quad [Fe^{3+}] = \frac{c_{Fe(Ⅲ)}}{\alpha_{Fe^{3+}}}$$

和

$$\alpha_{Fe^{2+}} = \frac{c_{Fe(Ⅱ)}}{[Fe^{2+}]}, \quad [Fe^{2+}] = \frac{c_{Fe(Ⅱ)}}{\alpha_{Fe^{2+}}} \tag{7-2b}$$

式中，$\alpha_{Fe^{3+}}$ 和 $\alpha_{Fe^{2+}}$ 分别是 HCl 溶液中 Fe^{3+} 和 Fe^{2+} 的副反应系数。

将式(7-2b) 代入式(7-2a) 得

$$\varphi_{Fe^{3+}/Fe^{2+}} = \varphi_{Fe^{3+}/Fe^{2+}}^{\ominus} + 0.059lg\frac{\gamma_{Fe^{3+}}\alpha_{Fe^{2+}}c_{Fe(Ⅲ)}}{\gamma_{Fe^{2+}}\alpha_{Fe^{3+}}c_{Fe(Ⅱ)}} \tag{7-2c}$$

式(7-2c) 即为考虑了上述两个因素后的能斯特方程。

通常溶液中的离子强度较大，活度系数的计算过程又很复杂，况且有时 γ 值不易求得；当存在大量副反应时，求副反应系数 α 值的过程也很复杂。为简化计算，将式(7-2c) 变为式(7-2d)：

$$\varphi_{Fe^{3+}/Fe^{2+}} = \varphi_{Fe^{3+}/Fe^{2+}}^{\ominus} + 0.059lg\frac{\gamma_{Fe^{3+}}\alpha_{Fe^{2+}}}{\gamma_{Fe^{2+}}\alpha_{Fe^{3+}}} + 0.059lg\frac{c_{Fe(Ⅲ)}}{c_{Fe(Ⅱ)}}$$

$$= \varphi_{Fe^{3+}/Fe^{2+}}^{\ominus'} + 0.059lg\frac{c_{Fe(Ⅲ)}}{c_{Fe(Ⅱ)}} \tag{7-2d}$$

式中

$$\varphi_{Fe^{3+}/Fe^{2+}}^{\ominus'} = \varphi_{Fe^{3+}/Fe^{2+}}^{\ominus} + 0.059lg\frac{\gamma_{Fe^{3+}}\alpha_{Fe^{2+}}}{\gamma_{Fe^{2+}}\alpha_{Fe^{3+}}} \tag{7-2e}$$

一般通式为：

$$\varphi_{Ox/Red} = \varphi_{Ox/Red}^{\ominus'} + \frac{0.059}{n}lg\frac{c_{Ox}}{c_{Red}} \tag{7-3}$$

式中

$$\varphi_{Ox/Red}^{\ominus'} = \varphi_{Ox/Red}^{\ominus} + \frac{0.059}{n}lg\frac{\gamma_{Ox}\alpha_{Red}}{\gamma_{Red}\alpha_{Ox}} \tag{7-4}$$

称 $\varphi_{Ox/Red}^{\ominus'}$ 为条件电极电位，它是在特定条件下，氧化态和还原态的总浓度 $c_{Ox} = c_{Red} = 1mol/L$ [如 $c_{Fe(Ⅲ)} = c_{Fe(Ⅱ)} = 1mol/L$] 或 $c_{Ox}/c_{Red} = 1$ [如 $c_{Fe(Ⅲ)}/c_{Fe(Ⅱ)} = 1$] 时的实际电极电位，在条件不变时为一常数。显然，条件电极电位 $\varphi^{\ominus'}$ 的大小与标准电极电位 $\varphi^{\ominus}$ 有关，因此也受温度影响；$\varphi^{\ominus'}$ 与活度系数（γ）有关，因而又受离子强度影响；$\varphi^{\ominus'}$ 还与副反应系数有关，因而受到溶液 pH 值、配位剂浓度等其他因素的影响。条件电极电位的大小表示在某些外界因素影响下氧化还原电对的实际氧化还原能力。

【例 7-1】 已知 $\varphi_{Ag^+/Ag}^{\ominus} = 0.80V$，AgCl 的 $K_{sp} = 1.8 \times 10^{-10}$，求 $\varphi_{AgCl/Ag^0}^{\ominus'}$。

解：因为溶液中有 Cl^- 存在，根据沉淀平衡得到

$$[Ag^+]=\frac{K_{sp \cdot AgCl}}{[Cl^-]}$$

故　　$\varphi_{AgCl/Ag}^{\ominus\prime}=\varphi_{Ag^+/Ag}^{\ominus}+0.059lg[Ag^+]=\varphi_{Ag^+/Ag}^{\ominus}+0.059(lgK_{sp \cdot AgCl}-lg[Cl^-])$

当 $[Cl^-]=1mol/L$ 时，相应的电位就是 $AgCl/Ag$ 电对的条件电极电位。

$$\varphi_{AgCl/Ag}^{\ominus\prime}=\varphi_{Ag^+/Ag}^{\ominus}+0.059lgK_{sp \cdot AgCl}$$
$$=0.80+0.059lg(1.8\times10^{-10})$$
$$=0.22(V)$$

应用条件电极电位 $\varphi^{\ominus\prime}$ 能更准确地判断氧化还原反应的方向、次序和反应完成的程度。有关标准电极电位 $\varphi^{\ominus}$ 和条件电极电位 $\varphi^{\ominus\prime}$ 的数据见附表 3 和附表 4。当电解质浓度较低时，可用标准电极电位 $\varphi^{\ominus}$；电解质浓度较高时，则应该采用条件电极电位 $\varphi^{\ominus\prime}$。水污染控制中，电解质浓度一般较高，要应用 $\varphi^{\ominus\prime}$。在附表中缺少相同条件下 $\varphi^{\ominus\prime}$ 值时，可采用条件相近的 $\varphi^{\ominus\prime}$ 值。例如，附表 4 中查不到 $1.5mol/L\ H_2SO_4$ 溶液中 Fe^{3+}/Fe^{2+} 的 $\varphi^{\ominus\prime}$ 值，可用 $1mol/L\ H_2SO_4$ 溶液中该电对的 $\varphi^{\ominus\prime}=0.68V$ 代替；若采用 $\varphi^{\ominus}=0.77V$，则误差更大。如果在附表中也无法查找到条件相近的电极电位 $\varphi^{\ominus\prime}$，则只好用 $\varphi^{\ominus}$ 代替 $\varphi^{\ominus\prime}$ 作近似计算。

【例 7-2】　在 $2.5mol/L\ HCl$ 溶液中，用固体亚铁盐将 $0.10mol/L\ K_2Cr_2O_7$ 溶液还原至一半时，溶液的电极电位为多少？

解：亚铁盐还原铬的方程如下所示。

$$Cr_2O_7^{2-}+14H^++6e^-\Longrightarrow2Cr^{3+}+7H_2O$$

溶液的电极电位就是 $Cr_2O_7^{2-}/Cr^{3+}$ 电对的电极电位。因附表 4 中无 $2.5mol/L\ HCl$ 溶液中该电对的 $\varphi^{\ominus\prime}$，可采用条件相近的 $3mol/L\ HCl$ 溶液中的 $\varphi^{\ominus\prime}=1.08V$。根据题意，$0.10mol/L\ K_2Cr_2O_7$ 还原至一半时：

$$c_{Cr_2O_7^{2-}}=0.05mol/L$$
$$c_{Cr^{3+}}=2\times(0.10-c_{Cr_2O_7^{2-}})=0.10mol/L$$

因此　　

$$\varphi=\varphi_{Cr_2O_7^{2-}/Cr^{3+}}^{\ominus\prime}+\frac{0.059}{6}lg\frac{c_{Cr_2O_7^{2-}}}{(c_{Cr^{3+}})^2}$$
$$=1.08+\frac{0.059}{6}lg\frac{0.05}{0.10^2}$$
$$=1.09(V)$$

7.1.4　影响条件电极电位的因素

一般在一定条件下可以通过实验直接测得条件电极电位 $\varphi^{\ominus\prime}$，但是在一些相对简单的情况下，经过一定的近似处理后，$\varphi^{\ominus\prime}$ 值也可以通过计算求得，这样可更好地了解影响条件电极电位的因素及条件电极电位在水污染控制和水处理中的重要作用。

7.1.4.1　离子强度的影响

由式(7-4)的条件电极电位定义可知，活度系数 γ 是影响 $\varphi^{\ominus\prime}$ 值的因素之一，而 γ 值又

取决于溶液中的离子强度。当溶液中离子强度较大时，活度系数 $\gamma \ll 1$，活度与浓度的差别较大，在能斯特方程中，如用浓度代替活度计算电极电位，则计算值与实际情况出入较大。但是，活度系数计算烦琐，且离子强度的影响一般又都远远小于各种副反应及其他因素的影响，所以可近似认为各活度系数 $\gamma = 1$，从而忽略离子强度的影响。

7.1.4.2 副反应的影响

氧化还原反应中的副反应，如沉淀反应和配位反应，常常使电对的氧化态或还原态浓度发生改变，从而改变电对的电极电位。

（1）生成沉淀的影响

如果溶液中存在能与氧化态或还原态物质生成沉淀的沉淀剂，或者溶液中某种氧化态或还原态物质因水解而生成沉淀时，由于氧化态或还原态浓度的改变，氧化还原电对的电极电位也会相应发生改变。具体来说，氧化态生成沉淀时会导致电对的电极电位降低，而还原态生成沉淀时则会使电对的电极电位升高。此时的电极电位实质上是沉淀剂存在时的条件电极电位。

【例7-3】 地下水除铁时常采用曝气法，利用水中的溶解氧将 Fe^{2+} 氧化成 Fe^{3+}，Fe^{3+} 再进一步水解生成 $Fe(OH)_3$ 沉淀，其反应为

$$4Fe^{2+} + 8HCO_3^- + O_2 + 2H_2O \Longrightarrow 4Fe(OH)_3 \downarrow + 8CO_2 \uparrow$$

该氧化还原反应中各电对的标准电极电位是

$$\varphi_{Fe^{3+}/Fe^{2+}}^{\ominus} = 0.77V$$

$$\varphi_{O_2/OH^-}^{\ominus} = 0.40V$$

由于氧化态 Fe^{3+} 水解生成了 $Fe(OH)_3$ 沉淀，则 Fe^{3+} 的浓度是微溶化合物 $Fe(OH)_3$ 溶解平衡时的浓度，有如下关系式：

$$Fe(OH)_3 \Longrightarrow Fe^{3+} + 3OH^-$$

$$K_{sp \cdot Fe(OH)_3} = 3 \times 10^{-39}$$

$$[Fe^{3+}] = \frac{K_{sp \cdot Fe(OH)_3}}{[OH^-]^3}$$

则

$$\varphi_{Fe^{3+}/Fe^{2+}} = \varphi_{Fe^{3+}/Fe^{2+}}^{\ominus} + 0.059\lg\frac{[Fe^{3+}]}{[Fe^{2+}]}$$

$$\varphi_{Fe^{3+}/Fe^{2+}} = \varphi_{Fe^{3+}/Fe^{2+}}^{\ominus} + 0.059\lg\frac{\dfrac{K_{sp \cdot Fe(OH)_3}}{[OH^-]^3}}{[Fe^{2+}]}$$

$$= \varphi_{Fe^{3+}/Fe^{2+}}^{\ominus} + 0.059\left(\lg K_{sp \cdot Fe(OH)_3} + \lg\frac{1}{[OH^-]^3[Fe^{2+}]}\right)$$

当 $c_{OH^-} = c_{Fe(II)} = 1mol/L$ 时，体系的实际电位就是 $Fe(OH)_3/Fe^{2+}$ 电对的条件电极电位。

$$\varphi_{Fe(OH)_3/Fe^{2+}}^{\ominus\prime} = \varphi_{Fe(OH)_3/Fe^{2+}}^{\ominus} + 0.059\lg K_{sp \cdot Fe(OH)_3}$$

$$= 0.77 + 0.059\lg(3 \times 10^{-39})$$

$$= -1.50(V)$$

可见，由于 Fe^{3+} 水解生成沉淀，电极电位由原来的 $0.77V$ 下降至 $-1.50V$。此时

$$\varphi_{Fe(OH)_3/Fe^{2+}}^{\ominus\prime} = -1.50V \qquad \varphi_{O_2/OH^-}^{\ominus} = 0.40V$$

即 $\varphi_{O_2/OH^-}^{\ominus} > \varphi_{Fe(OH)_3/Fe^{2+}}^{\ominus\prime}$，因此氧化态 O_2 能够与还原态 Fe^{2+} 发生反应，表明地下水除铁采用曝气法是可行的。这就说明用条件电极电位处理问题更符合实际情况。若采用标准电极电位 $\varphi_{Fe^{3+}/Fe^{2+}}^{\ominus} = 0.77V$ 处理，由于 $\varphi_{Fe(OH)_3/Fe^{2+}}^{\ominus} > \varphi_{O_2/OH^-}^{\ominus}$，会否定曝气法，得出错误的结论。

【例 7-4】 碘量法中测定 Cu^{2+} 的含量时，用碘化物（如 NaI）还原 Cu^{2+} 的反应为

$$2Cu^{2+} + 2I^- \rightleftharpoons 2Cu^+ + I_2$$
$$+) \quad 2I^- + 2Cu^+ \rightleftharpoons 2CuI\downarrow$$
$$\overline{\qquad\qquad\qquad\qquad\qquad}$$
$$2Cu^{2+} + 4I^- \rightleftharpoons 2CuI\downarrow + I_2$$

I^- 还原 Cu^{2+} 反应中，各电对的标准电极电位是

$$\varphi_{Cu^{2+}/Cu^+}^{\ominus} = 0.159V$$
$$\varphi_{I_2/I^-}^{\ominus} = 0.536V$$

但是，上述氧化还原反应中，I^- 既是还原剂又是沉淀剂，由于 I^- 与 Cu^+ 生成 CuI 沉淀，此时 Cu^+ 的浓度由微溶化合物 CuI 溶解平衡时的浓度决定，即

$$CuI \rightleftharpoons Cu^+ + I^- \qquad K_{sp\cdot CuI} = 1.1 \times 10^{-12}$$

$$[Cu^+] = \frac{K_{sp\cdot CuI}}{[I^-]}$$

则
$$\varphi_{Cu^{2+}/Cu^+} = \varphi_{Cu^{2+}/Cu^+}^{\ominus} + 0.059\lg\frac{[Cu^{2+}]}{[Cu^+]}$$

$$= \varphi_{Cu^{2+}/Cu^+}^{\ominus} + 0.059\lg\frac{[Cu^{2+}]}{K_{sp\cdot CuI}/[I^-]}$$

$$= \varphi_{Cu^{2+}/Cu^+}^{\ominus} + 0.059\lg\frac{1}{K_{sp\cdot CuI}} + 0.059\lg([Cu^{2+}][I^-])$$

$[I^-] = [Cu^{2+}] = 1mol/L$ 时，体系的实际电位就是 Cu^{2+}/CuI 电对的条件电极电位，即

$$\varphi_{Cu^{2+}/CuI}^{\ominus\prime} = \varphi_{Cu^{2+}/Cu^+}^{\ominus} + 0.059\lg\frac{1}{K_{sp\cdot CuI}}$$

$$= 0.159 + 0.059\lg\frac{1}{1.1\times10^{-12}}$$

$$= 0.865(V)$$

显然，碘量法测定水中 Cu^{2+} 时，Cu^{2+} 被 I^- 还原成 Cu^+ 后，又与 I^- 生成了沉淀，使电极电位由原来的 $0.159V$ 上升到 $0.865V$，此时

$$\varphi_{Cu^{2+}/CuI}^{\ominus\prime} = 0.865V$$
$$\varphi_{I_2/I^-}^{\ominus} = 0.536V$$

即 $\varphi_{Cu^{2+}/CuI}^{\ominus\prime} > \varphi_{I_2/I^-}^{\ominus}$，因此 Cu^{2+} 能够被 I^- 还原，表明可用碘量法测定水中的 Cu^{2+}。如果用标准电极电位处理，则有 $\varphi_{Cu^{2+}/Cu^+}^{\ominus}(0.159V) < \varphi_{I_2/I^-}^{\ominus}(0.536V)$，$I^-$ 不能还原 Cu^{2+}，这就表明不能用碘量法测定水中 Cu^{2+} 的含量，是不符合实际的。

（2）生成配合物的影响

如果溶液中有能与氧化态或还原态生成配合物的配位剂存在，由式（7-4）可知，副反应系数 α 是影响 $\varphi^{\ominus\prime}$ 值的因素之一。

【例 7-5】　在【例 7-4】中，用碘量法测定水中 Cu^{2+} 的含量时，如果有 Fe^{3+} 存在，则由于 $\varphi^{\ominus}_{Fe^{3+}/Fe^{2+}}(0.77V) > \varphi^{\ominus}_{I_2/I^-}(0.536V)$，会优先氧化 I^-，影响 Cu^{2+} 的测定。

$$2Fe^{3+} + 2I^- \Longrightarrow 2Fe^{2+} + I_2$$

如果向溶液中加入 NH_4F，则 Fe^{3+} 与配位剂 F^- 生成 $Fe(F_6)^{3-}$ 稳定配合物，使氧化态 Fe^{3+} 浓度发生改变，即

$$Fe^{3+} + 6F^- \Longrightarrow Fe(F_6)^{3-}$$

Fe^{3+} 与 F^- 的配合物的 $\beta_1 = 10^{5.2}$，$\beta_2 = 10^{9.2}$，$\beta_3 = 10^{11.9}$，$\beta_5 = 10^{15.77}$。$\varphi^{\ominus}_{Fe^{3+}/Fe^{2+}} = 0.77V$。在 pH=3.0 时，体系中 $[F^-] = 0.04mol/L$，则配位效应系数 $\alpha_{Fe^{3+}(F^-)}$ 近似为

$$\begin{aligned}
\alpha_{Fe^{3+}(F^-)} &= 1 + \beta_1[F^-] + \beta_2[F^-]^2 + \beta_3[F^-]^3 + \beta_5[F^-]^5 \\
&= 1 + 10^{3.80} + 10^{6.40} + 10^{7.71} + 10^{8.78} \\
&= 10^{8.81}
\end{aligned}$$

$$\alpha_{Fe^{2+}} = 1$$

依据条件电极电位的定义，则有

$$\begin{aligned}
\varphi^{\ominus\prime}_{Fe(F_6)^{3-}/Fe^{2+}} &= \varphi^{\ominus}_{Fe^{3+}/Fe^{2+}} + 0.059\lg\frac{\alpha_{Fe^{2+}}}{\alpha_{Fe^{3+}}} \\
&= 0.77 + 0.059\lg\frac{1}{10^{8.81}} \\
&= 0.25(V)
\end{aligned}$$

显然，此时 $\varphi^{\ominus\prime}_{Fe(F_6)^{3-}/Fe^{2+}} < \varphi^{\ominus}_{I_2/I^-}(0.536V)$，$Fe^{3+}$ 不再氧化 I^-，表明加入 NH_4F 使 Fe^{3+} 生成稳定配合物后，Fe^{3+} 不再干扰 I^- 还原 Cu^{2+}，这又进一步证明应用条件电极电位 $\varphi^{\ominus\prime}$ 更符合实际情况。

7.1.4.3　H^+ 浓度的影响

某些氧化还原半反应有 H^+ 或 OH^- 参与，其条件电极电位必然受 H^+ 或 OH^- 的影响。

【例 7-6】　用 As_2O_3（俗名砒霜，剧毒）作基准物质，标定碘标准溶液的浓度。As_2O_3 难溶于水，易溶于碱性溶液中，生成亚砷酸盐（正亚砷酸盐）：

$$As_2O_3 + 6OH^- \Longrightarrow 2AsO_3^{3-} + 3H_2O$$

AsO_3^{3-} 与 I_2 的反应式如下：

$$AsO_3^{3-} + I_2 + H_2O \Longrightarrow AsO_4^{3-} + 2I^- + 2H^+ \qquad ①$$

在酸性溶液中，AsO_4^{3-}/AsO_3^{3-} 电对和 I_2/I^- 电对的半反应是

$$H_3AsO_4 + 2H^+ + 2e^- \Longrightarrow H_3AsO_3 + H_2O \qquad ②$$

$$\varphi^{\ominus}_{H_3AsO_4/H_3AsO_3} = 0.559V$$

$$I_2 + 2e^- \Longrightarrow 2I^- \qquad ③$$

$$\varphi^{\ominus}_{I_2/I^-} = 0.536V$$

可见，只有在半反应式②中，有 H^+ 参与反应。根据能斯特方程（忽略离子强度和副反应影响）：

$$\varphi_{H_3AsO_4/H_3AsO_3} = \varphi^{\ominus}_{H_3AsO_4/H_3AsO_3} + \frac{0.059}{2}\lg\frac{[H_3AsO_4][H^+]^2}{[H_3AsO_3]}$$

$$= \varphi^{\ominus}_{H_3AsO_4/H_3AsO_3} + \frac{0.059}{2}\lg[H^+]^2 + \frac{0.059}{2}\lg\frac{[H_3AsO_4]}{[H_3AsO_3]}$$

当 $[H_3AsO_4] = [H_3AsO_3] = 1mol/L$ 时，其条件电极电位

$$\varphi^{\ominus\prime}_{H_3AsO_4/H_3AsO_3} = \varphi^{\ominus}_{H_3AsO_4/H_3AsO_3} + \frac{0.059}{2}\lg[H^+]^2$$

改变 $[H^+]$，其条件电极电位计算如下：

当 $[H^+] = 1mol/L$ 时，$\varphi^{\ominus\prime}_{H_3AsO_4/H_3AsO_3} = \varphi^{\ominus}_{H_3AsO_4/H_3AsO_3} = 0.559V$；

当 $[H^+] = 10^{-1}mol/L$ 时，$\varphi^{\ominus\prime}_{H_3AsO_4/H_3AsO_3} = 0.559 + \frac{0.059}{2}\lg(10^{-1})^2 = 0.500(V)$。

同样计算得：$[H^+] = 10^{-3}mol/L$、$10^{-5}mol/L$ 和 $10^{-8}mol/L$ 时，$\varphi^{\ominus\prime}_{H_3AsO_4/H_3AsO_3}$ 分别为 0.382V、0.264V 和 0.087V。

条件电极电位的计算结果表明，在强酸性条件（pH＝0）下，$\varphi^{\ominus\prime}_{H_3AsO_4/H_3AsO_3} > \varphi^{\ominus}_{I_2/I^-}$，砷酸（$H_3AsO_4$）将氧化 I^-，使反应①向左进行，不能用亚砷酸（H_3AsO_3）标定碘标准溶液；只有在 pH＝1.0～8.0 时，$\varphi^{\ominus\prime}_{H_3AsO_4/H_3AsO_3} < \varphi^{\ominus}_{I_2/I^-}$ 时，亚砷酸（H_3AsO_3）才能还原 I_2，使反应向右进行。

7.2　氧化还原反应的化学平衡

7.2.1　氧化还原平衡常数

氧化还原反应通式可用下式表示：

$$n_2Ox_1 + n_1Red_2 \Longrightarrow n_2Red_1 + n_1Ox_2$$

当反应达到平衡时，其平衡常数可根据能斯特方程，由有关电对的电极电位求得。由氧化还原反应的平衡常数，可以判断反应进行的完全程度。上式的平衡常数表达式为

$$K = \frac{a_{Red_1}^{n_2} a_{Ox_2}^{n_1}}{a_{Ox_1}^{n_2} a_{Red_2}^{n_1}} \tag{7-5}$$

若考虑溶液中各种副反应的影响，以相应的总浓度 c_{Ox}、c_{Red} 代替活度 a_{Ox}、a_{Red}，所得平衡常数为条件平衡常数 K'：

$$K' = \frac{c_{Red_1}^{n_2} c_{Ox_2}^{n_1}}{c_{Ox_1}^{n_2} c_{Red_2}^{n_1}} \tag{7-6}$$

有关电对的半反应及相应电极电位分别为

$$Ox_1 + n_1e^- \Longrightarrow Red_1，\varphi_1 = \varphi_1^{\ominus} + \frac{0.059}{n_1}\lg\frac{a_{Ox_1}}{a_{Red_1}}$$

$$Ox_2 + n_2 e^- \rightleftharpoons Red_2, \quad \varphi_2 = \varphi_2^\ominus + \frac{0.059}{n_2} \lg \frac{a_{Ox_2}}{a_{Red_2}}$$

反应达到平衡时，两电对的电极电位相等，有

$$\varphi_1^\ominus + \frac{0.059}{n_1} \lg \frac{a_{Ox_1}}{a_{Red_1}} = \varphi_2^\ominus + \frac{0.059}{n_2} \lg \frac{a_{Ox_2}}{a_{Red_2}}$$

两边同时乘以 $n_1 n_2$，或乘以 n_1 与 n_2 的最小公倍数 n，整理后得

$$\lg K = \frac{(\varphi_1^\ominus - \varphi_2^\ominus) n_1 n_2}{0.059} \tag{7-7}$$

或

$$\lg K = \frac{(\varphi_1^\ominus - \varphi_2^\ominus) n}{0.059}$$

式中　K——氧化还原反应的平衡常数；

$\varphi_1^\ominus, \varphi_2^\ominus$——两电对的标准电极电位；

n_1, n_2——氧化剂与还原剂半反应中的电子转移数；

n——n_1 和 n_2 的最小公倍数。

式(7-7) 表明，氧化还原反应的平衡常数与两电对的标准电极电位及电子转移数有关。若考虑溶液中各种副反应的影响，以相应的条件电极电位 $\varphi^{\ominus\prime}$ 代替 $\varphi^\ominus$，整理得

$$\lg K' = \frac{(\varphi_1^{\ominus\prime} - \varphi_2^{\ominus\prime}) n_1 n_2}{0.059} \tag{7-8}$$

或

$$\lg K' = \frac{(\varphi_1^{\ominus\prime} - \varphi_2^{\ominus\prime}) n}{0.059}$$

由上述讨论可知，$\Delta\varphi^\ominus$ 或 $\Delta\varphi^{\ominus\prime}$ 的大小直接影响 K 或 K' 的大小，$\Delta\varphi^\ominus$ 或 $\Delta\varphi^{\ominus\prime}$ 越大，则 K 或 K' 越大，反应进行得越完全。因此，也可通过比较两电对的 $\Delta\varphi^\ominus$ 或 $\Delta\varphi^{\ominus\prime}$ 来判断氧化还原反应进行的程度。

7.2.2　氧化还原反应进行程度

水污染控制或者水处理中，通常要求氧化还原反应进行得越完全越好。要使反应完全程度达 99.9% 以上，要求在计量点时满足：

$$\frac{c_{Red_1}}{c_{Ox_1}} \geqslant 10^3, \quad \frac{c_{Ox_2}}{c_{Red_2}} \geqslant 10^3$$

当 $n_1 \neq n_2$ 时，由式(7-6) 可得

$$\lg K' = \lg \left[\left(\frac{c_{Red_1}}{c_{Ox_1}} \right)^{n_2} \left(\frac{c_{Ox_2}}{c_{Red_2}} \right)^{n_1} \right] \geqslant \lg(10^{3n_2} \times 10^{3n_1}) = 3(n_1 + n_2)$$

即

$$\lg K' \geqslant 3(n_1 + n_2) \tag{7-9}$$

将式(7-9) 代入式(7-8)，得

$$\frac{(\varphi_1^{\ominus\prime} - \varphi_2^{\ominus\prime}) n}{0.059} \geqslant 3(n_1 + n_2)$$

整理得

$$\varphi_1^{\ominus\prime}-\varphi_2^{\ominus\prime}\geqslant 3(n_1+n_2)\times\frac{0.059}{n} \tag{7-10}$$

当 $n_1=n_2$ 时，氧化还原反应通式 $n_2\mathrm{Ox_1}+n_1\mathrm{Red_2}\Longrightarrow n_2\mathrm{Red_1}+n_1\mathrm{Ox_2}$ 可变为

$$\mathrm{Ox_1}+\mathrm{Red_2}\Longrightarrow \mathrm{Red_1}+\mathrm{Ox_2}$$

则

$$\lg K'=\lg\left[\left(\frac{c_{\mathrm{Red_1}}}{c_{\mathrm{Ox_1}}}\right)\left(\frac{c_{\mathrm{Ox_2}}}{c_{\mathrm{Red_2}}}\right)\right]\geqslant\lg(10^3\times10^3)=6$$

此时，

$$\varphi_1^{\ominus\prime}-\varphi_2^{\ominus\prime}=\frac{0.059}{n}\times\lg K'\geqslant\frac{0.059}{n}\times6=\frac{0.35}{n} \tag{7-11}$$

例如，当 $n_1=n_2=1$ 时，由式(7-9)或式(7-11)可得 $\lg K'\geqslant6$ 或 $\varphi_1^{\ominus\prime}-\varphi_2^{\ominus\prime}\geqslant0.35\mathrm{V}$。实际应用中，电子转移数为 1 的氧化还原反应，只有当条件稳定常数 $K'\geqslant10^6$ 或条件电极电位的差值 $\Delta\varphi^{\ominus\prime}\geqslant0.40\mathrm{V}$ 时，才可以进行完全。

【例 7-7】 在 pH＝10～11 条件下，采用碱性氯化法处理电镀含氰（CN^-）废水的效果如何？

解：碱性氯化法是在碱性条件下，采用次氯酸钠、漂白粉、液氯等氧化剂将氰化物氧化的方法。无论采用何种氯系氧化剂，其基本原理都是利用次氯酸根（ClO^-）的氧化作用。反应如下：

$$ClO^-+CN^-+H_2O\Longrightarrow CNCl+2OH^-$$

$$CNCl+2OH^-\Longrightarrow CNO^-+Cl^-+H_2O$$

其中两个半反应式分别为

$$ClO^-+H_2O+2e^-\Longrightarrow Cl^-+2OH^- \qquad \varphi_{ClO^-/Cl^-}^{\ominus}=0.89\mathrm{V}$$

$$CNO^-+H_2O+2e^-\Longrightarrow CN^-+2OH^- \qquad \varphi_{CNO^-/CN^-}^{\ominus}=-0.97\mathrm{V}$$

$n_1=n_2=2$，故 $n=2$，由式(7-8)得

$$\lg K'=\frac{[0.89-(-0.97)^2]\times2}{0.059}\approx63>6$$

即 $K'=10^{63}$，水中剧毒的 CN^- 几乎全部转换成了微毒的氰酸根（CNO^-，毒性仅为氰的千分之一）。

【例 7-7】 中，处理电镀含氰废水的方法称为局部氧化法。局部氧化法要求氧化剂的量（以 $NaClO$ 计）应为废水含氰量的 5～8 倍。另外，还可采用完全氧化法处理含氰废水。该方法是在局部氧化法之后，将生成的氰酸根（CNO^-）以及经局部氧化后残存的氯化氰（$CNCl$）进一步氧化成 N_2 和 CO_2，消除氰酸盐对环境的污染。完全氧化法的 pH 应控制在 6.0～7.0，如果考虑电镀废水中重金属氢氧化物的沉淀去除，一般控制在 7.5～8.0 为宜。

【例 7-8】 采用氢气还原技术处理含汞（Hg^{2+}）废水的效果如何？

解：主要反应式为

$$H_2+Hg^{2+}\Longrightarrow Hg+2H^+$$

两个电对的半反应及标准电极电位分别为

$$Hg^{2+} + 2e^- \rightleftharpoons Hg \qquad \varphi^{\ominus}_{Hg^{2+}/Hg} = 0.854V$$

$$2H^+ + 2e^- \rightleftharpoons H_2 \qquad \varphi^{\ominus}_{H^+/H_2} = 0.000V$$

$n_1 = n_2 = 2$，故 $n = 2$，则

$$\lg K = \frac{(0.854 - 0.000) \times 2}{0.059} = 28.9 > 6$$

$K = 10^{28.9}$，Hg^{2+} 几乎全部转化成可回收的 Hg，说明该方法处理含汞废水效果较好。

7.3 氧化还原反应的速率

与酸碱反应和配位反应相比，氧化还原反应的速率通常慢得多。尽管从电极电位和平衡常数来看，某个化学反应是能够进行的，但若反应速率过慢，则该反应并无实际意义。换言之，从化学平衡观点来看，有些氧化还原反应是可能的，但从动力学角度看反应速率极慢，以至实际上这个反应根本无法实现。因此，反应速率的快慢又是氧化还原反应能否实际应用的关键。

例如水中的溶解氧：

$$O_2 + 4H^+ + 4e^- \rightleftharpoons 2H_2O \qquad \varphi^{\ominus}_{O_2/H_2O} = 1.23V$$

其标准电极电位（$\varphi^{\ominus}_{O_2/H_2O} = 1.23V$）较高，应该很容易氧化水中一些还原性较强的物质，如：

$$Sn^{4+} + 2e^- \rightleftharpoons Sn^{2+} \qquad \varphi^{\ominus}_{Sn^{4+}/Sn^{2+}} = 0.15V$$

$$TiO^{2+} + 2H^+ + e^- \rightleftharpoons Ti^{3+} + H_2O \qquad \varphi^{\ominus}_{TiO^{2+}/Ti^{3+}} = 0.10V$$

也就是说从溶解氧与后两者的电极电位看，Sn^{2+} 和 Ti^{3+} 是能够被 O_2 氧化成 Sn^{4+} 和 TiO^{2+} 的，然而事实上，这些还原性物质（Sn^{2+}、Ti^{3+}）在水中却相当稳定，这主要是由于 O_2 与 Sn^{2+} 和 Ti^{3+} 之间的反应速率太慢，以至于实际反应难以进行。

氧化还原反应进行得较慢的主要原因是其反应机理复杂，使许多氧化还原反应中电子转移遇到阻力，如溶液中溶剂分子和各种配体的阻碍、物质之间静电斥力的阻碍，以及由于氧化还原反应电子层结构和化学键性质及物质组成的改变造成的困难等。另外，氧化还原反应往往不是基元反应，而是分步进行的，在一系列中间步骤中只要其中一步进行得比较慢，就会影响总的反应速率。由于氧化还原反应历程比较复杂，许多真实的反应过程至今尚未完全阐明，且这方面的内容不属本书重点，故不作深入讨论。应该指出，除了反应物本身的性质外，外部因素，例如反应物浓度、温度、催化剂等，也在很大程度上影响了氧化还原反应的速率。

7.3.1 反应物浓度的影响

根据化学平衡移动原理，改变氧化剂或还原剂的浓度，可使反应向所要求的方向进行。
例如，用亚硫酸盐还原法处理电镀含铬漂洗废水时，主要反应为

$$2CrO_4^{2-} + 3SO_3^{2-} + 10H^+ \rightleftharpoons 2Cr^{3+} + 3SO_4^{2-} + 5H_2O$$

电镀含铬漂洗废水中 Cr(Ⅵ) 浓度一般为 $20 \sim 100 \text{mg/L}$，而且废水 pH 一般都在 5.0 以上，多数 Cr(Ⅵ) 以 CrO_4^{2-} 形态存在。由上述反应可知：一方面增加 SO_3^{2-} 的浓度，可加快反应速率，平衡向生成 Cr^{3+} 的方向移动，CrO_4^{2-} 和 SO_3^{2-} 的理论最优摩尔比为 2∶3，SO_3^{2-} 用量不宜过大，否则既浪费药剂，也可能因副反应生成 $[Cr_2(OH)_2SO_3]^{2+}$ 配合物离子，影响后续 Cr^{3+} 沉淀；另一方面，增加 H^+ 的浓度，在酸性条件下 Cr(Ⅵ) 的还原反应速率较快，因此，一般要求控制溶液 pH 在 $2.5 \sim 3.0$ 范围内。

Cr(Ⅵ) 被 SO_3^{2-} 还原成 Cr^{3+} 之后，用 NaOH 中和至 pH＝$7.0 \sim 8.0$，使 Cr^{3+} 生成氢氧化铬 $[Cr(OH)_3]$ 沉淀，然后过滤回收铬污泥。采用 NaOH 中和生成的 $Cr(OH)_3$ 纯度较高，可以综合利用。

$$Cr^{3+} + 3OH^- \Longrightarrow Cr(OH)_3 \downarrow$$

7.3.2　温度的影响

1889 年，阿伦尼乌斯在总结了大量实验结果的基础上，提出了阿伦尼乌斯公式：

$$\ln k = \frac{-E_a}{RT} + \ln A$$

式中　k——温度为 T 时的反应速率常数；

　　　E_a——实验活化能，一般可视为与温度无关的常数，J/mol 或 kJ/mol；

　　　R——摩尔气体常数，8.314J/(mol·K)；

　　　T——热力学温度，K；

　　　A——指前因子，也称为阿伦尼乌斯常数，单位与 k 相同。

根据阿伦尼乌斯公式，可知溶液的温度每升高 $10℃$，反应速率将会加快 $2 \sim 4$ 倍。温度升高，不仅增加了反应物之间的碰撞概率，更重要的是增加了活化分子或活化离子的量，进而提高了反应速率。

例如，采用高锰酸钾氧化技术去除水中的新有机污染物时，随着反应温度从 $10℃$ 分别升高至 $15℃$、$20℃$、$25℃$ 和 $30℃$，二级反应速率常数 k_{app} 从 1.63L/(mol·s) 分别升高至 2.45L/(mol·s)、3.03L/(mol·s)、7.22L/(mol·s)、10.29L/(mol·s)。如图 7-1 所示，$\ln k_{app}$ 与 $1/T$ 呈线性关系，可以求得高锰酸钾氧化双酚 A（BPA）的反应活化能 E_a 为 67.8kJ/mol。

应该指出，有些氧化还原反应速率虽然慢，但并不能通过加热来加快反应速率，因为加热可能使一些反应物或产物挥发、氧化等。例如，在测定 COD_{Cr} 时，要用 $K_2Cr_2O_7$ 标准溶液标定硫酸亚铁铵 $[(NH_4)_2Fe(SO_4)_2]$ 的浓度，主要反应为

$$Cr_2O_7^{2-} + 6Fe^{2+} + 14H^+ \Longrightarrow 2Cr^{3+} + 6Fe^{3+} + 7H_2O$$

如果加热，则 Fe^{2+} 易被 O_2 氧化成 Fe^{3+}。

7.3.3　催化剂的影响

7.3.3.1　催化反应

对于催化反应而言，加入催化剂，可改变反应历程，降低反应的活化能，使反应速率加

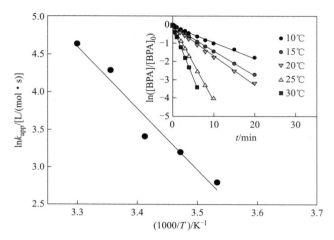

图 7-1   在 10℃、15℃、20℃、25℃和 30℃条件下高锰酸钾氧化双酚 A 的阿伦尼乌斯图
（反应条件：$[BPA]_0 = 5\mu mol/L$，$[Mn(\text{Ⅶ})]_0 = 100\mu mol/L$，$pH = 7.0$）

快。催化剂以循环方式参加反应，但最终并不改变其本身的状态和数量。利用催化反应加快反应速率的方法在水处理中有着广泛的应用。

给水处理中，锰砂除铁就是利用锰砂中 MnO_2 对水中 Fe^{2+} 的氧化反应的催化作用，从而大大加快了水中 Fe^{2+} 的氧化速率。新锰砂刚投入运行时，锰砂中的 MnO_2 首先被水中的溶解氧氧化成 7 价锰，7 价锰再将水中的 Fe^{2+} 氧化成 Fe^{3+}：

$$3MnO_2 + O_2 \Longrightarrow MnO \cdot Mn_2O_7$$

$$MnO \cdot Mn_2O_7 + 4Fe^{2+} + 2H_2O \Longrightarrow 3MnO_2 + 4Fe^{3+} + 4OH^-$$

这两个反应进行得都很快，所以大大加速了 Fe^{2+} 的氧化。这种靠天然锰砂中含有的 MnO_2 起催化作用的现象也被称为自身催化，简称自催化（auto-catalysis）。

给水处理中，锰砂除锰时，MnO_2 也能对水中 Mn^{2+} 的氧化起催化作用，其反应式如下：

$$Mn^{2+} + MnO_2 \cdot H_2O + H_2O \Longrightarrow MnO \cdot MnO_2 \cdot H_2O + 2H^+$$

$$MnO \cdot MnO_2 \cdot H_2O + H_2O + \frac{1}{2}O_2 \Longrightarrow 2MnO_2 \cdot H_2O$$

第一个反应发生在离子交换吸附阶段，一般地下水的 pH 在 5～8 之间，所以水合二氧化锰能够和水中的 Mn^{2+} 进行离子交换吸附，生成 $MnO \cdot MnO_2 \cdot H_2O$，其吸附的速率很快。而第二个反应发生在 Mn^{2+} 氧化阶段，MnO 被氧化成 MnO_2，原来的 MnO_2 获得再生，这个阶段的反应速率比吸附阶段的速率慢得多，因此氧化过程是整个反应的限速步骤。

7.3.3.2   诱导反应

由一个反应的发生，促进另一个反应进行的作用为诱导作用。例如，用 $KMnO_4$ 氧化去除水中 Fe^{2+} 时，酸性条件下的反应如下：

$$MnO_4^- + 5Fe^{2+} + 8H^+ \Longrightarrow Mn^{2+} + 5Fe^{3+} + 4H_2O$$

如果溶液中有 HCl 存在，消耗的 $KMnO_4$ 就会相应增多，从而造成较大的误差，这是由于 MnO_4^- 与 Cl^- 发生了如下反应：

$$2MnO_4^- + 10Cl^- + 16H^+ \Longrightarrow 2Mn^{2+} + 5Cl_2 + 8H_2O$$

反应中生成的 Cl_2 会从溶液中逸出。一般 $KMnO_4$ 与 Cl^- 的反应速率很慢，但是由于溶液中 Fe^{2+} 的存在，$KMnO_4$ 与 Fe^{2+} 的反应加速了 $KMnO_4$ 与 Cl^- 的反应。其中 $KMnO_4$ 与 Fe^{2+} 的反应即为诱导反应。

综上，催化反应和诱导反应都能加快反应速率，但二者的不同之处在于：在催化反应中，催化剂参与反应后，又会回到原来的状态；在诱导反应中，诱导体参加反应后，会转化为其他物质。

通过以上讨论可知，虽然影响氧化还原反应的因素较多，但只要控制合适的条件，就可使反应朝着需要的方向进行，从而使氧化还原反应在水污染控制领域发挥其应用价值。

7.4 常见氧化还原体系 pε-pH 图

在半反应 $Ox + ne^- \rightleftharpoons Red$ 中，有自由电子 e^- 存在。严格地说，水中的电子以水合电子（e_{aq}^-）的形式存在，水合电子的性质将在 7.6.4 高级还原技术一节中详细讨论。因此，这个半反应的化学平衡常数如下：

$$K_1 = \frac{[Red]}{[Ox][e^-]^n} \qquad (7-12)$$

式中 K_1——半反应的平衡常数；

[e^-]——电子活度。

电子活度 [e^-] 可以表示为：

$$[e^-] = \left(\frac{[Red]}{K'[Ox]}\right)^{-n} \qquad (7-13)$$

酸碱化学中 $-\lg[H^+]$ 可定义为 pH，类似地，pε 定义如下：

$$p\varepsilon = -\lg[e^-] \qquad (7-14)$$

电子活度即电子的有效浓度。通常而言，在一定温度下，电子活度越大，pε 越小，还原能力或提供电子的能力越强，但接受电子的能力越弱；电子活度越小，pε 越大，氧化能力或接受电子的能力越强，但给出电子的能力越弱。

20 世纪 30 年代比利时学者马塞尔·普尔贝（Marcel Pourbaix）等人在探索金属腐蚀问题时，提出了普尔贝图（Pourbaix diagram），也就是 pε-pH 图，也称电位-pH 图。当氧化还原反应达到平衡时，利用该图能确定不同电位和 pH 条件下的主要化学物质类型。pε-pH 图遵循两大原则：

① 在不同反应条件（如反应物总浓度不同）下，边界线的位置不同。在边界线和 x、y 轴限定的区域内，有一主要化学物质类型；

② 相邻两区域的主要物质在边界线上有相等的浓度。

构建 pε-pH 图的第一步是考虑水本身的稳定区域。在一定氧化还原条件下，水能分解成氧气和氢气。两个半反应如下：

$$O_2(g) + 4H^+ + 4e^- \rightleftharpoons 2H_2O$$

$$2H_2O + 2e^- \rightleftharpoons H_2(g) + 2OH^-$$

通过能斯特方程可知，pε 和 pH 的关系如下：

$$p\varepsilon = 20.78 - pH + 0.25 \lg p_{O_2}$$

$$p\varepsilon = 0 - pH - 0.5 \lg p_{H_2}$$

可见这两个反应中 $dp\varepsilon/dpH$ 的斜率均为 -1，且两条线均与纵轴相交。当 $pH = 0$ 时，在氧气分压为 0.21atm 和 $p_{H_2} = 1$ 时，上面两式能分别写为

$$p\varepsilon = 20.6 - pH$$

$$p\varepsilon = -pH$$

如图 7-2 所示，在 O_2-H_2O 线以上，水是还原剂，可以被氧化产生 O_2；在 H_2O-H_2 线以下，水是氧化剂，可以被还原为 H_2。因此，在 $p\varepsilon$ 过高或过低的情况下，水不稳定，可发生分解。

【例 7-9】 下面以氯气水溶液 [总氯浓度（Cl_T）为 0.04mol/L，$25℃$] 的 $p\varepsilon$-pH 图为例，对 $p\varepsilon$-pH 图的画法和应用加以讨论。

在氯气水溶液中，氯有四种可能的形态，即 $Cl_2(aq)$、$HOCl$、OCl^- 和 Cl^-，对应的三个半反应如下：

$$HOCl + H^+ + e^- \rightleftharpoons 0.5Cl_2(aq) + H_2O \qquad \lg K = 26.9, \quad \varphi^{\ominus}_{HOCl/Cl_2} = 1.59$$

$$0.5Cl_2(aq) + e^- \rightleftharpoons Cl^- \qquad \lg K = 23.6, \quad \varphi^{\ominus}_{Cl_2/Cl^-} = 1.40$$

$$HOCl \rightleftharpoons H^+ + OCl^- \qquad \lg K = -7.3$$

联立上述三个半反应可得

$$p\varepsilon = 26.9 + \lg \frac{[HOCl]}{[Cl_2]^{0.5}} - pH \qquad \text{①}$$

$$p\varepsilon = 23.6 + \lg \frac{[Cl_2]^{0.5}}{[Cl^-]} \qquad \text{②}$$

式①+式②可得式③：

$$p\varepsilon = 25.25 + 0.5\lg \frac{[HOCl]}{[Cl^-]} - 0.5pH \qquad \text{③}$$

$[HOCl] = \dfrac{[H^+][OCl^-]}{K} = \dfrac{[H^+][OCl^-]}{10^{-7.5}}$，将其代入式③可得

$$p\varepsilon = 28.9 + 0.5\lg \frac{[OCl^-]}{[Cl^-]} - pH \qquad \text{④}$$

考虑氯的物料平衡，$Cl_T = 2[Cl_2(aq)] + [HOCl] + [OCl^-] + [Cl^-] = 0.04 \text{mol/L}$。在 $Cl_2(aq)$-$HOCl$ 的边界处，$[HOCl] = \dfrac{1}{2}Cl_T = 0.02 \text{mol/L}$，$[Cl_2(aq)] = \dfrac{1}{4}Cl_T = 0.01 \text{mol/L}$；在 $Cl_2(aq)$-Cl^- 的边界处，$[Cl_2(aq)] = \dfrac{1}{4}Cl_T = 0.01 \text{mol/L}$，$[Cl^-] = \dfrac{1}{2}Cl_T = 0.02 \text{mol/L}$；$HOCl$ 和 OCl^- 之间的分隔线为

$$\lg \frac{[HOCl]}{[OCl^-]} + pH = 7.3 \qquad \text{⑤}$$

在强酸性条件（$pH < 0$）下，$Cl_2(aq)$ 才可能作为主要化合物存在；随着 pH 升高，$Cl_2(aq)$ 分解为 $HOCl$ 和 Cl^-。图 7-2 中的线①～线⑤分别对应式①～式⑤，线①和线③的斜率分别为 -1 与 -0.5；式②与 pH 无关，因此是一条横线，且与线①和线③均相交；线

④的斜率为－1，与线③相交；式⑤可简化为 pH＝7.3，因此是一条竖线，且与线③和线④均相交。

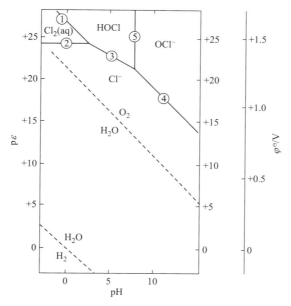

图 7-2　氯气水溶液 pε-pH 图（总氯浓度为 0.04mol/L，$25 ℃$）

7.5　天然水中常见的氧化还原条件

天然水系统包括海水和淡水（例如河流、湖泊、水库、地下水等），是一个极复杂的体系。天然水中的氧化还原反应十分重要，可影响许多物质的化学变化，如天然有机物氧化、硝酸盐还原、多价态金属的相互转换〔如 Mn（Ⅳ）/Mn（Ⅲ）/Mn（Ⅱ） 和 Fe（Ⅲ）/Fe（Ⅱ）〕等。

在研究天然水系统的氧化还原反应时，有以下注意事项：

① 天然水氧化还原电位的阈值受水稳定性的限制。在 pH＝7.0～8.0 范围，天然水的氧化还原电位大概在 －0.4～＋0.8V（见图 7-3）。氧化还原电位低于 －0.4V 时，水分子会被还原为氢气；高于 0.8V 时，水分子会被氧化为氧气。

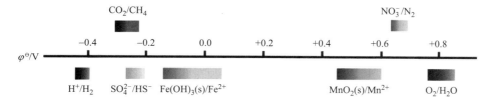

图 7-3　pH＝7.0～8.0 的天然水中重要氧化还原反应的电位（不考虑离子强度，$[\text{Red}]＝[\text{Ox}]＝$ 1.0mol/L；$[\text{Mn}^{2+}]＝10^{-6} \text{mol/L}$；$[\text{Fe}^{2+}]＝10^{-6} \text{mol/L}$）

② 大多数天然水体是一个开放系统，会和地球的其他组分（如大气、土壤、岩石、底泥）进行能量和物质交换。表层地表水和大气中各种气体随时在进行交换（特别是氧气），而底层水和底泥也会通过溶解-沉淀等途径进行物质交换。

③ 在天然水体内部，氧化还原电位可随时间和空间的变化而改变。以湖泊水体为例，表层水和大气接触，溶解氧浓度和氧化还原电位较高，而底层水的溶解氧和氧化还原电位相对较低。在春夏季节，由于温度的升高，这种分层现象更加明显，因为表层水的密度小于底层水，不利于湖水在垂直方向上的流动。而在秋冬季节，随着气温降低，表层水的温度较深层水更早降低，从而因其密度增大而下沉，深层水则上升，形成了垂直方向上的对流，这种现象被称为湖水对流。湖水对流对于提升底层湖水的溶解氧和氧化还原电位起着积极的作用，同时也有助于将底泥中富含的化学物质（例如氮、磷等重要营养元素）输送至湖水的上层。

④ 在大多数情况下，天然水系统的氧化还原反应很难达到真正的化学平衡。这种非化学平衡状态的出现受多种因素影响，包括微生物的种类、复杂的生物催化活动以及某些氧化还原反应速率缓慢等。因此，天然水体中许多物质的氧化态和还原态的实际浓度偏离了以热力学为基础的计算值。例如，研究发现，瑞士某湖泊中的硝酸盐、铵离子、$Mn(II)$、$Fe(II)$、$Fe(III)$ 等物质的含量无法达到化学平衡时的浓度。

7.6 水污染控制中的常见氧化还原技术

氧化还原技术在水污染控制中扮演着至关重要的角色。本节主要介绍常见的传统氧化技术，如氯气、二氧化氯、臭氧、高锰酸盐和高铁酸盐氧化等，芬顿和过硫酸盐高级氧化技术，经典的还原技术，以及基于水和电子的高级还原技术。

7.6.1 传统氧化技术

在水污染控制工程中，常用的氧化技术包括氯气氧化、二氧化氯氧化、臭氧（催化）氧化、高锰酸盐氧化和高铁酸盐氧化等。其中，除高铁酸盐氧化技术仅停留在实验室研究阶段外，其他氧化技术均已实现工程化应用。

7.6.1.1 氯气氧化

常温常压下，氯气（Cl_2）是一种黄绿色气体，有强烈刺激性气味，剧毒。氯气易溶于水，反应方程式如下：

$$Cl_2 + H_2O \rightleftharpoons HCl + HOCl$$

上述反应 25℃时的平衡常数 $K = 5 \times 10^{-4}$。因此氯气在水中主要以次氯酸（HOCl）形式存在。HOCl 是一种弱酸（25℃时 $pK_a = 7.6$），在水中会解离产生次氯酸根（OCl^-）。

$$HOCl \rightleftharpoons H^+ + OCl^-$$

Cl_2、OCl^-、HOCl 之和称为游离性有效氯，这三者都具有氧化能力。25℃时，Cl_2、OCl^-、HOCl 的氧化还原电位分别为 1.40V、0.90V、1.49V。在总氯浓度一定的条件下，

pH 决定了这三类氯的分配比例，因此 pH 也影响了其氧化能力。

　　氯气在水处理中有着重要的应用，常被用作水处理消毒剂，也可作为氧化剂，去除水中硫化氢，氧化亚铁离子和锰离子，以及去除嗅味和氨。

氧化去除 H_2S：

$$Cl_2 + H_2S \Longrightarrow 2HCl + S(s)$$

$$4Cl_2 + H_2S + 4H_2O \Longrightarrow 8HCl + H_2SO_4$$

氧化 Fe^{2+}：

$$Cl_2 + 2Fe^{2+} \Longrightarrow 2Fe^{3+} + 2Cl^-$$

　　在水处理或污水深度处理过程中，投加的氯会与水中溶解性有机物反应生成含氯消毒副产物，如氯仿（即三氯甲烷）和氯乙酸。氯仿和氯乙酸会增加致癌风险，氯仿还有可能引发肝脏、肾脏或中枢神经系统的相关疾病。由于消毒副产物可能带来诸多负面影响，许多水厂在消毒或者去除有机污染物时放弃氯气氧化技术，转而采用其他具有更小消毒副产物形成潜势的化学氧化剂。

7.6.1.2　二氧化氯氧化

　　常温常压下，二氧化氯（ClO_2）也是气体，氧化还原电位为 0.80V，因此是强氧化剂。高浓度的 ClO_2 极不稳定，因此需现场制备。ClO_2（25℃时，无量纲亨利常数为 4.09×10^{-2}）比氯气（25℃时，无量纲亨利常数为 4.42×10^{-5}）更易挥发。在水处理中，如果不采取防挥发的措施，ClO_2 容易从水中逃逸，且应用过程中要避免高温、强光、电火花，以免爆炸。

　　ClO_2 可以灭活水中致病菌，去除水中嗅味、铁、锰。与氯气相比，ClO_2 不和氨反应，因此当水中存在氨氮时，ClO_2 的投加量相对较少。另外，ClO_2 不会和天然有机物反应形成三卤甲烷和卤乙酸等消毒副产物。但是，在高 pH 值下，ClO_2 会发生歧化反应，生成其他消毒副产物，例如亚氯酸根（ClO_2^-）和氯酸根（ClO_3^-）。其中，ClO_3^- 会引起贫血，甚至影响婴幼儿的神经系统。ClO_2 歧化反应如下：

$$2ClO_2 + 2OH^- \Longrightarrow ClO_2^- + ClO_3^- + H_2O$$

7.6.1.3　臭氧氧化

　　常温下，臭氧（O_3）是气体，性质不稳定，因此需通过电化学手段利用空气或纯氧现场制备。臭氧是一种强氧化剂，氧化还原电位为 2.08V。

　　臭氧的氧化路径分为两种：

　　① 直接氧化。O_3 直接氧化物质，二级反应速率常数为 $1 \sim 10^3$ L/(mol·s)，因此 O_3 直接氧化的选择性相对较高，O_3 会优先与具有供电子基团的有机物或者解离态的有机物发生反应。

　　② 间接氧化。O_3 在催化作用下，会分解产生羟基自由基（·OH）。·OH 是一个几乎无选择性的氧化剂，能快速地和水中不同物质发生氧化还原反应。以·OH 为基础的氧化过程称为高级氧化技术，会在 7.6.2 节详细介绍。

　　在 O_3 氧化过程中，pH 决定哪种反应路径占主导地位。通常，在酸性条件（pH<4.0）

下，以直接氧化为主；在 pH＞10.0 时，以间接氧化为主；在 pH＝4.0～10.0 时，这两种路径对污染物去除均有贡献。

O_3 广泛应用于水质和污水处理中，包括消毒、氧化硫化物、去除嗅味和色度、氧化 Fe^{2+} 和 Mn^{2+}、分解痕量有机污染物和降解消毒副产物。

O_3 氧化硫化物 $O_3(aq)+H_2S \rightleftharpoons O_2+S(s)+H_2O$

利用 O_3 氧化去除地下水中的 Fe^{2+} 和 Mn^{2+} 时，需要注意氧化过程中会产生酸，因而会消耗水中碱度。

$$O_3(aq)+2Fe^{2+}+5H_2O \rightleftharpoons 2Fe(OH)_3(s)+O_2+4H^+$$

$$O_3(aq)+Mn^{2+}+H_2O \rightleftharpoons MnO_2(s)+O_2+2H^+$$

O_3 不会直接氧化水中溶解性有机物生成卤代消毒副产物，但当水中存在溴离子（Br^-）时，O_3 可能会氧化 Br^- 生成溴酸根（BrO_3^-）。BrO_3^- 是一种无机消毒副产物，能增加患癌风险。淡水中 Br^- 的浓度大多在 $14～270\mu g/L$ 之间；当水源受海水入侵或者受道路雨水径流、沉积岩溶解、人类工农业活动废弃物排放影响时，水中的 Br^- 浓度可能高达几毫克每升。O_3 氧化水中 Br^- 生成 BrO_3^- 的反应路径如图 7-4 所示，在 O_3-Br^- 系统中，O_3 能氧化 Br^- 依次生成次溴酸（HOBr）（$pK_a=8.7$）、亚溴酸根（BrO_2^-）和溴酸根（BrO_3^-）。

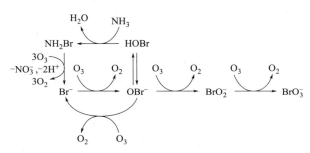

图 7-4 O_3 氧化水中 Br^- 生成 BrO_3^- 的反应路径

7.6.1.4 高锰酸盐氧化

常用的高锰酸盐——高锰酸钾（$KMnO_4$）为紫红色晶体，在弱酸性、中性或弱碱性 pH 范围内，高锰酸钾的还原产物为二氧化锰，其标准电极电位 $\varphi^{\ominus}_{MnO_4^-/MnO_2}$ 可达 1.695V，但随着 pH 升高，电极电位会急剧下降。如图 7-5 所示，高锰酸钾的氧化能力受 pH 影响较大。

高锰酸钾是一种绿色环保的氧化剂，其在氧化降解有机污染物过程中不会产生有毒有害卤代氧化副产物，其最终还原产物不溶性二氧化锰环境友好，易从溶液中分离。但高锰酸钾氧化技术也存在一些不足，如氧化能力温和，对某些有机污染物的氧化速率较慢，无法有效降解化学性质极稳定的污染物（如全氟/多氟有机化合物），高锰酸钾浓度

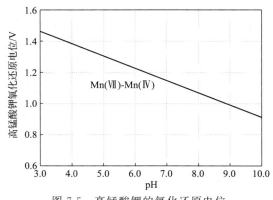

图 7-5   高锰酸钾的氧化还原电位
随 pH 的变化（$[MnO_4^-]=50\mu mol/L$）

高时会产生残留色度等。

在 pH＝5.0～9.0 范围内 $MnO_4^- +$ 有机污染物 $\longrightarrow MnO_2 +$ 降解产物

高锰酸钾既可以作为亲核试剂参与反应，也可以作为亲电试剂参与反应。水溶液中高锰酸根与有机物作用的主要途径是 Mn-O-Mn 与有机物的不饱和键形成一个 3＋2 的五元环，进而通过有机物加氧或者脱氢将有机物氧化。因此高锰酸钾在其氧化过程中对有机污染物都具有选择性，尤其是对于含有富电子基团（如酚基、双键、苯胺基团等）的有机物，通过破坏其不饱和键，增强有机物极性、提高其可生化性。例如，高锰酸钾可以选择性氧化双酚 A、双酚 AF、三氯生、环丙沙星、林可霉素等，并可将部分有机物矿化为二氧化碳和水。

除了去除水中的新污染物外，高锰酸钾还可用于去除水中的 Fe^{2+}、Mn^{2+} 等金属离子。在中性条件下，高锰酸钾可迅速将水中的 Fe^{2+} 和 Mn^{2+} 氧化成难溶于水的 $Fe(OH)_3$ 和 MnO_2，随后沉淀物可以在沉淀池和滤池中去除，而其还原产物 MnO_2 可以进一步通过氧化-吸附去除水中 As(Ⅲ) 和微量的 Pb(Ⅱ)。此外，高锰酸钾在抑制藻类生长、控制水体嗅味等方面也发挥着重要作用。

$$MnO_4^- +5Fe^{2+} +8H^+ \Longleftrightarrow Mn^{2+} +5Fe^{3+} +4H_2O$$

$$2MnO_4^- +3Mn^{2+} +2H_2O \Longleftrightarrow 5MnO_2 +4H^+$$

近些年，高锰酸钾氧化技术开始与其他技术联用，既可以降低高锰酸钾投加量，还可以提高污染物的去除效能、避免出水色度超标。例如，在高锰酸钾-亚硫酸盐体系中，亚硫酸（氢）盐能够活化高锰酸钾，产生羟基自由基（·OH）、硫酸根自由基（$SO_4^- \cdot$）、Mn(Ⅲ)、Mn(Ⅴ) 等活性物种，该体系对有机物的去除速率相较于单独高锰酸钾氧化提高了 $10^5 \sim 10^7$ 倍。可以与高锰酸钾氧化联用的技术有很多，如紫外光、超声波、活性炭吸附、混凝、膜过滤等。联用体系在提高氧化效率、控制出水锰含量、减少副产物生成等方面具有一定优越性，甚至还可以协同杀菌，提高出水的化学安全性和生物安全性。

7.6.1.5 高铁酸盐氧化

常用的高铁酸盐——高铁酸钾（K_2FeO_4）也是紫红色晶体，具有四面体配位几何结构和高自旋 d^2 电子构型。中心的高铁离子带正电，化合价为＋6，周围环绕着四个等价且可与水交换的部分带负电荷的含氧配体（图 7-6）。在酸性条件下，高铁酸盐的氧化还原电位可达＋2.2V，但随着 pH 升高，氧化还原电位会急剧下降。因此，高铁酸盐的氧化能力受 pH 影响较大。高铁酸盐溶于水后性质不稳定，极易自分解，且高铁酸盐的制备工艺复杂，因此目前高铁酸盐氧化依然停留在实验室研究阶段，工程应用较少。

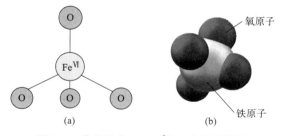

图 7-6 高铁酸盐（FeO_4^{2-}）的化学结构

不同 pH 下，高铁酸盐有四种形态（$H_3FeO_4^+$、H_2FeO_4、$HFeO_4^-$ 和 FeO_4^{2-}）（$pK_1 =$ 1.6，$pK_2 =3.5$，$pK_3 =7.23$、7.3 或 7.8）。在常规水处理 pH 范围内，高铁酸盐主要以 FeO_4^{2-} 和/或 $HFeO_4^-$ 形态存在。随后，高铁酸盐 Fe(Ⅵ) 通过自分解和氧化水中还原性物质形成氧化性更强但寿命更短的 Fe(Ⅴ) 和 Fe(Ⅳ)，最终还原到稳定的 Fe(Ⅲ)。高铁酸盐在水中的总反应如下：

$$2FeO_4^{2-} + 5H_2O \Longrightarrow 2Fe(OH)_3 + 4OH^- + 1.5O_2 \uparrow$$

理论上，1.0mg/L Fe(Ⅵ) 完全自分解可产生 0.2mg/L 分子氧。随着 Fe(Ⅵ) 还原，原位生成的 Fe(Ⅲ) 可促进混凝和絮凝，以更好地去除水中胶体和溶解性的污染物（如磷酸根），最终形成的 Fe(OH)$_3$ 还可以同步吸附去除水中重金属离子等。

与其他氧化剂相比，高铁酸盐有两个优点：①在典型的水处理条件下，高铁酸盐不会生成消毒副产物；②高铁酸盐除了化学氧化外，还有混凝、沉淀、吸附等作用机理。有文献报道，高铁酸盐能有效去除水中浊度（包括胶体、颗粒物、藻细胞），降低有毒金属离子浓度，以及灭活水源性病原体。

7.6.2　高级氧化技术

20 世纪 80 年代，高级氧化技术（advanced oxidation processes，AOPs）被提出，其最初定义为：产生足量的羟基自由基（·OH）以实现水净化的化学氧化过程。其中·OH 是一类活性氧（reactive oxygen species，ROS）。不同的高级氧化技术产生的 ROS 类型不同，氧化能力也不同。

ROS 的研究始于生物和化学领域。20 世纪 50 年代，格施曼（Gerschman）等首次报道了分子氧（O$_2$）形成自由基而导致好氧生物体内发生氧中毒。当人体内产生过量的 ROS 时，会导致氧化应激，最终可能破坏体内细胞分子结构，从而引起各种疾病。ROS 是源自 O$_2$ 的活性氧自由基或非自由基物质的统称，包括超氧自由基（·O$_2^-$）、过氧化氢（H$_2$O$_2$）、羟基自由基（·OH）和单线态氧（^{1}O$_2$）等（图 7-7）。注意，O$_2$ 本身并不属于 ROS。

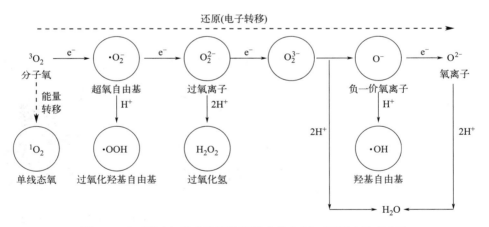

图 7-7　O$_2$ 通过电子或能量转移形成的 ROS（圆圈内为 ROS）

尽管最初 AOPs 是以·OH 为基础的化学氧化方法，但后来其范围扩展到硫酸根自由基（SO$_4^-$·）参与的化学氧化过程。SO$_4^-$· 主要由过二硫酸根（peroxodisulfate，PDS）和过一硫酸根（peroxymonosulfate，PMS）中的 O—O 键断裂生成，这一过程被称为过硫酸盐活化。过硫酸盐活化可以通过热解、光解、声解、添加催化剂或碱环境来实现。尽管过硫酸盐的发现可以追溯到 1878 年，但直到 20 世纪 90 年代初，SO$_4^-$· 才首次在环境工程领域中应用，主要通过热活化过硫酸根产生 SO$_4^-$· 氧化有机和还原性污染物。之后，在土壤修复和地下水净化中，人们提出多种活化过硫酸盐的方法，以作为传统·OH-AOPs的替代补充。同时，大量研究开始探索SO_4^-·-AOPs对痕量有机污染物的去除、污水中难降解有机物的降解和污泥中有机物的氧化处理。要注意的是，在学术界和工业界中，人们常误认为SO_4^-·是一种ROS，然而根据上面ROS的定义，SO_4^-·不属于ROS。

·OH或SO_4^-·是水处理工艺中最强的氧化剂，其中·OH的氧化还原电位介于2.8V（pH=0）和1.95V（pH=14）之间，具有很高的非选择性［与其他物质反应，二次反应速率常数在$10^8 \sim 10^{10}$ L/(mol·s)之间］，SO_4^-·的标准氧化还原电位为2.6V。·OH主要通过四种途径分解水中有机污染物：自由基加成、夺氢、电子转移和自由基结合。·OH与有机化合物的反应，会产生以碳为中心的自由基（·R或·R—OH）。在水中溶解氧存在的条件下，·R和·R—OH可以转化为有机过氧自由基（ROO·）。所有自由基进一步反应，会形成更多活性物种，如H_2O_2和超氧自由基（·O_2^-），从而继续分解有机化合物，甚至最终使其矿化。·OH和SO_4^-·有很多相似的特性，比如需要原位产生、高活性、短寿命。但两者也有很多不同的化学特性。①·OH为电中性，而SO_4^-·带负电荷。② 两者具有不同的反应模式：·OH优先添加到C=C键上或从C—H键中提取H，而SO_4^-·倾向于从有机分子中获取电子，随后将其转化为有机自由基阳离子。需要注意，在碱性条件下SO_4^-·能转化为·OH［式(7-15)］。

$$SO_4^- \cdot + OH^- \rightleftharpoons \cdot OH + SO_4^{2-} \tag{7-15}$$

在高级氧化过程中，除了由自由基主导的化学氧化机理外，其他机理可能也会同时发生，详见表7-1。

表 7-1　不同 AOPs 去除污染物的机理

AOPs 类型	高级氧化机理	同时发生的其他机理
O_3	·OH 氧化	O_3 直接氧化
O_3/H_2O_2	·OH 氧化	O_3 直接氧化/H_2O_2 氧化
O_3/UV	·OH 氧化	UV 光解
UV/TiO_2	·OH 氧化	UV 光解
UV/H_2O_2	·OH 氧化	UV 光解/H_2O_2 氧化
芬顿反应	·OH 氧化	铁混凝/铁泥(氢氧化物)吸附
光芬顿反应	·OH 氧化	铁混凝/铁泥(氢氧化物)吸附/UV 光解
超声波分解	·OH 氧化	声空化产生的即时高温(≥5000K)和高压(≥1000atm)；形成氢自由基(·H)和过氧化羟基自由基(·OOH)还原或氧化污染物
热/过硫酸盐	SO_4^-·氧化	过硫酸盐氧化
UV/过硫酸盐	SO_4^-·氧化	过硫酸盐氧化/UV 光解
Fe(Ⅱ)/过硫酸盐	SO_4^-·氧化	过硫酸盐氧化/铁混凝/铁泥(氢氧化物)吸附
碱/过硫酸盐	SO_4^-·/·OH 氧化	过硫酸盐氧化

下文以芬顿反应和过硫酸盐氧化为例，简要介绍 AOPs 在水污染控制工程中如何去除水中污染物。

7.6.2.1 芬顿反应

在酸性条件下，芬顿（Fenton）反应中过氧化氢（H_2O_2）和亚铁离子（Fe^{2+}）反应产生具有极强氧化能力的·OH。也有研究认为该反应中也可能存在四价铁（ferryl）和烷氧自由基。传统 Fenton 系统中主要反应如下：

$$Fe^{2+}+H_2O_2 \Longrightarrow Fe^{3+}+·OH+OH^- \tag{7-16}$$

$$Fe^{3+}+H_2O_2 \Longrightarrow Fe^{2+}+·OOH+H^+ \tag{7-17}$$

$$·OH+H_2O_2 \Longrightarrow ·OOH+H_2O \tag{7-18}$$

$$·OH+Fe^{2+} \Longrightarrow Fe^{3+}+OH^- \tag{7-19}$$

$$Fe^{3+}+·OOH \Longrightarrow Fe^{2+}+O_2+H^+ \tag{7-20}$$

$$Fe^{2+}+·OOH+H^+ \Longrightarrow Fe^{3+}+H_2O_2 \tag{7-21}$$

$$2·OOH \Longrightarrow H_2O_2+O_2 \tag{7-22}$$

反应(7-16)通过电子转移产生·OH。反应(7-16)中产生的 Fe^{3+} 能被 H_2O_2 还原为 Fe^{2+} ［反应(7-17)］，后者可继续与 H_2O_2 反应产生·OH，且反应(7-17)的速率常数比反应(7-16)的小几个数量级。在典型的水和废水处理中，反应(7-16)产生的 Fe^{3+} 会快速水解形成铁氧化物（铁泥）。这些铁泥通常为危险废物，需要单独处理，从而增加了处理的复杂性和运营成本。因此，在 Fenton 反应中 Fe^{2+} 主要为反应物，而不是催化剂。另外，Fenton 试剂中的 H_2O_2 ［反应(7-18)］和 Fe^{2+} ［反应(7-19)］都能淬灭·OH，因此 H_2O_2 和 Fe^{2+} 可能会和污染物竞争·OH。一般水处理中，需要通过试验确定 H_2O_2 和 Fe^{2+} 的最佳摩尔比，从而保证 Fenton 试剂对·OH 的淬灭作用最小。

Fenton 反应广泛用于处理高浓度、难生物降解的有机废水，包括垃圾渗滤液、制药废水、印染废水、制革废水等。下面以垃圾渗滤液为例，讨论 Fenton 技术在废水处理中的应用。

成熟的垃圾渗滤液包含大量难生物降解的有机物（COD 可高达几千毫克每升，$BOD_5/COD<0.3$）。选择合适的 Fenton 处理方案是一个复杂的过程，涉及许多相关因素，包括处理效率、铁泥的处置、资本和运营成本以及运营复杂性。图 7-8 展示了四类基于 Fenton 技术的垃圾渗滤液处理方案的设计流程。

① Fenton 反应直接处理原始渗滤液 ［图 7-8(a)］；

② Fenton 反应作为预处理，与生物处理技术联用 ［图 7-8(b)］。此处 Fenton 预处理侧重于去除 COD，或者提高垃圾渗滤液的生物降解性能（即提高 BOD_5/COD 比值）。

③ 物理/化学处理作为 Fenton 反应的预处理 ［图 7-8(c)～(e)］。在图 7-8(e) 中，Fenton 反应产生的铁泥被回用于混凝预处理，可以降低混凝剂的投加量。

④ Fenton 技术作为好氧/厌氧生物处理的深度处理工艺 ［图 7-8(f)～(h)］。此时，生物处理的目的是采用低成本技术降解部分有机物和高浓度氨氮。

7.6.2.2 基于过硫酸盐的高级氧化技术

过硫酸盐（PS）氧化技术已被广泛用于原位/异位修复受污染的土壤和地下水。PS 是一种活性强且相对稳定的氧化剂，可通过热激活 ［反应(7-23)］ 或过渡金属（M^{n+}）［反应(7-24)］ 活化，产生氧化性更强的硫酸根自由基（$SO_4^-·$），进而降解各种有机污染物。

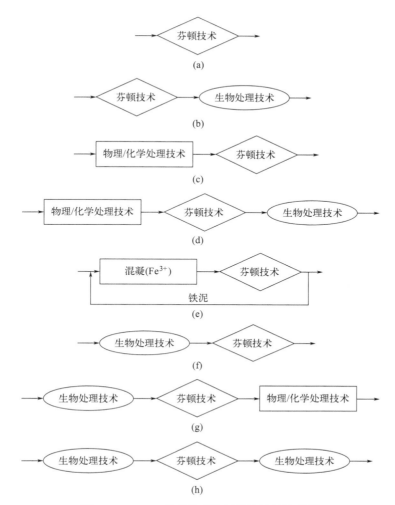

图 7-8 Fenton 技术处理垃圾渗滤液的流程图

$$S_2O_8^{2-} \xrightarrow{\text{加热}} 2SO_4^- \cdot \qquad (7-23)$$

$$S_2O_8^{2-} + M^{n+} \longrightarrow SO_4^- \cdot + SO_4^{2-} + M^{n+1} \qquad (7-24)$$

$$SO_4^- \cdot + e^- \longrightarrow SO_4^{2-}, \quad E^0 = 2.6V$$

近来，碱性活化 PS 技术越来越受到关注，其显著优点是添加的碱可以中和处理过程中由 PS 产生的酸。由于 pH 值的降低会导致土壤中重金属颗粒溶解，因此碱性活化法可以降低修复过程中的重金属污染。一般来说，碱性活化 PS 需要在 pH 值大于 10 的情况下进行。在高 pH 值条件下，$SO_4^- \cdot$ 与氢氧根（OH^-）和水反应生成 $\cdot OH$：

$$SO_4^- \cdot + OH^- \longrightarrow \cdot OH + SO_4^{2-}$$

$$SO_4^- \cdot + H_2O \longrightarrow \cdot OH + SO_4^{2-} + H^+$$

并且进一步触发其他反应：

$$\cdot OH + \cdot OH \longrightarrow H_2O_2$$

$$S_2O_8^{2-} + 2H_2O \longrightarrow 2HSO_4^- + H_2O_2$$

$$H_2O_2 + OH^- \longrightarrow HO_2^- + H_2O$$

$$H_2O_2 + HO_2^- \longrightarrow \cdot O_2^- + \cdot OH + H_2O \qquad (7\text{-}25)$$

除了 $\cdot OH$ 外,超氧自由基($\cdot O_2^-$)也会在碱性活化过程中产生 [反应(7-25)],其亲核性会导致卤化物（AX）发生亲核取代反应：

$$\cdot O_2^- + AX \longrightarrow AOO \cdot + X^-$$

目前,针对碱活化剂的研究主要集中在氢氧化钠（NaOH）、氢氧化钾（KOH）和氧化钙（CaO）等物质。

林丹是 γ-六氯环己烷的俗称,化学式为 $C_6H_6Cl_6$,常用作杀虫剂,它于 2009 年被列入《斯德哥尔摩公约》的持久性有机污染物清单。Fenton 技术对所有六氯环己烷异构体有着优异的降解效果,而高锰酸盐的降解效果较差,活化 PS 降解林丹的效果虽然不如 Fenton 技术,但优于高锰酸盐氧化。但 Fenton 技术中过氧化氢（H_2O_2）的使用会受到土壤和地下水性质的限制,它不适用于碳酸盐或者有机质含量较高的土壤或地下水。此外,碱性和中性土壤和地下水会导致铁沉积,催化 H_2O_2 分解,产生副反应,所以碱性活化 PS 技术相较于 Fenton 技术更适用于土壤和地下水的修复。

在西班牙某小镇垃圾填埋场附近的地下水中已检测出较高浓度的六氯环己烷异构体、苯和氯苯等污染物。如表 7-2 所示,其中总五氯环己烯和总六氯环己烷浓度分别达 $427\mu g/L$ 和 $1325\mu g/L$。考虑到该地区的土壤主要由碳酸盐含量高的泥灰岩、黏土和砂岩组成,采用碱性活化 PS 技术对该地区的地下水进行修复最合适。

表 7-2　地下水的物化参数

无机化合物/(mg/L)		含氯有机物/(μg/L)	
硫酸盐	782	氯苯	5338
氯化物	640	1,3-二氯苯	182
碳酸盐	<5	1,4-二氯苯	1643
碳酸氢盐	636	1,2-二氯苯	1063
钙	306	1,2,4-三氯苯	754
钠	10.86	1,2,3-三氯苯	142
钾	0.33	总四氯苯	230
镁	153	总五氯环己烯	427
锰	0.5	α-六氯环己烷	223
铁(Ⅱ)	0.35	γ-六氯环己烷	550
总铁	0.45	β-六氯环己烷	3
其他参数		ε-六氯环己烷	13
pH	7.1	δ-六氯环己烷	92
总有机碳(TOC)/(mg/L)	22.6	总六氯环己烷	1325

碱性活化 PS 技术降解地下水中林丹类农药以及其他含氯化合物的研究,可以通过以下步骤进行。

① 首先,需研究在没有添加 PS 或碱的情况下六氯环己烷和多氯环己烷脱氯的情况。在 pH=12 的条件下,地下水中的六氯环己烷异构体和多氯环己烷 25 天后基本消失,同时 1,2,3-三氯苯（1,2,3-TCB）和 1,2,4-三氯苯（1,2,4-TCB）的浓度有所增加。这表明在碱性条件（pH=12）下,六氯环己烷和多氯环己烷发生脱氯反应,形成三氯苯类物质,并且

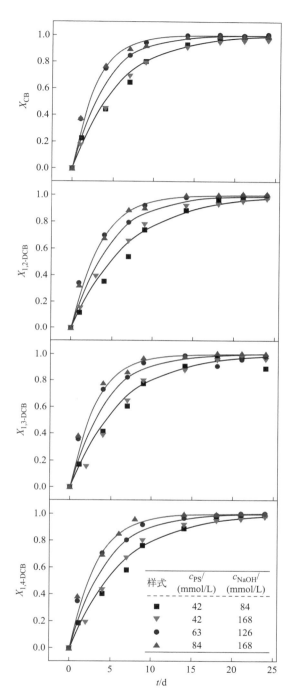

图 7-9　在不同 PS 和 NaOH 剂量下，CB、1,2-DCB、1,3-DCB 和 1,4-DCB 在地下水中的
降解率随时间的变化情况（初始 CB 浓度为 $5140\mu g/L$；初始 1,3-DCB 浓度为 $179\mu g/L$；
初始 1,4-DCB 浓度为 $1637\mu g/L$；初始 1,2-DCB 浓度为 $1050\mu g/L$；PS 溶液添加量为 1mL；
NaOH 溶液添加量为 1mL；pH＝12；图中点为实验数据，曲线为实验数据的拟合曲线）

地下水中原三氯苯（TCB）部分没有发生氧化降解。而在没有添加碱的情况下，PS 和目标污染物均没有发生显著的转化。因此，在没有氧化剂或活化剂时，林丹类有机物不会发生氧化降解反应。所以在氧化实验中，将目标污染物聚焦于氯苯（CB）、1,2-二氯苯（1,2-DCB）、1,3-二氯苯（1,3-DCB）、1,4-二氯苯（1,4-DCB）、1,2,3-TCB、1,2,4-TCB 与总四氯苯（Tetra-CB）即可。

② 研究氧化剂浓度以及 [NaOH]/[PS] 摩尔比对目标污染物降解的影响。如图 7-9～图 7-11 所示，污染物降解率在所有情况下均会随着 PS 浓度的增加而增加，并且均能达到 0.9～1.0。当添加相同含量的 PS 时，同种污染物在不同 [NaOH]/[PS] 摩尔比的条件下可以达到极为相近的降解率。此外，溶液 pH 值在氧化过程中变化很小，表明 NaOH 浓度在实验条件范围内并不会影响污染物的降解效果。如图 7-9～图 7-11 所示，对实验数据进行拟合，发现其遵循准一级反应动力学。CB、1,2-DCB、1,3-DCB、1,4-DCB、1,2,4-TCB、1,2,3-TCB 和 Tetra-CB 的降解速率常数分别可达 0.00399L/(mmol · d)、0.00329L/(mmol · d)、0.00363L/(mmol · d)、0.00349L/(mmol · d)、0.00315L/(mmol · d)、0.00311L/(mmol · d) 和 0.00331L/(mmol · d)。所以在碱性活化体系中，污染物的降解效果几乎只受 PS 浓度的限制。

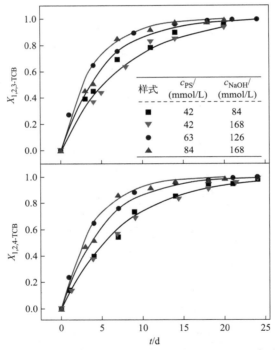

图 7-10   在不同 PS 和 NaOH 剂量下，1,2,3-TCB 和 1,2,4-TCB 在地下水中的降解率随时间的变化情况（初始 1,2,3-TCB 浓度为 290μg/L；初始 1,2,4-TCB 浓度为 1319μg/L；pH=12；PS 溶液添加量为 1mL；NaOH 溶液添加量为 1mL；图中点为实验数据，曲线为实验数据的拟合曲线）

7.6.3   经典还原技术

与广泛应用于水污染控制的化学氧化技术不同，化学还原技术在工程实践中应用相对较

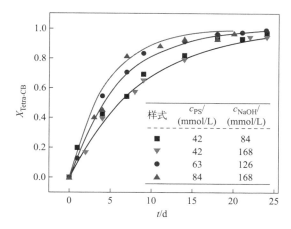

图 7-11　在不同 PS 和 NaOH 剂量下，地下水中 Tetra-CB 降解率随时间的变化情况
（初始 Tetra-CB 浓度为 $227\mu g/L$；pH＝12；PS 溶液添加量为 1mL；NaOH 溶液
添加量为 1mL；图中点为实验数据，曲线为实验数据的拟合曲线）

少。常用的还原剂包括零价铁、硫化物、亚硫酸盐等。

7.6.3.1　基于零价铁的还原技术

铁在地壳中含量排第四，其还原性相对温和（氧化还原电位－0.44V）。零价铁（zero valent iron，ZVI）因其无毒、价格低廉、含量丰富、易于生产等优点，成为水污染控制中最常用的还原剂之一。水中溶解氧会消耗零价铁，因此在工程应用前，需要脱除水中溶解氧，或者将零价铁应用于溶解氧含量较低的水体修复中，如地下水。

零价铁能还原卤代有机物，如四氯乙烯和多氯联苯；亦能还原某些重金属离子和高价含氧阴离子，如硝酸盐、高氯酸盐。

还原四氯乙烯　　　　　$C_2Cl_4 + 5Fe^0 + 6H^+ \Longrightarrow C_2H_6 + 5Fe^{2+} + 4Cl^-$

还原高氯酸盐　　　　　$ClO_4^- + 4Fe^0 + 8H^+ \Longrightarrow 4Fe^{2+} + Cl^- + 4H_2O$

在工程实践中，主要通过零价铁构建的渗透反应墙（permeable reactive barrier，PRB）实现地下水修复。被污染的地下水缓慢渗透流过渗透反应墙，其中的污染物与零价铁发生反应得以去除，被净化后的地下水从墙的另一侧流出。

随着纳米技术的发展，20 世纪 90 年代末，纳米零价铁（nano zero valent iron，nZVI）开始用于水污染控制领域。与铁屑、铁丝等常用的零价铁相比，纳米零价铁尺寸更小（小于 100nm），比表面积更大，反应速率更快。纳米零价铁具有独特的核-壳结构（见图 7-12）：核是零价铁；外层壳是铁的氢氧化物，是零价铁的主要氧化产物，这层铁的氢氧化物外壳在水处理中可起到意想不到的作用。例如，零价铁处理含重金属离

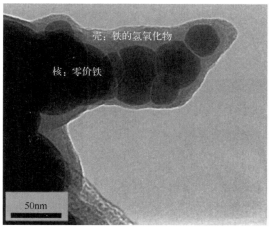

图 7-12　通过透射电子显微镜观测到的
纳米零价铁独特的核-壳结构

子的废水时,零价铁自身可直接还原重金属离子,而氢氧化物的壳也能吸附部分金属离子,之后由零价铁生成的亚铁离子会继续还原被吸附的离子。

7.6.3.2　基于硫化物的还原技术

硫化物(如硫化黄铁矿和四方硫铁矿)能还原去除水中的污染物。硫化黄铁矿是铁的二硫化物(FeS_2),呈浅黄铜色,具有强烈的光泽。四方硫铁矿是一种亚稳态的缺硫的亚铁一硫化物,化学式可用 FeS_{1-x}(0<x<0.07)表示,也常简化成 FeS。这些硫化物中的铁和硫都处于还原态,因此在水处理中,这些硫化物常用作还原剂。在水处理尤其是地下水处理应用中,硫化物能有效还原有机氯化合物[如四氯乙烯(图7-13)和四氯化碳]、放射性元素(如铀)、重金属离子(如六价铬)等。

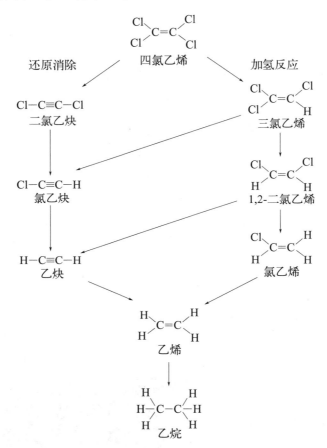

图 7-13　黄铁矿还原降解四氯乙烯的反应路径

硫化物还原放射性金属离子铀(UO_2^{2+}):

$$UO_2^{2+} + \equiv FeS \Longrightarrow \equiv S^{2-}\text{-}UO_2^{2+} + Fe^{2+}$$

$$\equiv S^{2-}\text{-}UO_2^{2+} \Longrightarrow S^0(s)\text{-}UO_2(s)$$

$$FeS(s) + H_2O \Longrightarrow Fe^{2+} + HS^- + OH^-$$

$$UO_2^{2+} + HS^- \Longrightarrow S^0(s)\text{-}UO_2(s) + H^+$$

硫化物用于还原重金属离子时,在还原反应完成之后,吸附或表面沉淀反应也会随之发生,从而将重金属离子的溶解性还原产物从水中去除。例如,四方硫铁矿在去除六价铬时,首先将六价铬还原为三价铬：

$$Cr_2O_7^{2-}+2FeS(s)+14H^+ \Longrightarrow 2Cr^{3+}+2S+2Fe^{3+}+7H_2O$$

然后，发生表面沉淀反应，将溶解性的三价铬从水中去除：

$$xCr^{3+}+(1-x)Fe^{3+}+3H_2O \Longrightarrow (Cr_xFe_{1-x})(OH)_3(s)+3H^+ \quad (x<1)$$

当黄铁矿和零价铁协同使用时，比单独使用零价铁更高效。例如，在初始 pH=6.0、黄铁矿和零价铁的质量比为 1.0～6.0 时，硝基苯（$ArNO_2$）的降解动力学常数比零价铁单独降解提高了 8.55～23.1 倍。这是因为零价铁还原硝基苯过程中会消耗氢离子，导致体系 pH 上升，而黄铁矿能有效抑制 pH 上升，从而抑制零价铁表面的钝化，并能形成高活性的 FeS@S。

$$ArNO_2+3Fe^0+6H^+ \longrightarrow ArNH_2+3Fe^{2+}+2H_2O$$

7.6.4 高级还原技术

20 世纪 90 年代后期，高级还原技术（advanced reduction processes，ARPs）诞生，该技术通过产生还原性较强的水合电子（e_{aq}^-）或氢自由基（H·）来实现水中污染物的化学降解，可用于降解四氯化碳、2,4,6-三氯苯酚、全氟/多氟烷基化合物、高氯酸盐、硝酸盐、六价铬(Ⅵ)等。

依据传统的空腔模型，e_{aq}^- 是由一个多余的电子驻留在一个半径大约为 2.4Å❶ 的空腔中，并与 6 个水分子的氢键结合而成的相对稳定的化学结构。e_{aq}^- 是一种强还原剂，是目前已知标准氧化还原电位最低的物质（－2.9V），主要通过电子转移机制与不同的污染物发生反应。e_{aq}^- 具有高度选择性，与污染物的二次反应速率常数从低于 10L/(mol·s) 到高达扩散受限速率。

在水污染控制工程中，可以通过两种方法原位产生 e_{aq}^-。一种是紫外光/亚硫酸盐方法（UV/sulfite）。

$$SO_3^{2-} \xrightarrow{h\nu} \cdot SO_3^- + e_{aq}^-$$

另外一种是紫外光/碘离子（UV/iodide）方式。I^- 在水中被光激发，产生激发态的碘化物（$I\cdot H_2O^{-*}$），$I\cdot H_2O^{-*}$ 可以回到 I^- 或者转变为中间状态的笼状复合物（$I\cdot$，e^-）。最后，通过笼状复合物解离，产生 e_{aq}^-。

$$I^- + H_2O \xrightarrow{h\nu} I\cdot H_2O^{-*}$$

$$I\cdot H_2O^{-*} \longrightarrow I^- + H_2O$$

$$I\cdot H_2O^{-*} \longrightarrow (I\cdot,e^-) + H_2O$$

$$(I\cdot,e^-) \longrightarrow I\cdot + e_{aq}^-$$

ARPs 需要在缺氧或者无氧条件下才能有效发挥作用，因为 e_{aq}^- 能被溶解氧快速消耗产生 $\cdot O_2^-$［式(7-26)］，且 $\cdot O_2^-$ 可进一步与 e_{aq}^- 反应生成 O_2^{2-}［式(7-27)］。

$$e_{aq}^- + O_2 \longrightarrow \cdot O_2^- \qquad k=1.9\times10^{10} \ L/(mol\cdot s) \tag{7-26}$$

$$e_{aq}^- + \cdot O_2^- \longrightarrow O_2^{2-} \qquad k=1.3\times10^{10} \ L/(mol\cdot s) \tag{7-27}$$

近来，ARPs 因能有效分解全氟/多氟烷基化合物（per-and polyfluoroalkyl substances，

---

❶ 1Å=0.1nm。

PFAS）而备受关注。PFAS 作为一类新型持久性有机污染物，具有易溶、难降解、有生物累积性等特点，且在环境中广泛存在，对生态环境和人类健康形成了极大威胁。ARPs 通过原位产生 e_{aq}^-，降解 PFAS 的效能远高于 AOPs，且能降解各种链长的 PFAS，从而为降解 PFAS 提供了新方法。

本节以全氟辛酸（perfluorooctanoic acid，PFOA）为例，讨论 e_{aq}^- 如何分解水中的 PFAS。在 ARPs 系统中，PFOA 的还原降解遵循二级反应动力学方程，0.01mol/L NaClO$_4$、pH＝10.0 的条件下，速率常数为 $(1.7 \pm 0.5) \times 10^7$ L/(mol·s)，降解率最高可达 100%，脱氟率最高为 55%～96%。

图 7-14 展示了 e_{aq}^- 降解全氟羧酸（PFCA）的两条反应路径。

① 第一条反应路径是氢氟交换。全氟羧酸分子中，靠近羧基的 α 位的碳原子活性最高，从而优先成为反应中心。α 碳原子获得电子后，形成全氟羧酸自由基阴离子，α 位 C—F 键拉伸甚至断裂，H 原子添加到 α 碳原子上，从而完成氢氟交换。

② 第二条反应路径是 C—C 链断裂。由于 C—C 键断裂，长链全氟羧酸会形成短链全氟羧酸。尽管不同文献中提出了不同的机理来解释碳链如何断裂，但普遍接受的机理是DHEH（decarboxylation-hydroxylation-elimination-hydrolysis）路径，即长链全氟羧酸先后

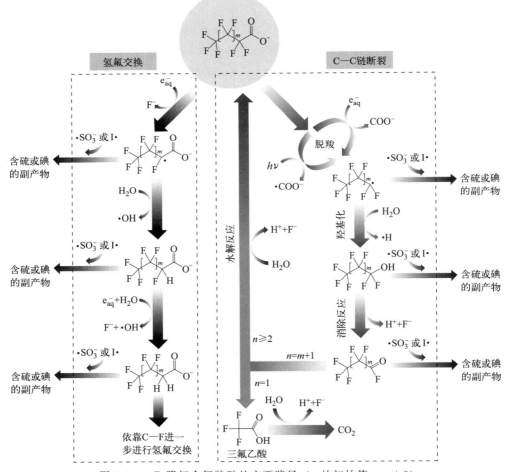

图 7-14　e_{aq}^- 降解全氟羧酸的主要路径（n 的初始值＝$m+2$）

发生脱羧、羟基化、H/F 消除、水解等一系列反应。反复发生的 DHEH 反应能使 PFCA 的碳链持续断裂，直至形成三氟乙酸（TFA）。三氟乙酸是最简单的全氟羧酸，它可继续分解成 F^-、H^+ 和 CO_2，从而实现完全矿化。

在典型 ARPs 中，以上氢氟交换和 C—C 链断裂两种路径同步发生，因此全氟羧酸降解的产物包括氟取代数降低的羧酸和短链的全氟羧酸。

思考练习题

1. 请定义氧化还原反应、氧化剂和还原剂，并说出一个日常生活中观察到的氧化还原反应。
2. 什么是条件电极电位？它与标准电极电位有何关系？为什么实际中应采用条件电极电位？
3. 氧化还原反应进行的程度如何衡量？
4. 若下列所有物质都处于标准状态，判断反应进行的方向。

（1）$Sn^{4+} + Cd \Longrightarrow Sn^{2+} + Cd^{2+}$

（2）$5Cl_2 + I_2 + 6H_2O \Longrightarrow 2IO_3^- + 10Cl^- + 12H^+$

（3）$2Cr^{3+} + 3I_2 + 7H_2O \Longrightarrow Cr_2O_7^{2-} + 6I^- + 14H^+$

5. 将 5×10^{-5} mol 的 Cl_2 加入 1L 水中。请计算溶液 pH 和次氯酸的浓度（25℃；离子强度的影响可忽略不计）。

6. 已知 $2Ag^+ + Zn(s) \Longrightarrow 2Ag(s) + Zn^{2+}$，$\varphi^{\ominus} = 1.56V$。现将单质锌片加入 200mL 0.01mol/L Ag^+ 溶液中，求 25℃ 时的条件电极电位。

7. 请尝试绘制 25℃ 时 $Fe-CO_2-H_2O$ 体系的 pε-pH 曲线。固相主要为 Fe、$Fe(OH)_2$、$FeCO_3$ 和无定形 $Fe(OH)_3$；铁的总浓度 $c_T = 10^{-3}$ mol/L，溶解态 Fe（Ⅱ）和 Fe（Ⅲ）的浓度为 10^{-5} mol/L。有关反应方程式及电位、pH 计算公式如表 7-3 所示。

表 7-3　有关反应方程式及电位、pH 计算公式

类型	反应方程式	电位、pH 计算公式
pε-pH 图中涉及的反应	$Fe^{3+} + e^- \Longrightarrow Fe^{2+}$	$p\varepsilon = 13 + \lg[Fe^{3+}]/[Fe^{2+}]$
	$Fe^{2+} + 2e^- \Longrightarrow Fe(s)$	$p\varepsilon = -6.9 + 0.5\lg[Fe^{2+}]$
	$Fe(OH)_3(无定形) + 3H^+ + e^- \Longrightarrow Fe^{2+} + 3H_2O$	$p\varepsilon = 16 - \lg[Fe^{2+}] - 3pH$
	$Fe(OH)_3(无定形) + 2H^+ + HCO_3^- + e^- \Longrightarrow FeCO_3(s) + 3H_2O$	$p\varepsilon = 16 - 2pH + \lg[HCO_3^-]$
	$FeCO_3(s) + H^+ + 2e^- \Longrightarrow Fe(s) + HCO_3^-$	$p\varepsilon = -7.0 - 0.5pH - 0.5\lg[HCO_3^-]$
	$Fe(OH)_2(s) + 2H^+ + 2e^- \Longrightarrow Fe(s) + 2H_2O$	$p\varepsilon = -1.1 - pH$
	$Fe(OH)_3(s) + H^+ + e^- \Longrightarrow Fe(OH)_2(s) + H_2O$	$p\varepsilon = 4.3 - pH$
	$FeOH^{2+} + H^+ + e^- \Longrightarrow Fe^{2+} + H_2O$	$p\varepsilon = 15.2 - pH - \lg([Fe^{2+}]/[FeOH^{2+}])$
仅受 pH 影响的反应	$FeCO_3(s) + 2H_2O \Longrightarrow Fe(OH)_2(s) + H^+ + HCO_3^-$	$pH = 11.9 + \lg[HCO_3^-]$
	$FeCO_3(s) + H^+ \Longrightarrow Fe^{2+} + HCO_3^-$	$pH = 0.2 - \lg([Fe^{2+}][HCO_3^-])$
	$FeOH^{2+} + 2H_2O \Longrightarrow Fe(OH)_3(s) + 2H^+$	$pH = 0.4 - 0.5\lg[FeOH^{2+}]$
	$Fe^{3+} + H_2O \Longrightarrow FeOH^{2+} + H^+$	$pH = 2.2 - \lg([Fe^{3+}]/[FeOH^{2+}])$
	$Fe(OH)_3(s) + H_2O \Longrightarrow Fe(OH)_4^- + H^+$	$pH = 19.2 + \lg[Fe(OH)_4^-]$

参考文献

[1] Schüring J，Schulz H D，Fischer W R，et al. Redox：Fundamentals，Processes and Applications[M]. Heidelberg：Springer Science & Business Media，2000.

[2] Gottschalk C，Libra J，Saupe A. Ozonation of Water and Waste Water：A Practical Guide to Understand Ozone and Its Application[M]. Weinheim：Wiley-VCH，2000.

[3] Von Gunten U. Ozonation of drinking water：Part Ⅱ. Disinfection and by-product formation in presence of bromide，iodide or chlorine[J]. Water Research，2003，37（7）：1469-1487.

[4] Zhang J，Zhang Y，Wang H，et al. Ru（Ⅲ）catalyzed permanganate oxidation of aniline at environmentally relevant pH[J]. J Environ Sci-China，2014，26（7）：1395-1402.

[5] Glaze W H. Drinking-water treatment with ozone[J]. Environmental Science & Technology，1987，21（3）：224-230.

[6] Glaze W H，Kang J-W，Chapin D H. The chemistry of water treatment processes involving ozone，hydrogen peroxide and ultraviolet radiation[J]. Ozone-science & Engineering，1987，9（4）：335-352.

[7] Gerschman R，Gilbert D L，Nye S W，et al. Oxygen poisoning and x-irradiation：A mechanism in common[J]. 1954，119（3097）：623-626.

[8] Lin Q，Deng Y. Is sulfate radical a ROS？[J]. Environmental Science & Technology，2021，55（22）：15010-15012.

[9] Lee J，Von Gunten U，Kim J-H. Persulfate-based advanced oxidation：Critical assessment of opportunities and roadblocks[J]. Environmental Science & Technology，2020，54（6）：3064-3081.

[10] House D A. Kinetics and mechanism of oxidations by peroxydisulfate[J]. Chemical Reviews，1962，62（3）：185-203.

[11] Kolthoff I，Miller I. The chemistry of persulfate. Ⅱ. The reaction of persulfate with mercaptans solubilized in solutions of saturated fatty acid soaps1[J]. Journal of the American Chemical Society，1951，73（11）：5118-5122.

[12] Solarchem Environmental Systems. The UV/Oxidation Handbook[M]. 1994.

[13] Bossmann S H，Oliveros E，Göb S，et al. New evidence against hydroxyl radicals as reactive intermediates in the thermal and photochemically enhanced Fenton reactions[J]. The Journal of Physical Chemistry A，1998，102（28）：5542-5550.

[14] Rahhal S，Richter H W. Reduction of hydrogen peroxide by the ferrous iron chelate of diethylenetriamine-N，N，N'，N''，N''-pentaacetate[J]. Journal of the American Chemical Society，1988，110（10）：3126-3133.

[15] Pignatello J J，Oliveros E，MacKay A. Advanced oxidation processes for organic contaminant destruction based on the Fenton reaction and related chemistry[J]. Critical Reviews in Environmental Science and Technology，2006，36（1）：1-84.

[16] Deng Y，Englehardt J D. Treatment of landfill leachate by the Fenton process[J]. Water research，2006，40（20）：3683-3694.

[17] Santos A，Fernandez J，Rodriguez S，et al. Abatement of chlorinated compounds in groundwater contaminated by HCH wastes using ISCO with alkali activated persulfate[J]. Science of the Total Environment，2018，615：1070-1077.

[18] Li X，Elliott D W，Zhang W. Zero-valent iron nanoparticles for abatement of environmental pollu-

tants：Materials and engineering aspects[J]. Critical Reviews in Solid State and Materials Sciences，2006，31（4）：111-122.

[19] Lowry G V，Johnson K M. Congener-specific dechlorination of dissolved PCBs by microscale and nanoscale zerovalent iron in a water/methanol solution[J]. Environmental Science & Technology，2004，38（19）：5208-5216.

[20] Liu Y，Wang J. Reduction of nitrate by zero valent iron（ZVI）-based materials：A review[J]. Science of the Total Environment，2019，671：388-403.

[21] Xiong Z，Zhao D，Pan G. Rapid and complete destruction of perchlorate in water and ion-exchange brine using stabilized zero-valent iron nanoparticles[J]. Water Research，2007，41（15）：3497-3505.

[22] Klas S，Kirk D W. Advantages of low pH and limited oxygenation in arsenite removal from water by zero-valent iron[J]. Journal of Hazardous Materials，2013，252：77-82.

[23] Martin J E，Herzing A A，Yan W，et al. Determination of the oxide layer thickness in core-shell zerovalent iron nanoparticles[J]. Langmuir，2008，24（8）：4329-4334.

[24] Lee W，Batchelor B. Abiotic reductive dechlorination of chlorinated ethylenes by iron-bearing soil minerals. 1. Pyrite and magnetite[J]. Environmental Science & Technology，2002，36（23）：5147-5154.

[25] Kriegman-King M R，Reinhard M. Transformation of carbon tetrachloride by pyrite in aqueous solution [J]. Environmental Science & Technology，1994，28（4）：692-700.

[26] Weerasooriya R，Dharmasena B. Pyrite-assisted degradation of trichloroethene（TCE）[J]. Chemosphere，2001，42（4）：389-396.

[27] Hyun S P，Davis J A，Sun K，et al. Uranium（Ⅵ）reduction by iron（Ⅱ）monosulfide mackinawite [J]. Environmental Science & Technology，2012，46（6）：3369-3376.

[28] Mullet M，Boursiquot S，Ehrhardt J J. Removal of hexavalent chromium from solutions by mackinawite，tetragonal FeS[J]. Colloids and Surfaces A：Physicochemical and Engineering Aspects，2004，244（1-3）：77-85.

[29] Lu Y，Li J，Li Y，et al. The roles of pyrite for enhancing reductive removal of nitrobenzene by zero-valent iron[J]. Applied Catalysis B：Environmental，2019，242：9-18.

[30] Buxton G V，Greenstock C L，Helman W P，et al. Critical review of rate constants for reactions of hydrated electrons，hydrogen atoms and hydroxyl radicals（·OH/·O$^-$ in aqueous solution[J]. Journal of Physical and Chemical Reference Data，1988，17（2）：513-886.

[31] Huang L，Dong W，Hou H. Investigation of the reactivity of hydrated electron toward perfluorinated carboxylates by laser flash photolysis[J]. Chemical Physics Letters，2007，436（1-3）：124-128.

[32] Cui J，Gao P，Deng Y. Destruction of per-and polyfluoroalkyl substances（PFAS）with advanced reduction processes（ARPs）：A critical review[J]. Environmental Science & Technology，2020，54（7）：3752-3766.

8

光化学

📖 **学习目标**

①掌握光化学第一定律和光化学第二定律，了解有机物的完整紫外-可见吸收光谱信息，熟悉有机物光量子产率计算方法。

②掌握光化学反应的原理及影响因素，了解有机物光化学转化途径和速率的影响因素，熟悉光化学反应类型。

③了解直接光解和间接光解过程中的活性物种。

④了解光化学在水污染控制技术领域的应用，掌握紫外-高级氧化技术、紫外-高级还原技术、光催化氧化技术的原理和影响因素。

8.1 光的基本性质

光是一种电磁波，具有波粒二象性。光的发射和吸收主要表现其粒子性。光的衍射、干涉和偏振等现象主要表现其波动性，光的波动性可用振动频率 ν、波长 λ、光速 c（在真空中，$c = 3.0 \times 10^8 \, \text{m/s}$）等参数进行描述，它们之间的关系为

$$\nu = \frac{c}{\lambda} \tag{8-1}$$

在讨论光与原子或分子的相互作用时，通常把光看成一束从光源射出的高速运动粒子，称为光量子或光子。每个光子都具有一定的能量 E，可依据爱因斯坦-普朗克（Einstein-Planck）关系式求算：

$$E = h\nu = h\frac{c}{\lambda} \tag{8-2}$$

式中 h——普朗克常数，$6.63 \times 10^{-34} \, \text{J} \cdot \text{s}$。

由式(8-2)可见，光的能量与波长成反比。1mol 光子所具有的总能量为 1 爱因斯坦(Einstein)，此时 $E = N_0 h\nu = \dfrac{N_0 hc}{\lambda} = \dfrac{0.1197}{\lambda}$，其中 N_0 为阿伏伽德罗常数，$N_0 = 6.02 \times 10^{23} \, \text{mol}^{-1}$。

根据 λ 或 ν 的大小，光或电磁波可分为无线电波、微波、红外线、可见光、紫外光及 X 射线等几个区域（图 8-1）。其中可见光的波长范围是 $400 \sim 750\text{nm}$，紫外光（UV）波长为 $200 \sim 400\text{nm}$。紫外光还可进一步细分为 UV-A、UV-B 和 UV-C。UV-A 为波长 $320 \sim 400\text{nm}$ 的紫外光。UV-B 为波长 $280 \sim 320\text{nm}$ 的紫外光，这部分紫外光可导致阳光灼烧和其他生物效应，在许多污染物的直接光解过程中起主要作用。UV-C 为波长 $200 \sim 280\text{nm}$ 的紫外光。紫外光（$200 \sim 400\text{nm}$）占太阳辐射能量的 7%，由于大气层的过滤作用，太阳光中的紫外光能到达地表的只有 UV-A 和 UV-B。

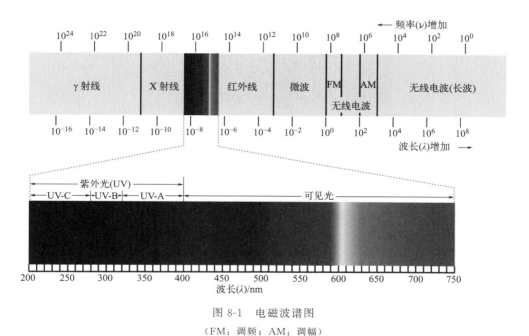

图 8-1　电磁波谱图

(FM：调频；AM：调幅)

太阳辐射能量的最大值在电磁波谱的可见光范围（$400 \sim 750\text{nm}$），它们占总发射能量的 50%，红外辐射（$0.8 \sim 4.0\mu\text{m}$）占 43%。

8.2　光化学基本定律

光化学过程遵循两个核心定律，分别为光化学第一定律和光化学第二定律。

① 光化学第一定律（Grotthuss-Draper law，格鲁西斯-特拉帕定律）：只有吸收光辐射的分子才可发生光化学转化。

② 光化学第二定律（Stark-Einstein law，斯塔克-爱因斯坦定律）：在光化学初级反应中，吸收一个光子只能活化一个反应分子。需注意的是，光化学第二定律适用于光源强度

范围（以光子数量计）为 $10^{14} \sim 10^{18}$ 个·s，且激发态分子寿命短的光化学反应。例如，在激光照射条件下，有的分子可吸收两个或更多光子，此时光化学反应不服从光化学第二定律。

8.2.1　物质对光的吸收

当一个光子接近一个分子时，分子和光辐射二者的电磁场之间会发生相互作用，当且仅当光辐射因相互作用被分子吸收时，才能有效引发光化学反应。通过化合物的紫外-可见吸收谱图，就可以判断其能否吸收紫外-可见光，进而了解化合物能否发生光化学反应。

在透明容器（如石英比色皿）中，均匀、非散射的介质（如不含颗粒物的有机物水溶液）对光的吸收可用朗伯-比尔定律（Lambert-Beer law）进行定量描述：对于透明器皿中不含颗粒物的有机物水溶液体系，其对入射光的吸收比例与入射光光强无关；同时，该体系的辐射吸收量与吸收辐射的分子数成正比。朗伯-比尔定律也可用公式表示如下：

$$I(\lambda) = I_0(\lambda) \times 10^{-[\alpha(\lambda) + \varepsilon_i(\lambda)c_i]l} \tag{8-3}$$

$$或 \quad A(\lambda) = \lg \frac{I_0(\lambda)}{I(\lambda)} = [\alpha(\lambda) + \varepsilon_i(\lambda)c_i]l \tag{8-4}$$

式中　$A(\lambda)$——化合物在波长 λ 处的吸光度；

$\quad I_0$——入射光光强，Einstein/(cm^2·s)；

$\quad I$——透过光光强，Einstein/(cm^2·s)；

$\quad \varepsilon_i(\lambda)$——化合物 i 在波长 λ 处的摩尔吸光系数，L/(mol·cm)；

$\quad c_i$——溶液中化合物 i 的浓度，mol/L；

$\quad l$——光程，cm；

$\quad \alpha(\lambda)$——介质的吸收或衰减系数，cm^{-1}。

摩尔吸光系数 $\varepsilon_i(\lambda)$ 是指在浓度 1mol/L 的溶液中，当吸收池的厚度为 1cm 时，在特定波长 λ 下测得的吸光度。它表示物质对特定波长的光的吸收特性，是鉴定化合物的重要依据。$\varepsilon_i(\lambda)$ 愈大，表示物质对该特定波长光的吸收能力愈强。

通过有机物的最大特征吸收峰的波长（λ_{max}）以及相应的 ε 值（$\varepsilon_{i,max}$）可初步评价该有机物是否吸光。但是，定量描述光化学反应必须了解有机物的完整紫外-可见吸收光谱信息。需注意的是，朗伯-比尔定律不适用于激光辐射，且要求分子间无明显相互作用。

8.2.2　电子的激发类型

分子吸收一个光子后，它的一个电子会从基态轨道激发到能量最低的空轨道。从化学键性质的角度分析，化合物的化学键主要由三种电子组成：形成单键的 σ 电子；形成双键的 π 电子；未共有电子或称非键电子，一般指分子中氧、氮、硫和卤素等杂原子外层的孤电子对，表示为 n 电子。根据分子轨道理论，分子中 σ、π、n 三种电子的能级能量次序大致为 $\sigma < \pi < n < \pi^* < \sigma^*$。如图 8-2 所示，可大致比较不同类型能级激发所需能量的大小，以及与吸收峰波长之间的关系。

下面主要介绍在 200～400nm 吸收峰波长处发生的电子跃迁类型：

① n→σ*：杂原子上未共用的 n 电子激发跃迁到反键 σ 轨道（σ*），此种激发主要发生于醇、胺、醚类分子吸收光子时。

② π→π*：电子从成键的 π 轨道激发跃迁到反键 π 轨道（π*），此种激发主要发生于具有芳香基团或共轭双键结构的分子，如烯烃、醛类、酯类、取代苯类化合物吸收光子时。

③ n→π*：杂原子上未共用的 n 电子激发跃迁到 π* 轨道，常见于醛类、酮类、酯类等分子的电子激发。

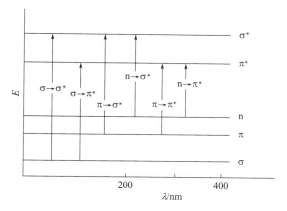

图 8-2　有机化合物的分子轨道能量和各类电子能级跃迁能量示意图

基态分子吸收光子发生电子激发跃迁之后，便成为激发态分子。激发态分子与其基态分子在立体结构、偶极矩、酸碱强度等方面存在较大差异，但因其寿命短，激发态分子的性质很难测定。值得一提的是，激发态分子可发生随后的一系列光物理过程和光化学过程。

8.2.3　量子产率

一个光子被基态分子吸收后，就可形成一个激发态分子。激发态分子不稳定，有些可能发生光化学反应，而有些可能通过分子内或分子间的物理失活回到基态。物质吸收光量子后直接发生的光化学和光物理过程，称为光化学的初级过程。在光化学中，定义了量子产率（quantum yield）这一概念来衡量光化学过程或光物理过程的相对效率，其定义式为

$$\phi_i = \frac{i \text{ 过程所产生的激发态给定物种的数目}}{\text{吸收光子数目}} \tag{8-5}$$

式(8-5)是指单个初级过程的量子产率，也被称为初级量子产率。例如丙酮的光解过程：

$$CH_3COCH_3 \xrightarrow{h\nu} CO + 2CH_3$$

研究表明，丙酮光解只生成 CO 和 CH₃，且产物稳定，不再发生热化学反应。因此，丙酮吸收光之后只发生初级光化学过程，生成的 CO 初级量子产率为 1，即在丙酮光解的初级过程中，每吸收一个光子便可生成一个 CO。

大部分化合物在吸收光之后光化学和光物理过程均有发生，其所有初级过程的量子产率必定等于 1，即 $\sum \phi_i = 1$。

对于大部分化合物的光化学过程，激发态分子或产物还可能发生后续的热化学反应。因此，对于光化学反应，除了初级量子产率外，还要考虑总量子产率，也称作表观量子产率（Φ）：

$$\Phi = \frac{\text{光化学反应或其引发的热反应形成激发态给定物种的数目}}{\text{吸收光子数目}} \tag{8-6}$$

Φ 只能通过实验测定，无法根据有机物结构进行预测。理论上，当有机物吸收光子引发

消耗更多分子的链式反应时，量子产率可大于 1。但考虑到水中有机污染物的浓度较低及其他成分对链式反应的抑制，天然水中的有机污染物不太可能出现链式反应，因此一般认为天然水中的有机污染物量子产率最大值为 1。因水溶液中有机物的光量子产率受波长影响较小，可选择有机物在其最大吸收波长处测定的量子产率来估算其总转化速率。但若有机物在很宽的波长范围内呈现多个特征吸收峰（如偶氮染料），则应在各个特征吸收峰波长处测定其量子产率。

8.3 光化学反应过程

8.3.1 光化学反应的原理

光化学反应（photochemical reaction）是物质（原子、分子、自由基或离子）吸收光子所引发的化学键断裂和生成的化学反应。激发态分子化学键断裂，生成自由基或小分子是最常见的光化学反应，而激发态分子化学键断裂很少生成离子。如果生成的自由基不是处于激发态，则它们的行为与其他过程生成的自由基完全相同。

相对于光化学反应，其他化学反应可被称为热化学反应。光化学反应与热化学反应的主要区别为：①热化学反应所需的活化能来自反应物分子的热碰撞，而光化学反应所需的活化能来源于光源辐射的光子能量；②在恒温恒压条件下，热化学反应总是使体系的自由焓降低，但是许多光化学反应使体系的自由焓增加，在光的作用下氧转变为臭氧以及植物利用 CO_2 与 H_2O 合成碳水化合物并释放氧气都是自由焓增加的例子；③热化学反应的速率受温度影响较大，而光化学反应受温度影响较小，有时甚至与温度无关。

8.3.2 光化学反应的类型

光化学反应涉及多个过程和分步反应，除了吸收光子后发生的初级过程外，初级过程中的反应物、生成物都有可能发生进一步反应，即光化学反应的次级过程。初级光化学过程的主要类型包括单分子反应和双分子反应。单分子反应包括激发态分子分解为小分子或自由基、分子内重排以及光致异构化等。对于双分子反应，主要是一个激发态分子和一个基态分子发生反应，反应后激发态分子又回到基态，而与之反应的基态分子则发生化学键的重组或断裂。图 8-3 概括了有机物吸收光之后发生的光化学和光物理过程。需要注意的是，溶液中电子激发态发生光化学转化的途径和速率与溶剂密切相关，同时也与溶液的 pH 值、溶解氧浓度、离子强度等因素相关，但受温度的影响较小。

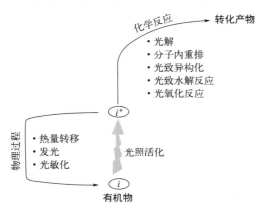

图 8-3 有机物电子激发态的光化学和光物理过程

光化学反应类型介绍如下。

（1）光解（photolysis）

光解反应是物质吸收光子所引发的分解反应。一个有机物分子吸收光子辐射之后，如果所吸收的能量大于或等于化学键的解离能，则可发生化学键的断裂，生成小分子或自由基。常见单键的键能及相应能量光子的近似波长见表 8-1。

表 8-1　常见单键的键能及相应能量光子的近似波长

化学键	键能 E/(kJ/mol)	波长 λ/nm	化学键	键能 E/(kJ/mol)	波长 λ/nm
O—H	465	257	C—C	348	344
H—H	436	274	C—Cl	339	353
C—H	415	288	Cl—Cl	243	492
N—H	390	307	Br—Br	193	620
C—O	360	332	O—O	146	820

① 诺氏反应（Norrish reaction）。羰基化合物经光照生成双自由基中间体的裂解反应，包括 I 型裂解和 II 型裂解。

a. I 型裂解：羰基化合物光解，发生 α-裂解，形成酰基自由基和烷基自由基（图 8-4）。

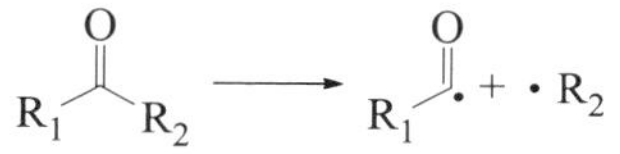

b. II 型裂解：有 γ-氢的羰基化合物光解，γ-氢可通过分子内转移移到氧上形成 1,4-双自由基，并接着裂解为链烯和链醇或者发生环闭合生成环丁醇（图 8-5）。

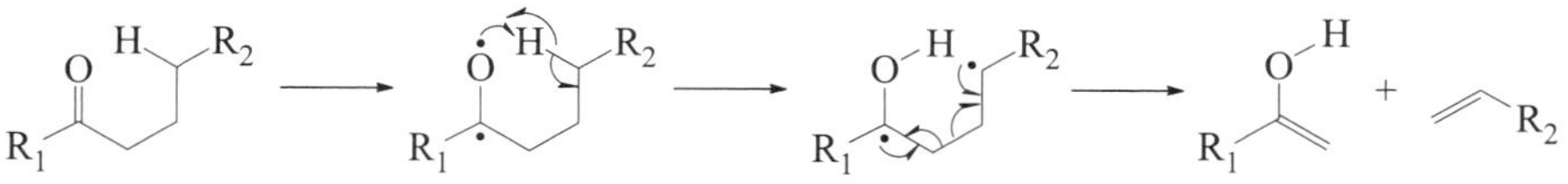

图 8-4　羰基化合物 I 型裂解反应

图 8-5　羰基化合物 II 型裂解反应

② C—N 键裂解。含 N-烷基的胺类有机物和苯脲类化合物经光照后可发生 C—N 键裂解反应，例如图 8-6。

③ N—O 键裂解。环己二酮肟类化合物和苯脲类化合物经光照后可发生 N—O 键裂解反应，例如图 8-7。

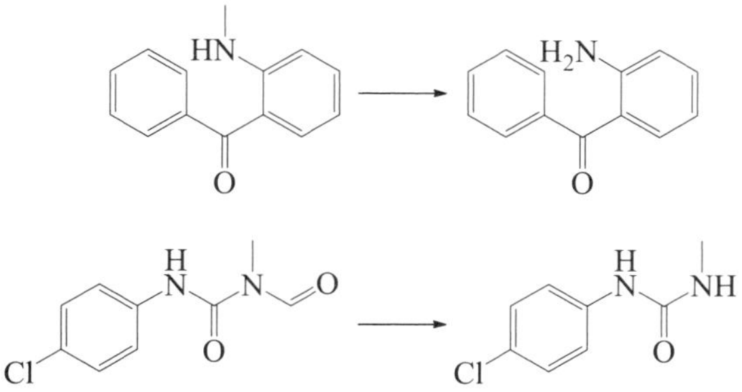

图 8-6　C—N 键裂解反应

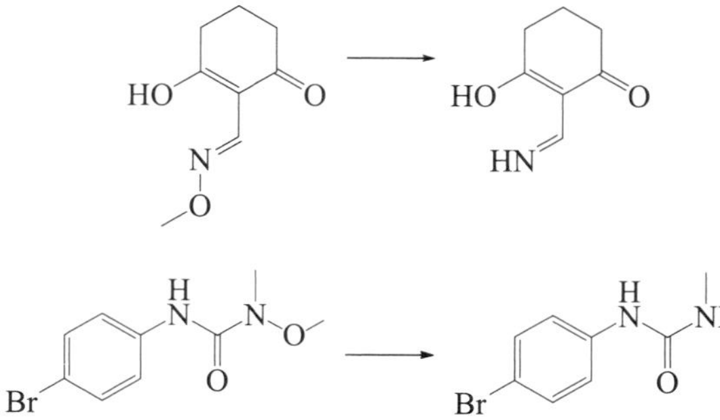

图 8-7　环己二酮肟类化合物和苯脲类化合物
N—O 键裂解反应

④ C—O 键裂解。羟基二苯醚类化合物经光照后可发生 C—O 键裂解反应，例如图 8-8。

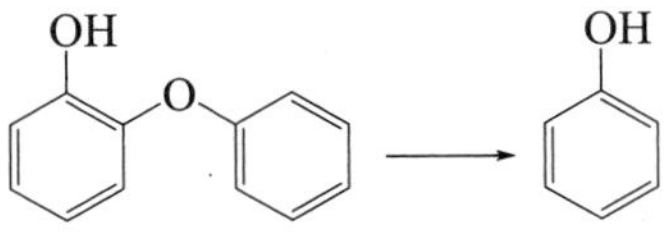

图 8-8   羟基二苯醚类化合物 C—O 键裂解反应

芳香族羧酸化合物经光照后可发生脱羧反应，生成对应的烷基、羟基或羰基产物，例如图 8-9。

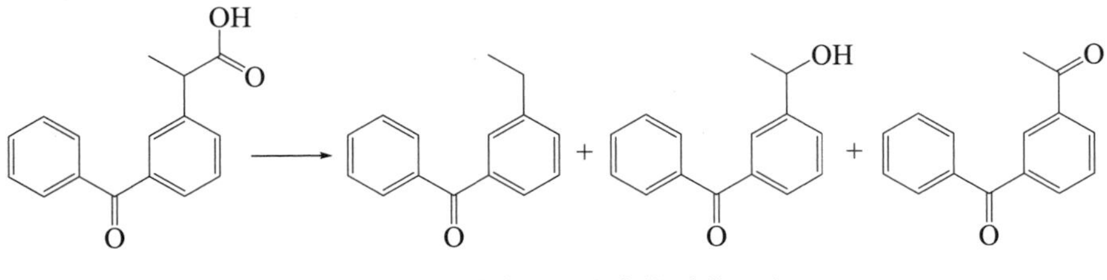

图 8-9   芳香族羧酸化合物脱羧反应

（2）分子内重排（photorearrangement）

萘氧基有机物、2-硝基苯甲醛、苄苯醚类化合物、烯酮甾族化合物、芳香氨基甲酸酯、有机硫磷化合物以及卤代二苯醚等化合物在光照之后可发生分子内重排反应。

① 萘氧基有机物。萘氧基有机物在光照之后可能发生 C1、C2 和 C4 分子内重排反应，具体反应见图 8-10。

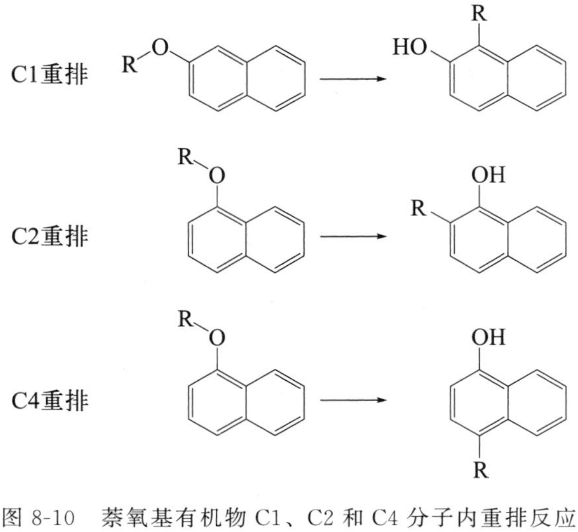

图 8-10   萘氧基有机物 C1、C2 和 C4 分子内重排反应

② 2-硝基苯甲醛。具体反应见图 8-11。

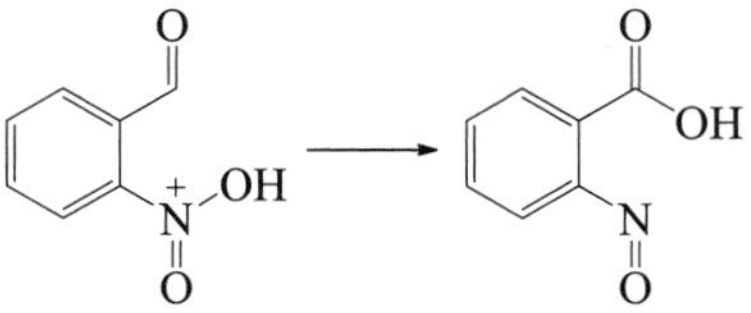

图 8-11   2-硝基苯甲醛分子内重排反应

③ 苄苯醚类化合物。苄苯醚类化合物经光照后可发生邻位和对位的分子内重排反应（图 8-12）。

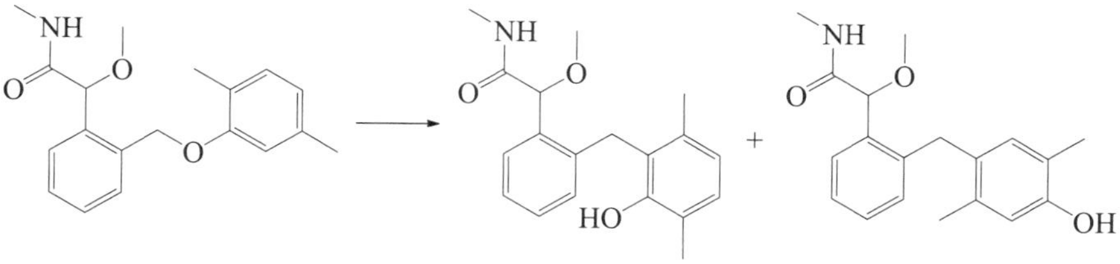

图 8-12　苄苯醚类化合物分子内重排反应

④ 烯酮甾族化合物。烯酮甾族化合物经光照后可生成环戊烯酮或光生酮类化合物（lumiketone）（图 8-13）。

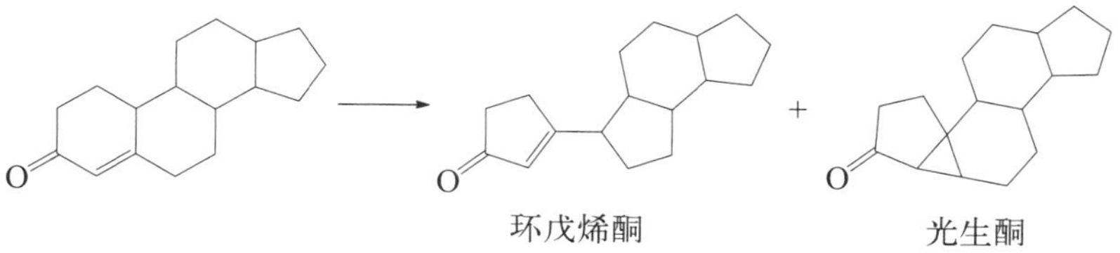

环戊烯酮　　　光生酮

图 8-13　烯酮甾族化合物分子内重排反应

⑤ 芳香氨基甲酸酯。具体反应见图 8-14。
⑥ 有机硫磷化合物。具体反应见图 8-15。

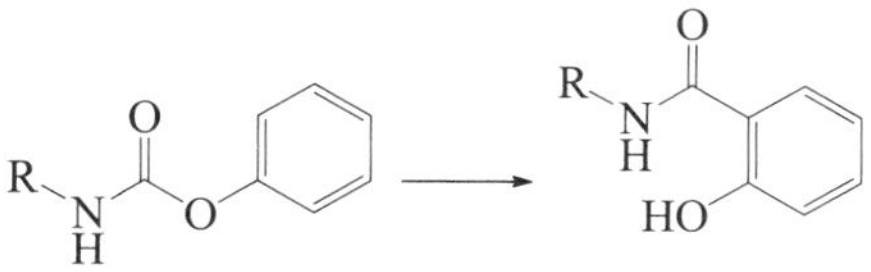

图 8-14　芳香氨基甲酸酯分子内重排反应 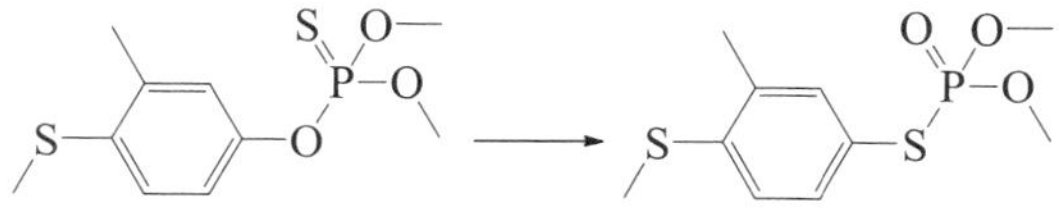　　　　图 8-15　有机硫磷化合物分子内重排反应

⑦ 卤代二苯醚。卤代二苯醚经光照后可发生脱卤重排反应（图 8-16）。

（3）光致异构化（photoisomerization）

一些烯烃类化合物在吸收光能后会发生光致异构化反应，如图 8-17 所示。

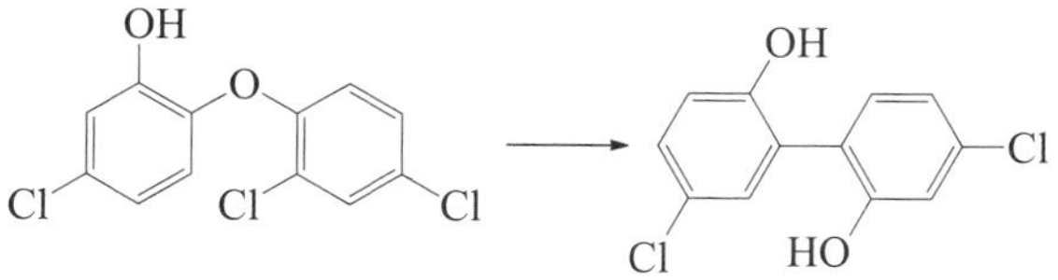

图 8-16　卤代二苯醚脱卤重排反应 　　　　图 8-17　光致异构化反应

（4）光致水解反应（photohydrolysis）

含酯基、醚基、卤素、胺基、硝基以及磺酸酯基等官能团的化合物经光照后可发生水解反应，生成醇或酚。

① 含氧化合物的光水解。芳香性氨基甲酸酯类和芳香醚类化合物可发生光致水解反应（图 8-18）。

② 含氮化合物的光水解。芳香胺类化合物和含硝基芳香族化合物经光照后胺基和硝基可被转化为羟基，生成对应的酚类化合物，如图 8-19 所示。

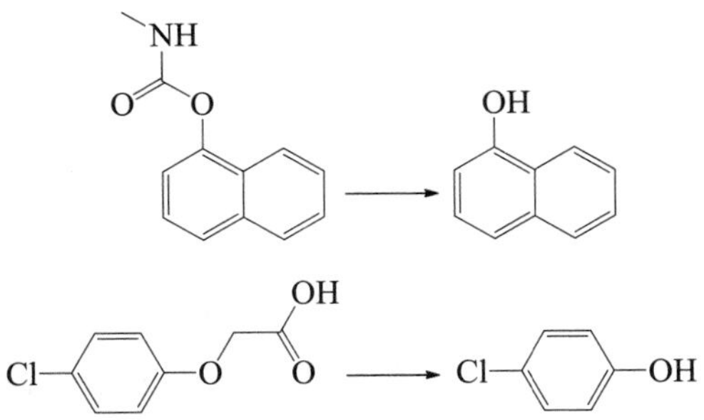

图 8-18　含氧化合物光水解反应

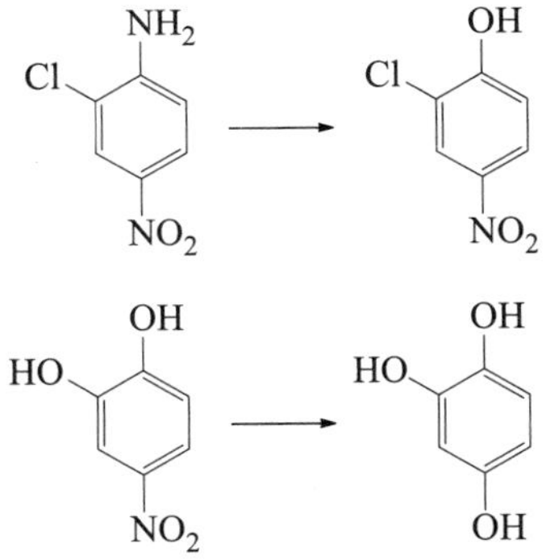

图 8-19　含氮化合物光水解反应

③ 芳香性磺酸酯类化合物的光水解。具体反应见图 8-20。

④ 含卤素芳香族化合物的光水解。具体反应见图 8-21。

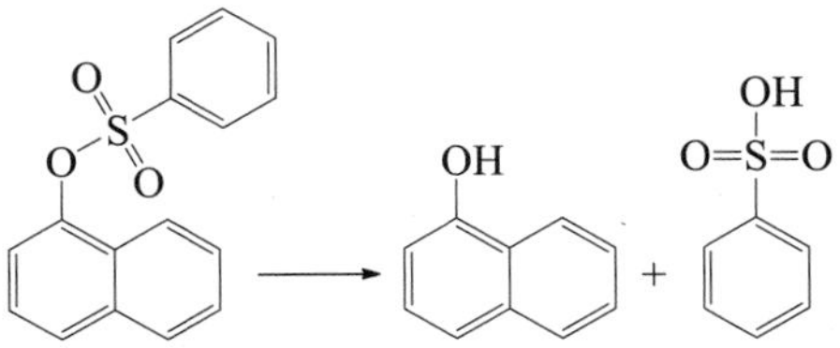

图 8-20　芳香性磺酸酯类化合物光水解反应

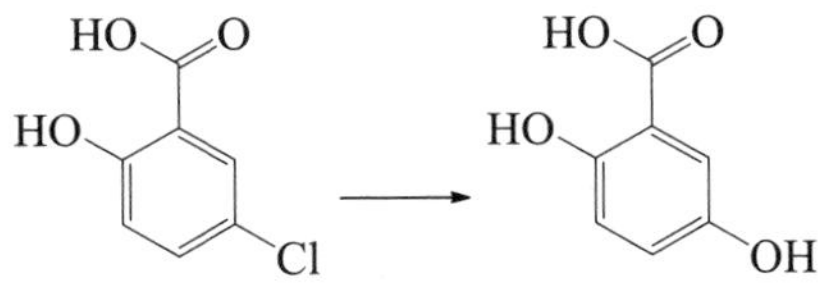

图 8-21　含卤素芳香族化合物光水解反应

（5）光氧化反应

亚硝基、亚砜、硫醚类、醛类芳香性化合物以及多环芳烃类化合物经光照后可发生光氧化反应，生成加氧产物。

① 亚硝基芳香性化合物，光氧化反应见图 8-22。

② 亚砜芳香性化合物，光氧化反应见图 8-23。

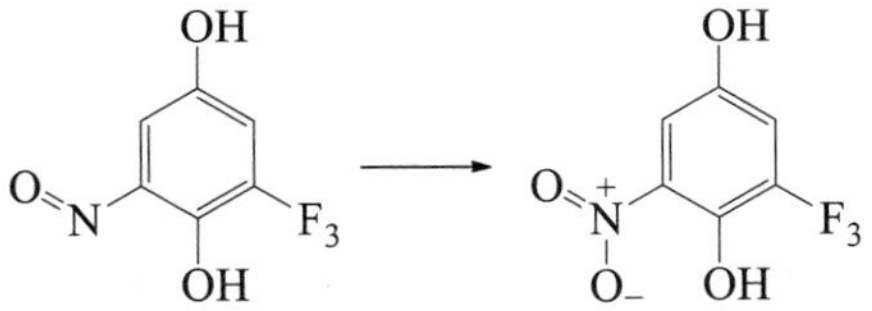

图 8-22　亚硝基芳香性化合物光氧化反应

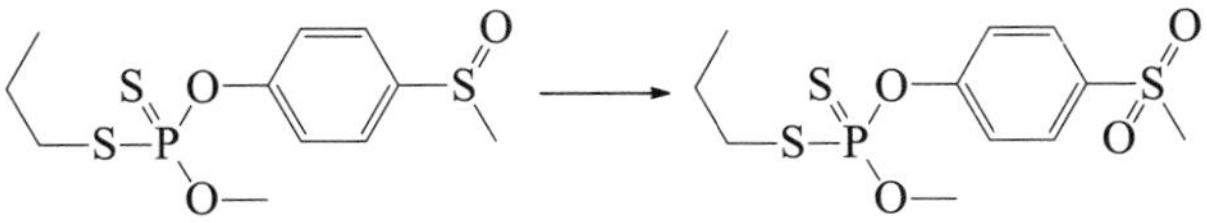

图 8-23　亚砜芳香性化合物光氧化反应

③ 硫醚类芳香性化合物，光氧化反应见图 8-24。

④ 醛类芳香性化合物，光氧化反应见图 8-25。

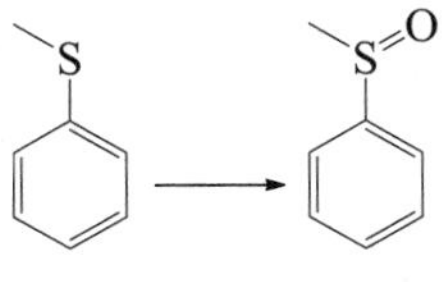

图 8-24　硫醚类芳香性化合物光氧化反应

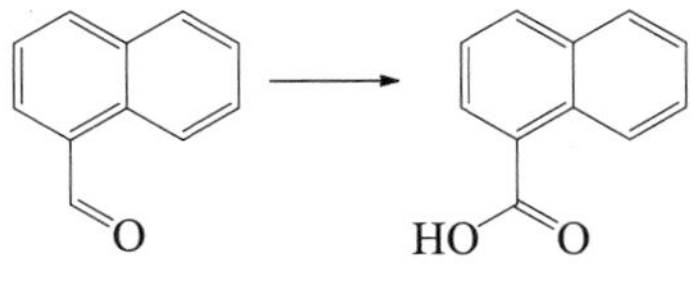

图 8-25　醛类芳香性化合物光氧化反应

⑤ 多环芳烃类化合物，光氧化反应见图 8-26。

（6）光敏化反应（photosensitized reaction）

在光化学反应中，有些化合物能够吸收光能，但自身并不参与反应，而是把能量转移给其他化合物，使之成为激发态参与反应，这样的反应被称为光敏化反应。在此过程中，吸光的物质被称为光敏化剂（S），接受能量的化合物被称为受体（A）。光敏化反应可表示为：

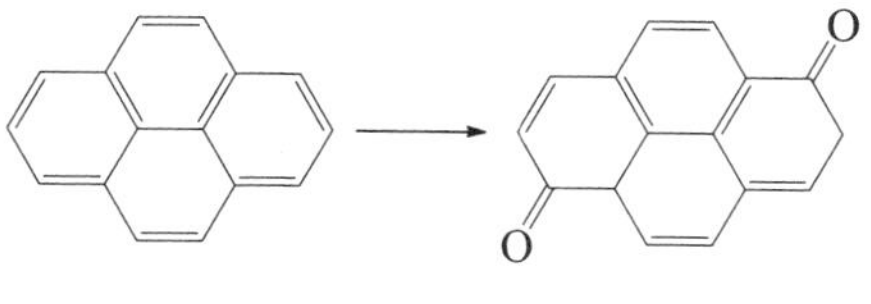

图 8-26 多环芳烃类化合物光氧化反应

$$S(S_0) \xrightarrow{h\nu} S(S_1)$$
$$S(S_1) \xrightarrow{系间穿越} S(T_1)$$
$$S(S_1) + A(S_0) \xrightarrow{能量转移} S(S_0) + A(T_1)$$
$$S(T_1) + A(S_0) \xrightarrow{能量转移} S(S_0) + A(T_1)$$
$$A(T_1) \longrightarrow 参与反应$$

受体 A 发生的是间接光解，即由光敏剂 S 吸收光子而诱导的光反应。

8.4 天然水体中化合物的光化学转化过程

光化学转化是化合物在天然水体中的重要迁移转化过程之一，该过程不可逆地改变了化合物结构，强烈地影响水环境中某些污染物的归趋。有机物的光化学转化速率受许多化学和环境因素的影响。化合物对光的吸收性质、天然水中的光迁移特征以及阳光辐照强度均是影响环境光化学转化作用的重要因素。化合物在天然水体中发生的光化学转化包括直接光解（direct photolysis）和间接光解（indirect photolysis）两个过程。

8.4.1 天然水中光的吸收与衰减

地球表面的太阳光包括直射光和散射光（后者也可称作天空辐射），太阳光辐射并非以平行光束垂直射向天然水体，而是以不同的入射角进入水体。地球表面某一点的太阳光谱取决于地理位置（纬度、高度）、季节、时间、天气情况以及大气污染状况等因素。本节将对测定或计算天然水体表面及内部水柱中光强的方法进行介绍。

较浅水体以及表层水属于充分混合的水体，其组分和性质（包括光衰减系数）都是均一的。依据朗伯-比尔定律，体积为 V（cm^3）、（水平）表面积为 A（cm^2）的充分混合水体中，平均深度 $z_{mix}=V/A$ 处的光强为：

$$W(z_{mix},\lambda)=W(\lambda)\times 10^{-\alpha_D(\lambda)z_{mix}} \tag{8-7}$$

式中　$W(\lambda)$——光强通量，表示波长为 λ 的入射光的光强，$Einstein/(cm^2 \cdot s)$；

$\alpha_D(\lambda)$——表观或扩散衰减系数，cm^{-1}。

$\alpha_D(\lambda)$ 用来衡量混合水体在垂直距离 z_{mix} 内吸收的辐射量，可通过现场测定水面和 z_{mix} 处的光强得到：

$$\alpha_D(\lambda) = \frac{1}{z_{mix}} \lg \frac{W(\lambda)}{W(z_{mix}, \lambda)} \tag{8-8}$$

太阳光以各种入射角到达水面时在气-水界面发生折射，只有不到10％的入射光被反射和反向散射。太阳光在水体中一部分会被悬浮颗粒物反射，另一部分会被颗粒物或溶解物（尤其是有机质）吸收。对于混合充分的水体，将平均光程 $l(\lambda)$ 和 z_{mix} 的比值定义为分布函数 $D(\lambda)$：

$$D(\lambda) = \frac{l(\lambda)}{z_{mix}} \tag{8-9}$$

太阳光在水中的反射主要由颗粒物造成，在本节的讨论、计算中均针对无颗粒物水体。对于无浊度水体，可采用分光光度计测定单位光程内水体的衰减速率 $\alpha(\lambda)$，并将其与 $D(\lambda)$ 相乘来估算扩散衰减系数 $\alpha_D(\lambda)$：

$$\alpha_D(\lambda) = D(\lambda)\alpha(\lambda) \tag{8-10}$$

需注意的是，式(8-10)要求 $D(\lambda)$ 值准确，但对于较深及浑浊水体，$D(\lambda)$ 值的估算难度较大。对于较浅水体（如透明水体表层50cm之内），$D(\lambda)$ 可借助计算机程序，通过直接辐射和天空辐射之比以及直接辐射的折射角确定。近地表紫外光和蓝光（450nm）的 $D(\lambda)$ 估算值在 $1.05 \sim 1.30$ 之间，具体数值取决于太阳天顶角。

单位面积、单位时间内混合水体对特定波长（λ）光的吸收速率可通过入射光强和 z_{mix} 深度处的光强之差计算得到。单位表面积内水体吸收光的速率为：

$$W(\lambda) - W(z_{mix}, \lambda) = W(\lambda)[1 - 10^{-\alpha_D(\lambda)z_{mix}}] \tag{8-11}$$

因此，单位体积内水体吸收光的平均速率为：

$$W(\lambda)[1 - 10^{-\alpha_D(\lambda)z_{mix}}]\frac{A}{V} = \frac{W(\lambda)[1 - 10^{-\alpha_D(\lambda)z_{mix}}]}{z_{mix}} \tag{8-12}$$

当水中存在污染物时，水体的衰减系数应加上污染物的贡献，即

$$水体的衰减系数 = \alpha(\lambda) + \varepsilon_i(\lambda)c_i \tag{8-13}$$

式中 $\varepsilon_i(\lambda)$——污染物的摩尔吸光系数；

c_i——污染物浓度，mol/L。

污染物吸收光的分数为：

$$F_i(\lambda) = \frac{\varepsilon_i(\lambda)c_i}{\alpha(\lambda) + \varepsilon_i(\lambda)c_i} \tag{8-14}$$

在大多数情况下，天然水体中污染物的浓度很低，污染物的光吸收远小于天然有机质中所有生色团总的光吸收，即 $\varepsilon_i(\lambda)c_i \ll \alpha(\lambda)$。因此，式(8-14)可近似为：

$$F_i(\lambda) \approx \frac{\varepsilon_i(\lambda)}{\alpha(\lambda)}c_i \tag{8-15}$$

将单位体积的光吸收速率[式(8-12)]与 $F_i(\lambda)$[式(8-15)]相乘，即可得到单位体积水体内污染物的光吸收速率 $I_a(\lambda)$：

$$I_a(\lambda) = \frac{W(\lambda)\varepsilon_i(\lambda)[1 - 10^{-\alpha_D(\lambda)z_{mix}}]}{z_{mix}\alpha(\lambda)}c_i = k_a(\lambda)c_i \tag{8-16}$$

式中 $k_a(\lambda)$——化合物在给定体系中的光吸收特征速率，Einstein/(mol·s)。

在两种极端情况下，可对式(8-16)进行简化：

① 当 $\alpha_D(\lambda)z_{mix} < 0.02$ 时，非常少的光（$<5\%$）被体系吸收。此种情形适用于混合水

体表层或 $\alpha_D(\lambda)$ 很低的水体（如蒸馏水、海水）。此时式(8-16) 近似为：

$$1-10^{-\alpha_D(\lambda)z_{mix}} \approx 2.3\alpha_D(\lambda)z_{mix} \tag{8-17}$$

$$k_a^0(\lambda) = \frac{2.3W(\lambda)\alpha_D^0(\lambda)\varepsilon_i(\lambda)}{\alpha(\lambda)} \tag{8-18}$$

式中 $k_a^0(\lambda)$——近表面处波长 λ 的光吸收特征速率。

根据式(8-10) 可得：

$$k_a^0(\lambda) = 2.3W(\lambda)D^0(\lambda)\varepsilon_i(\lambda) \tag{8-19}$$

令 $Z(\lambda) = W(\lambda)D^0(\lambda)$，则有

$$k_a^0(\lambda) = 2.3Z(\lambda)\varepsilon_i(\lambda) \tag{8-20}$$

如前所述，对于较浅水体，$D^0(\lambda)$ 可借助计算机程序近似计算。同样地，采用计算机程序（SOLAR 或 GCSOLAR），可对一定地理位置、季节、天气和时间条件下的 $W(\lambda)$ 进行估算。

② 当 $\alpha_D(\lambda)z_{mix} > 2$ 时，所有的光都被水体吸收，此时，$1-10^{-\alpha_D(\lambda)z_{mix}} \approx 1$，式(8-16) 可简化为：

$$I_a^t(\lambda) = \frac{W(\lambda)\varepsilon_i(\lambda)}{z_{mix}\alpha(\lambda)} \times c_i \tag{8-21}$$

$$k_a^t(\lambda) = \frac{W(\lambda)\varepsilon_i(\lambda)}{z_{mix}\alpha(\lambda)} \tag{8-22}$$

其中，上标 t 表示总的光吸收速率。需注意，以上两式只适用于 $\varepsilon_i(\lambda)c_i \ll \alpha(\lambda)$（即污染物的稀溶液）。由于所有光都被混合水体所吸收，光程对 $k_a^t(\lambda)$ 没有影响，因此，在该条件下，$k_a^t(\lambda)$ 取决于 $\alpha(\lambda)$。

为了计算充分混合水体中某一化合物的 $k_a(\lambda)$ 值，引入光屏蔽因子 $S(\lambda)$，即混合水体深度 z_{mix} 处的 $k_a(\lambda)$ 和近表面光吸收特征速率 $k_a^0(\lambda)$ 的比值：

$$S(\lambda) = \frac{W(\lambda)\varepsilon_i(\lambda)[1-10^{-\alpha_D(\lambda)z_{mix}}]}{z_{mix}\alpha(\lambda) \times 2.3W(\lambda)D^0(\lambda)\varepsilon_i(\lambda)} = \frac{[1-10^{-\alpha_D(\lambda)z_{mix}}]}{2.3z_{mix}\alpha_D^0(\lambda)} \tag{8-23}$$

从式(8-23) 可以看到，$S(\lambda)$ 既与 $\alpha_D^0(\lambda)$（近表面的扩散衰减系数）相关，又和 $\alpha_D(\lambda)$（深度 z_{mix} 处整个水体扩散衰减系数的均值）相关。引入 $S(\lambda)$，可将 $k_a(\lambda)$ 表示为：

$$k_a(\lambda) = k_a^0(\lambda)S(\lambda) \tag{8-24}$$

k_a 近似为

$$k_a = \sum k_a^0(\lambda)S(\lambda) \tag{8-25}$$

当所考察的水体满足以下两个条件时，可简化 $S(\lambda)$ 的计算：①水体较浅（如<10m），可假设 $\alpha_D(\lambda) \approx \alpha_D^0(\lambda)$；②水体清澈，可假设 $D(\lambda)$ 的平均值 $D \approx 1.2$。此时，式(8-23) 可简化为：

$$S(\lambda) = \frac{1-10^{-1.2\alpha(\lambda)z_{mix}}}{2.3 \times 1.2z_{mix}\alpha(\lambda)} \tag{8-26}$$

其中，$\alpha(\lambda)$ 为光束衰减系数，可用分光光度计测定。若所研究的化合物在较窄的波长范围内吸光，可以采用这个波长范围内的平均 $\alpha(\lambda)$ 或 $\alpha_D(\lambda)$ 来计算光衰减对化合物光

吸收特征速率的影响。例如，选择一个化合物在波长 λ_m 处的 α 值，此时该化合物具有最大的光吸收特征速率，则 k_a 可以近似为：

$$k_a \approx S(\lambda_m) \sum k_a^0(\lambda) \approx S(\lambda_m) k_a^0 \tag{8-27}$$

因在大多数情况下只能得到近表面光吸收特征速率或污染物的近表面光解转化总速率的实验数据，故式(8-27)在实际应用中十分重要。

8.4.2 化合物的直接光解

直接光解是具有生色团的化合物吸收光辐射后发生的化学变化，产生的产物能够进一步参与次级化学过程。这类反应是天然水系统中最简单的光化学过程。

有机物的直接光解速率可表达为式(8-28)，其大小只取决于光源和化合物的光化学性质。一般来说，若一种化合物的光化学过程以直接光解为主，则其光解速率比以间接光解为主的化合物快。

$$k_d' = \Phi_{TC} \frac{I_0}{l} \left[1 - 10^{-(\varepsilon_{TC}[TC]_t + a_t)l} \right] \frac{\varepsilon_{TC}}{l(\varepsilon_{TC}[TC]_t + a_t)} \tag{8-28}$$

式中　k_d'——化合物 TC 的直接光转化速率；

　　Φ_{TC}——化合物 TC 的光量子产率；

　　I_0——光源辐照剂量，$mmol \cdot photon/(cm^2 \cdot s)$；

　　ε_{TC}——TC 的摩尔吸光系数，$L/(mol \cdot cm)$；

　　$[TC]_t$——t 时刻 TC 的浓度，mol/L；

　　a_t——t 时刻溶液基质吸光度，cm^{-1}；

　　l——光程，cm。

天然水体除含有机物外，也含有多种过渡金属（如 Fe、Cu 及 Cd 等）及其配合物。过渡金属配合物是光化学过程中重要的无机分子种类。通常，过渡金属配合物高度对称，过渡金属中的 d 轨道参与金属配合物分子轨道的构建。过渡金属配合物的光化学行为取决于其光致激发态的性质，根据电子跃迁轨道和电子转移方向的不同，过渡金属配合物的激发态可以分为以下四种类型：$d \rightarrow d^*$、$\pi \rightarrow \pi^*$、MLCT（金属-配体电荷转移跃迁）及 LMCT（配体-金属电荷转移跃迁）。

对于光照后生成 $d \rightarrow d^*$ 光致激发态的过渡金属配合物，其可发生的光化学反应包括光解离反应、光取代反应和光异构化反应。如，$Cr(CO)_6$ 容易发生配体的光解离反应：

$$Cr(CO)_6 \xrightarrow{h\nu} Cr(CO)_5 + CO$$

$[Cr(NH_3)_5X]^{2+}$ 容易发生光取代反应：

$$[Cr(NH_3)_5X]^{2+} + H_2O \xrightarrow{h\nu} [Cr(NH_3)_4(H_2O)X]^{2+} + NH_3$$

$[Co(NH_3)_5NO_2]$ 可发生光异构化反应，在该反应中与金属相连的配位原子由 N 变成 O：

$$[Co(NH_3)_5NO_2] \xrightarrow{h\nu} [Co(NH_3)_5ONO]$$

除以上反应外，过渡金属配合物的光致激发态还可发生分子内或分子间的氧化还原反应。在过渡金属元素中，Fe 具有分布广、含量高等特点，具有两个氧化态，而且可形成稳定配合物［尤其是 Fe(Ⅲ)］，在近紫外区具有电子转移吸收谱图。因此，Fe 是自然水体中可发生电子转移反应的理想金属物质。Fe(Ⅲ) 羧酸配合物在光照时通过 LMCT 机理可发生脱羧反应，例如：

$$[Fe(C_2O_4)]^+ \xrightarrow{h\nu} Fe^{2+} + C_2O_4^- \cdot$$

$$C_2O_4^- \cdot + O_2 \longrightarrow O_2^- \cdot + 2CO_2$$

Cu(Ⅱ)、Co(Ⅲ) 和 Mn(Ⅲ，Ⅳ) 的羧酸配合物均可发生上述类似脱羧反应。其中，Fe(Ⅲ) 和 Mn(Ⅲ，Ⅳ) 配合物的脱羧反应在腐殖酸的光化学转化过程中具有重要作用。

另外，Fe(Ⅲ) 也可能与水中的有机污染物发生配位反应，从而改变污染物的光化学行为。例如，红霉素类大环内酯类抗生素可与 Fe(Ⅲ) 发生配位反应，反应生成的 Fe(Ⅲ)-大环内酯配合物在 361nm 附近具有最大吸光度，主要发生直接光转化过程，生成开环产物；而在无 Fe(Ⅲ) 存在时，红霉素类大环内酯类抗生素主要的光化学过程为间接光转化，且主要反应位点为红霉脱氧糖胺和红霉支糖。

前面介绍的光化学反应均发生在均相体系中，然而水中也存在非均相光化学反应。非均相光化学反应分为以下两种情况：

① 有机物或无机离子吸附在颗粒表面形成生色团，生色团吸光之后与颗粒晶格中的金属离子发生能量或电子转移，最终使多价态金属离子氧化剂（如铁、锰）发生还原性溶解。

② 许多金属氧化剂或金属硫化物颗粒具有半导体性质，半导体表面可直接被光激发生成电子和空穴，从而在颗粒物表面发生氧化还原反应。

接下来以 Fe(Ⅲ) 水化物光还原性溶解产生 Fe(Ⅱ) 的过程为例介绍非均相光化学反应：

当水中存在草酸氢根离子 ($HC_2O_4^-$) 时，Fe(Ⅲ) 水化物可通过一系列反应发生光还原性溶解。如图 8-27 所示，Fe(Ⅲ) 水化物与草酸氢根离子可结合生成单核双配位基表面复合物，该表面复合物受到光激发后生成对应的光致激发态复合物。随后光致激发态复合物发生分子内电子转移过程将复合物中的第二个 Fe(Ⅲ) 还原，并生成草酸自由基中间体，草酸自由基中间体进一步发生脱羧反应。最终，还原后生成的 Fe(Ⅱ) 可从晶格中溶出，该反应为赤铁矿中 Fe(Ⅱ) 的光还原性溶解过程的决速步骤。

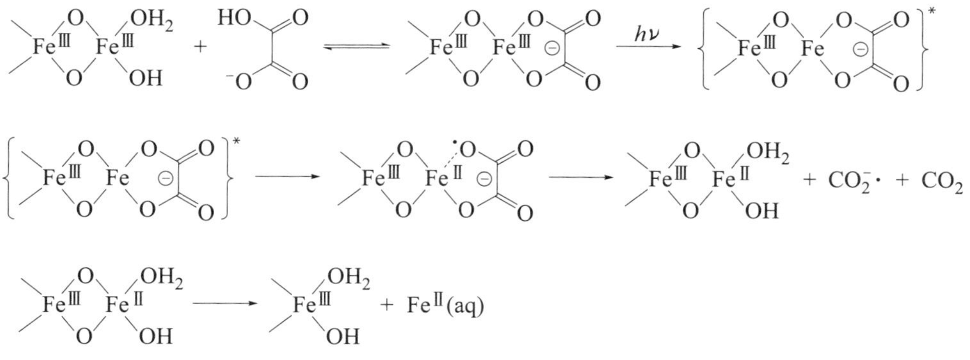

图 8-27　Fe(Ⅲ) 水化物光还原性溶解产生 Fe(Ⅱ) 的机理

胶体 Fe(Ⅲ) 水化物光还原性溶出 Fe(Ⅱ) 的过程是海水中 Fe(Ⅱ) 的重要来源，但该过程受 pH 值影响较大，碱性条件下 Fe(Ⅲ) 水化物光还原性溶解速率较酸性条件下小。

8.4.3　化合物的间接光解

当水中存在光敏化剂时，这些光敏化剂经光照后成为电子激发态，电子激发态与水中溶解氧发生能量传递或电子传递，进而生成一系列反应活性较高的中间态产物（图 8-28），这一类物质被定义为光致活性中间体。光致活性中间体包括三线态有机质（$^3OM^*$）、单线态氧（$^1O_2$）、超氧自由基（$\cdot O_2^-$）、羟基自由基（$\cdot OH$）及过氧化氢（H_2O_2）等。有机物与光致活性中间体发生化学反应的过程被称为间接光解过程。醌类化合物是溶解性有机物（如腐殖酸和富里酸）中的重要组分，也是天然水体中重要的光敏化剂，在间接光解过程中有非常重要的作用。在天然水系统中，间接光解过程普遍存在，该过程可使原来不能发生光解的化合物发生化学变化。

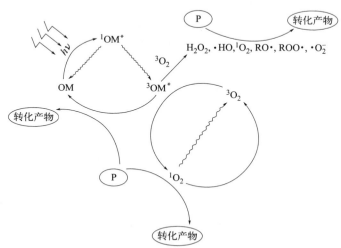

图 8-28　污染物（P）间接光转化的主要途径

（1）三线态有机质

水中光敏化剂吸光后，π 电子可发生电子跃迁生成电子激发态，此时的电子激发态也叫作单重激发态，简称单重态或单线态。单重态进一步发生系间穿越和振动弛豫后可生成三重激发态，简称三重态或三线态。三线态有机质（$^3OM^*$）是水中三重激发态有机物的混合物，因此不同水体中的 $^3OM^*$ 具有不同的三线态能量和激发态氧化还原电位。同时，$^3OM^*$ 与溶解氧或无机离子反应可生成其他活性中间体。例如，$^3OM^*$ 与水中的氧气反应可生成单线态氧（$^1O_2$）；$^3OM^*$ 与碳酸根离子或碳酸氢根离子反应可生成碳酸根自由基（$CO_3^- \cdot$）；在海水中，$^3OM^*$ 可以与氯离子反应生成系列含氯自由基。

在空气饱和的地表水中，水中的氧气是 $^3OM^*$ 的主要淬灭剂，一般将不能与氧气发生反应的三线态称为高能量三线态，将能与氧气发生反应的三线态称为低能量三线态。对于萨旺尼河（Suwannee River）和波尼湖（Pony Lake）中的有机质，高能量三线态寿命约为 20ms（$k_d^T \approx 5 \times 10^4 \, s^{-1}$），而低能量三线态寿命约 $2\mu s$（$k_{O_2}[O_2] \approx 5 \times 10^5 \, s^{-1}$）。在太阳光谱下，$^3OM^*$ 和氧气的二级反应速率常数约 $2 \times 10^9 \, mol/(L \cdot s)$（该数值为基于模型光敏化剂的结果）。

水中 $^3OM^*$ 的稳态浓度可以利用其与 $^1O_2$ 之间的关系进行估算，$^1O_2$ 生成动力学如图 8-29 所示。

$^3OM^*$ 和 $^1O_2$ 的稳态浓度如式（8-29）和式（8-30）所示：

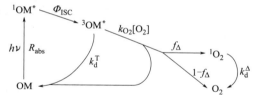

图 8-29　三线态与单线态氧关联的反应动力学

$$[^3OM^*]_{SS} = \frac{R_{abs}\Phi_{ISC}}{k_{O_2}[O_2] + k_d^T} \tag{8-29}$$

$$[^1O_2]_{SS} = \frac{[^3OM^*]_{SS}k_{O_2}[O_2]f_\Delta}{k_d^\Delta} \tag{8-30}$$

式中 R_{abs}——溶液的吸光速率，$mol/(L \cdot s)$；

     Φ_{ISC}——系间穿越效率，即单线态到三线态的转换效率；

     k_d^T——非氧气控制三线态淬灭速率常数，$5\times10^4\,s^{-1}$；

   $k_{O_2}[O_2]$——与氧气反应的三线态淬灭速率，s^{-1}；

     f_Δ——经三线态与氧气反应生成$^1O_2$的产率；

     k_d^Δ——水中$^1O_2$的淬灭速率，s^{-1}。

由式(8-30)，可以得到单线态氧稳态浓度与三线态稳态浓度比值的表达式：

$$\frac{[^1O_2]_{SS}}{[^3OM^*]_{SS}} = \frac{k_{O_2}[O_2]f_\Delta}{k_d^\Delta} \tag{8-31}$$

一般来说，在天然水体中k_d^Δ为$2.5\times10^5\,s^{-1}$，k_{O_2}为$2\times10^9\,mol/(L \cdot s)$，$[O_2]$为$258\mu mol/L$（298K），式(8-31)可简化为：

$$\frac{[^1O_2]_{SS}}{[^3OM^*]_{SS}} = 2f_\Delta \tag{8-32}$$

在晴朗夏季正午，天然水体中溶解性有机质（以碳计）浓度范围为$1\sim20mg/L$，此时单线态氧稳态浓度为$10^{-14}\sim10^{-12}mol/L$，根据式(8-32)可估算三线态稳态浓度也在此范围内。

三线态有机质与水中有机物可发生能量转移反应和氧化还原反应。大多数三线态有机质的能量为$180\sim320kJ/mol$，当有机物发生化学反应所需的能量低于三线态有机质的能量时，即可发生能量转移反应。有机物与三线态有机质发生的能量转移反应可生成其异构化产物，该过程也被称为光敏化异构化。该反应主要发生在三线态有机质与共轭双烯类化合物的反应中。因此，共轭双烯类化合物（如2,4-己二烯酸及异戊二烯）常被用作三线态有机质的探针分子或淬灭剂。表8-2中列出了四种共轭双烯类化合物发生光敏化异构化所需的能量。

表 8-2   四种共轭双烯类化合物光敏化异构化所需能量

序号	名称	结构	光敏化异构化能量/(kJ/mol)	序号	名称	结构	光敏化异构化能量/(kJ/mol)
1	2,4-己二烯醇	～～～OH	249	3	戊二烯	～～～	248
2	2,4-己二烯酸	～～～＝O OH	239～247	4	异戊二烯	～＝	251

水中某些有机污染物也可与三线态有机质发生能量转移反应。例如，天然二烯类化合物及海洋毒素——软骨藻酸可以与三线态有机质发生能量转移，引发光敏化异构化反应，发生间接光解；百菌清与三线态有机质发生能量转移可生成三重态百菌清，三重态百菌清光敏化能量为$276kJ/mol$，因此用波长小于450nm（能量$>266kJ/mol$）的光激发溶解性有机质才可能引发光敏化反应。

氧化还原反应是三线态有机质与有机物之间的主要反应，其中三线态有机质为氧化剂。三线态有机质氧化有机物的主要反应机理为电子转移，且苯胺基团和酚基等富电子基团通常是三线态有机质攻击的主要活性位点。当 $^3OM^*$ 氧化胺和酚类化合物时，首先会在杂原子上快速实现电子转移，伴随着1,2-氢转移，生成有机碳自由基，这些有机碳自由基与氧气反应生成对应的有机过氧自由基。当有机过氧自由基中含有 α-H 时，会经分子内抽氢反应生成·OOH 及双键。另外，含 α-H 的有机过氧自由基可发生双分子反应，结合生成四氧化中间体，并进一步通过拉塞尔反应（Russell reaction）或班尼特反应（Bennett reaction）生成对应的醇、醛或酮。图8-30展示了一级、二级和三级有机碳自由基发生双分子反应的主要机理。

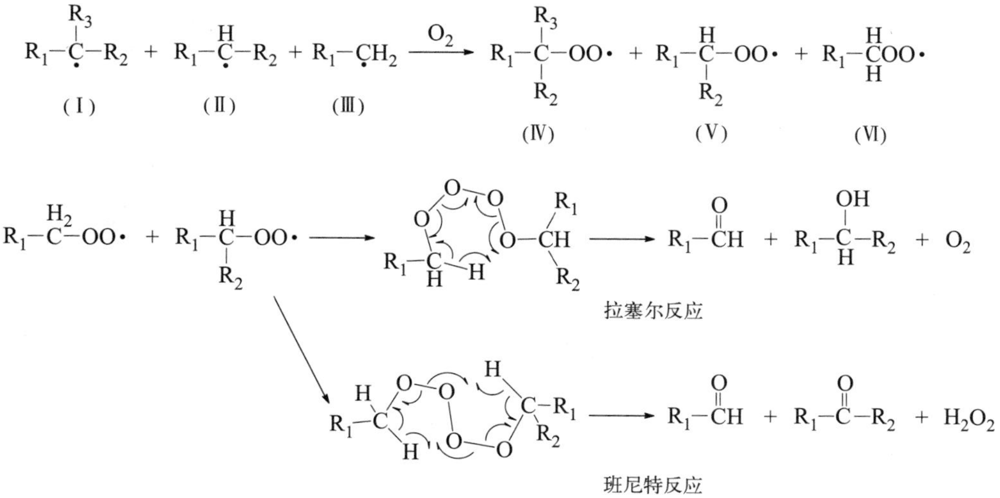

图 8-30　有机碳自由基发生双分子反应的机理示意图

（2）单线态氧

单线态氧（$^1O_2$）主要由三线态有机质与水中溶解氧发生能量转移生成，其在 1913nm 处有最大吸光度，摩尔吸光系数 ε 为 $6.0L/(mol \cdot cm)$，氧气生成单线态氧所需能量为 94kJ/mol。在太阳光照射下，天然水中单线态氧的浓度大致在 $10^{-14} \sim 10^{-12}$ mol/L 范围内。水中 $^1O_2$ 主要发生物理淬灭，其在超纯水中的寿命约为 $4\mu s$，在天然水体中有其他淬灭剂（例如溶解性有机物）存在情况下寿命更短。

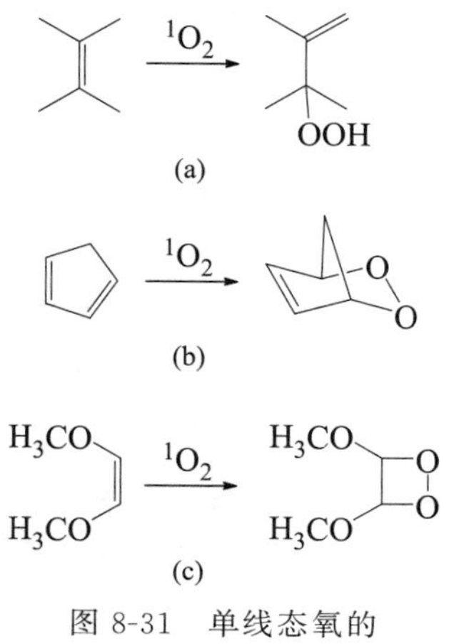

图 8-31　单线态氧的
三种主要反应

在中性条件下，$^1O_2$ 的氧化还原电位为 0.65V，与有机物反应具有较大的选择性。$^1O_2$ 与有机物发生的最主要反应是其与双键反应生成过氧化物，如图8-31所示，共有三类反应。反应（a）被称为阿尔德烯反应（Alder-ene reaction），该反应可立体定向氧化，导致 C=C 键迁移，并伴随氢原子的位置转移；反应（b）是一个 [4+2] 第尔斯-阿尔德反应（Diels-Alder reaction），常见于1,3-二烯、烷基萘以及多核芳烃；反应（c）是 [2+2] 环加成反应，生成二噁丁环的过氧化物四元环。

（3）羟基自由基

羟基自由基（·OH）是目前已知的天然水体中氧化活性最强的瞬态物质，其与有机物反应的二级反应速率常数大多接近传质（扩散）速率 [约 10^{-9} L/(mol·s)]，高反应活性也使得·OH 易被水中的溶解性有机质淬灭，导致其在天然水体中稳态浓度较低（$10^{-18} \sim 10^{-16} \, mol/L$）。因此，虽然·OH 氧化活性较强，但其在有机物的光化学过程中发挥的作用取决于环境条件和基质类型。

溶解性有机质、亚硝酸盐、硝酸盐以及铁配合物的光化学过程均可生成·OH。目前研究认为，溶解性有机质产生·OH 的过程涉及 $^3OM^*$ 的参与。$^3OM^*$ 可从有机质分子（S—H）中抽取电子或氢原子，自身则被还原生成·OM^- 或 OM—H·，如式（8-33）和式（8-34）所示。当有氧气存在时，·OM^- 或 OM—H· 与溶解氧反应生成·O_2^- 或·OOH，从而进一步生成 H_2O_2，如式（8-35）和式（8-36）所示。最终，H_2O_2 可以通过光解作用或芬顿反应生成·OH，芬顿反应将铁的光化学过程与溶解性有机质的光化学过程联系起来。同时，$^3OM^*$ 可直接将 H_2O 或 OH^- 转化为·OH，反应如式（8-41）式（8-42）所示。

$$^3OM^* + S-H \longrightarrow \cdot OM^- + S-H^+ \cdot \tag{8-33}$$

$$^3OM^* + S-H \longrightarrow OM-H \cdot + S \cdot \tag{8-34}$$

$$\cdot OM^- + O_2 \longrightarrow OM + \cdot O_2^- \tag{8-35}$$

$$OM-H \cdot + O_2 \longrightarrow OM + \cdot OOH \tag{8-36}$$

$$\cdot OOH \Longleftrightarrow \cdot O_2^- + H^+ \tag{8-37}$$

$$\cdot OOH + \cdot O_2^- + H^+ \longrightarrow H_2O_2 + O_2 \tag{8-38}$$

$$H_2O_2 \xrightarrow{h\nu} 2 \cdot OH \tag{8-39}$$

$$Fe^{2+} + H_2O_2 \longrightarrow FeOH^{2+} + \cdot OH \tag{8-40}$$

$$^3OM^* + H_2O \longrightarrow OM-H \cdot + \cdot OH \tag{8-41}$$

$$^3OM^* + OH^- \longrightarrow \cdot OM^- + \cdot OH \tag{8-42}$$

水中亚硝酸盐和硝酸盐可通过反应［式（8-43）～式（8-44）］生成·OH：

$$NO_3^- + H^+ \xrightarrow{h\nu} \cdot OH + NO_2 \cdot \tag{8-43}$$

$$NO_2^- + H^+ \xrightarrow{h\nu} \cdot OH + NO \cdot \tag{8-44}$$

另外，硝酸盐可发生光异构化反应，生成过氧亚硝酸盐（$ONOO^-$）。当 pH<7 时，过氧亚硝酸盐主要以过氧亚硝酸（HOONO）的形式存在，且会快速分解产生·OH。

$$NO_3^- \xrightarrow{h\nu} ONOO^- \tag{8-45}$$

$$HOONO \Longleftrightarrow ONOO^- + H^+ \tag{8-46}$$

$$HOONO \longrightarrow NO_3^- + H^+ \tag{8-47}$$

$$HOONO \longrightarrow \cdot OH + NO_2 \cdot \tag{8-48}$$

溶解性 Fe（Ⅲ）及其配合物可与 H_2O_2 形成光芬顿体系，涉及的反应如下：

$$Fe^{Ⅲ}-L \xrightarrow{h\nu} Fe^{Ⅱ} + L^+ \cdot \tag{8-49}$$

$$Fe^{Ⅱ} + H_2O_2 \longrightarrow Fe^{Ⅲ}OH + \cdot OH \tag{8-50}$$

在中性条件下，·OH 的氧化还原电位为 $1.9 \sim 2.7V$，主要通过抽氢反应、加成-消除反应和电子转移氧化有机物（图 8-32）。对于不同结构的物质，主要的反应机理可能不同。例如，对于脂肪酸类化合物，·OH 的氧化过程主要是抽氢反应；而对于含芳香环的羧酸类化合物，则以加成反应为主。

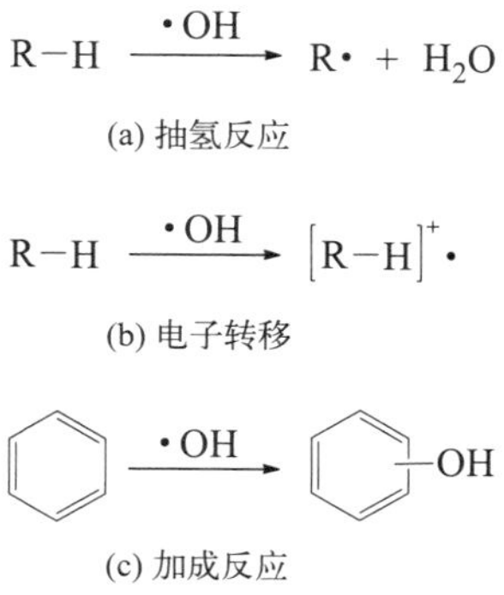

$$R-H \xrightarrow{\cdot OH} R \cdot + H_2O$$

(a) 抽氢反应

$$R-H \xrightarrow{\cdot OH} [R-H]^+ \cdot$$

(b) 电子转移

(c) 加成反应

图 8-32 ·OH 的主要氧化机制

（4）超氧自由基

超氧自由基（$\cdot O_2^-$）通过$^3OM^*$与氧气发生电子转移反应生成，由于其结构中的氧为-1价，因此$\cdot O_2^-$既可作为还原剂又可作为氧化剂，并且$\cdot O_2^-$是水中H_2O_2的重要前驱体。随着pH值降低，$\cdot O_2^-$可被质子化，生成$\cdot OOH$。相比于其他光致活性中间体，$\cdot O_2^-$寿命较长，其在水中的半衰期可达到数秒到数十秒不等。$\cdot O_2^-$在水中衰减的主要路径为自歧化反应及金属离子参与的催化歧化反应，反应见式（8-51）～式（8-54）。在远洋表层水中，金属离子的催化歧化反应约占$\cdot O_2^-$总衰减的$62\%\sim88\%$。

$$\cdot OOH + \cdot O_2^- \longrightarrow HO_2^- + O_2 \tag{8-51}$$

$$\cdot OOH + \cdot OOH \longrightarrow H_2O_2 + O_2 \tag{8-52}$$

$$M^{(n+1)+} + \cdot O_2^- \longrightarrow M^{n+} + O_2 \tag{8-53}$$

$$M^{(n+1)+} + \cdot O_2^- + 2H^+ \longrightarrow M^{(n+1)+} + H_2O_2 \tag{8-54}$$

$\cdot O_2^-$具有还原性，氧化还原电位为$-0.33V$，因此可与有机物发生亲核反应。例如，$\cdot O_2^-$可与全氟辛酸发生脱氟反应，亦可将$Fe(\text{III})$还原为$Fe(\text{II})$。

（5）碳酸根自由基

在天然水体中，$CO_3^-\cdot$是一种次生自由基，可通过CO_3^{2-}、HCO_3^-与$\cdot OH$或$^3OM^*$反应生成，反应如式（8-55）～式（8-58）所示。淡水中HCO_3^-的浓度大约为$0.1\sim10mmol/L$，通过光化学反应生成的$CO_3^-\cdot$稳态浓度约为$10^{-15}\sim10^{-13}mol/L$。

$$\cdot OH + CO_3^{2-} \longrightarrow OH^- + CO_3^-\cdot \tag{8-55}$$

$$\cdot OH + HCO_3^- \longrightarrow H_2O + CO_3^-\cdot \tag{8-56}$$

$$^3OM^* + CO_3^{2-} \longrightarrow \cdot OM^- + CO_3^-\cdot \tag{8-57}$$

$$^3OM^* + HCO_3^- \longrightarrow H^+ + \cdot OM^- + CO_3^-\cdot \tag{8-58}$$

中性条件下，$CO_3^-\cdot$的氧化还原电位为$1.57V$，与有机物反应时具有较强的选择性，主要通过电子转移机制与富电子基团（如含N、S的基团）发生反应。

（6）卤素自由基

卤素自由基也是一类次生自由基，包括$\cdot Cl$、$\cdot Cl_2^-$、$\cdot Br$、$\cdot Br_2^-$、$ClBr^-\cdot$，通过卤素离子与$\cdot OH$或$^3OM^*$反应生成。这一类自由基在海水光化学过程中发挥了重要作用，其中$\cdot Br_2^-$和$ClBr^-\cdot$稳态浓度较高，约为$10^{-15}\sim10^{-14}mol/L$；$\cdot Cl$稳态浓度最低，约为$10^{-21}mol/L$。当水中卤素离子浓度小于$10mmol/L$时，$\cdot OH$为卤素自由基的主要来源。如式（8-59）～式（8-61）所示，$\cdot OH$与Br^-反应后可生成$\cdot Br$，$\cdot Br$与Br^-或Cl^-反应可生成$\cdot Br_2^-$或$ClBr^-\cdot$。

$$\cdot OH + Br^- \longrightarrow HO^- + \cdot Br \tag{8-59}$$

$$\cdot Br + Br^- \longrightarrow \cdot Br_2^- \tag{8-60}$$

$$\cdot Br + Cl^- \longrightarrow ClBr^-\cdot \tag{8-61}$$

当卤素离子浓度大于$100mmol/L$时，$^3OM^*$也可与卤素离子反应生成自由基：

$$^3OM^* + Br^- \longrightarrow {}^3(OM-Br)^{*-} \tag{8-62}$$

$$^3(OM-Br)^{*-} + Cl^- \longrightarrow {}^3(OM-Br-Cl)^{*2-} \longrightarrow \cdot OM^- + ClBr^-\cdot \tag{8-63}$$

$$^3OM^* + Cl^- \longrightarrow {}^3(OM-Cl)^{*-} \tag{8-64}$$

$$^3(OM-Cl)^{*-} + Cl^- \longrightarrow {}^3(OM-Cl-Cl)^{*2-} \longrightarrow \cdot OM^- + \cdot Cl_2^- \qquad (8\text{-}65)$$

在水中，$\cdot Br_2^-$ 和 $ClBr^- \cdot$ 优先氧化含富电子基团的物质，如二烯和硫醚类化合物。当海水中某物质与 $\cdot Br_2^-$ 和 $ClBr^- \cdot$ 的二级反应速率常数超过 $10^8 L/(mol \cdot s)$ 时，卤素自由基可能在该物质的光化学转化中发挥重要作用。

8.4.4　化合物的光解速率

对于水环境中的化合物，其光化学反应一般遵循一级反应动力学或准（pseudo-）一级反应动力学。一级反应动力学、速率常数（k）与半衰期（$t_{1/2}$）的表达式如下：

$$-\frac{dc}{dt} = kc \qquad (8\text{-}66)$$

$$c = c_0 e^{-kt} \qquad (8\text{-}67)$$

$$t_{1/2} = \frac{\ln 2}{k} \qquad (8\text{-}68)$$

如前所述，水中污染物的光化学转化过程包括直接光解过程和间接光解过程，而间接光解过程主要是污染物与不同光致活性中间体发生化学反应，因此水中污染物的光化学反应准一级速率常数（k）也可表达为直接光解速率常数（k_{dir}）和间接光解速率常数（k_{indir}）之和。

$$k = k_{dir} + k_{indir} \qquad (8\text{-}69)$$

8.5　基于光化学的水污染控制技术

光敏化剂或光催化剂，经紫外光或可见光照射后生成具有强氧化性或还原性的活性物种，如羟基自由基、电子和空穴等，从而实现污染物的去除。依据生成活性物种机理的不同，可分为光氧化还原技术与光催化技术。根据生成活性物种的氧化还原特性可将光氧化还原技术进一步分为光氧化技术与光还原技术。

8.5.1　基于紫外光的高级氧化技术

紫外-高级氧化技术（UV-advanced oxidation processes，UV-AOP）是一种先进的水处理技术，它通过紫外光活化传统氧化剂生成具有强氧化性的自由基（如 $\cdot OH$、$SO_4^- \cdot$ 和 $\cdot Cl$ 等）来实现对难降解污染物的去除。目前研究最多的三种 UV-AOP 为 UV/H_2O_2、$UV/S_2O_8^{2-}$ 及 UV/氯。

（1）自由基生成机制

在 UV-AOP 中，氧化剂在 254nm 紫外光照射下可发生 O—O 或 O—Cl 断裂，从而生成 $\cdot OH$、$SO_4^- \cdot$ 和 $\cdot Cl$。UV-AOP 中自由基的生成速率可用式(8-70)来描述，其与光源辐照剂量、自由基量子产率、氧化剂摩尔吸光系数、氧化剂浓度和光程相关。表 8-3 中展示了 UV/H_2O_2、UV/$S_2O_8^{2-}$ 及 UV/氯三种 UV-AOP 的相关参数。

$$R = \Phi I_0 f_{oxi}\{1 - 10^{-[a(\lambda)+\varepsilon(\lambda)c]l}\}$$ (8-70)

式中 R——·OH 生成速率，mol/s；

Φ——氧化剂光解生成自由基的量子产率，mol/Einstein；

I_0——光源辐照剂量，Einstein/(L·s)；

f_{oxi}——氧化剂光吸收比例；

$a(\lambda)$——溶液中其他物质在 254nm 处的吸光度；

$\varepsilon(\lambda)$——氧化剂在 254nm 处的摩尔吸光系数，L/(mol·cm)；

c——氧化剂浓度，mol/L；

l——光程，cm。

表 8-3   三种 UV-AOP 中常用氧化剂摩尔吸光系数及对应自由基量子产率

氧化剂	ε_{254}/[L/(mol·cm)]	自由基生成反应方程式	Φ/(mol/Einstein)
H_2O_2	18.6	$H_2O_2 \xrightarrow{h\nu} 2\cdot OH$	1.0
$S_2O_8^{2-}$	20.3	$S_2O_8^{2-} \xrightarrow{h\nu} 2SO_4^-\cdot$	1.4
HOCl	59~62	$HOCl \xrightarrow{h\nu} \cdot Cl + \cdot OH$	0.62
OCl^-	60~66	$OCl^- \xrightarrow{h\nu} \cdot Cl + \cdot O^-$	0.55

除紫外光活化氧化剂生成外，·OH、$SO_4^-\cdot$ 和·Cl 这三种自由基也可与水中无机离子反应生成系列次生自由基，如 $CO_3^-\cdot$ 和·Br 等。在不同的 UV-AOP 中，生成的次生自由基浓度及对污染物去除的贡献各不相同，将在"基质影响"部分对次生自由基进行介绍。

（2）基质影响

·OH、$SO_4^-\cdot$ 和·Cl 三种自由基不仅可与污染物发生反应，还会与水中的溶解性有机物（DOM）及无机离子发生反应，从而改变 UV-AOP 中自由基的种类和浓度，影响 UV-AOP 的效率。·OH 与有机物反应的选择性比 $SO_4^-\cdot$ 和·Cl 更小。·OH、$SO_4^-\cdot$ 和·Cl 的氧化还原电位分别为 1.9~2.7V、2.5~3.1V 和 2.40V。接下来分别介绍 pH 值、DOM 和无机阴离子对 UV/H_2O_2、UV/$S_2O_8^{2-}$ 及 UV/氯的影响。

① pH 值。首先，pH 值的变化有可能改变 UV-AOP 中自由基的稳态浓度。例如，在纯水中 UV/H_2O_2 生成·OH 的稳态浓度会随 pH 增大而减小；另外，纯水中 UV/$S_2O_8^{2-}$ 生成 $SO_4^-\cdot$ 的稳态浓度也会随 pH 增大而减小，并且在近中性和偏碱性条件下，UV/$S_2O_8^{2-}$ 体系中·OH 的稳态浓度将高于 $SO_4^-\cdot$。在 UV/氯技术中，中性条件下，纯水体系中主要自由基为 ClO·，当溶液 pH 增大至 10 时，体系中的·OH 和·Cl 稳态浓度相比于中性条件减小一个数量级，而 ClO·稳态浓度基本不变。其次，pH 值的变化也可能改变自由基的氧化还原电位，从而改变自由基与污染物的二级反应速率常数。例如，·OH 的氧化还原电位会随 pH 升高而降低，而其与 N-亚硝胺在 pH 为 7.0 条件下的二级反应速率常数比 pH 为 5.0 条件下小约 10%。

② DOM 浓度。DOM 对 UV-AOP 的影响主要体现在以下三方面：DOM 会消耗氧化剂，减少自由基的生成；DOM 会影响光的穿透率，降低自由基生成速率；DOM 会淬灭生

成的自由基，降低自由基的稳态浓度。在 UV/H_2O_2 体系中，DOM 是 $\cdot OH$ 的主要淬灭剂，萨旺尼河中的天然有机质（SRNOM）与 $\cdot OH$ 的二级反应速率常数约 3×10^8 L/$(mol \cdot s)$；在 $UV/S_2O_8^{2-}$ 体系中，SRNOM 与 $\cdot OH$ 的二级反应速率常数约 2.35×10^7 L/$(mol \cdot s)$。DOM 虽然不是 $SO_4^- \cdot$ 的主要淬灭剂，但 DOM 的存在会显著降低体系中 $SO_4^- \cdot$ 的稳态浓度。例如，当 SRNOM 浓度为 0.5 mg/L 时，$UV/S_2O_8^{2-}$ 体系中 $\cdot OH$ 和 $SO_4^- \cdot$ 的稳态浓度将分别降低 90% 和 60%。DOM 与自由基反应会生成一系列氧化副产物（oxidation byproducts，OBPs），主要包括小分子羰基化合物（醛、酮和酸）、含卤氧化副产物（卤代烷烃、卤代乙酸和含氮卤化物等）以及无机氧化副产物（NO_2^-、ClO_2^-、ClO_3^- 和 BrO_3^- 等）。其中，UV/H_2O_2 体系生成的 OBPs 最少；$UV/S_2O_8^{2-}$ 体系在 Br^- 存在时可能会生成含溴氧化副产物；$UV/$氯体系中 $HOCl/OCl^-$ 与 DOM 的直接氧化可生成含氯氧化副产物，而在 Br^- 存在条件下可能也会生成含溴氧化副产物。最后，需注意的是，近几年的研究发现，DOM 除了会减少自由基生成或降低自由基稳态浓度外，在 $\cdot SO_4^-$ 和卤素自由基氧化胺类污染物过程中，DOM 中的还原性组分会将胺类中间体还原，从而抑制污染物的降解。

③ 无机阴离子。水中无机阴离子可与 $\cdot OH$、$SO_4^- \cdot$ 和 $\cdot Cl$ 反应生成系列次生自由基，其中影响较大的无机阴离子包括 HCO_3^-/CO_3^{2-}、Cl^- 和 Br^-。$\cdot OH$、$SO_4^- \cdot$ 和 $\cdot Cl$ 与 HCO_3^-/CO_3^{2-}、Cl^- 和 Br^- 可发生的反应及二级反应速率常数见表 8-4。

表 8-4　$\cdot OH$、$SO_4^- \cdot$ 和 $\cdot Cl$ 与无机阴离子的反应及二级反应速率常数

序号	反应方程式	二级反应速率常数/[L/(mol · s)]
1	$\cdot OH + CO_3^{2-} \longrightarrow CO_3^- \cdot + HO^-$	3.9×10^8
2	$\cdot OH + HCO_3^- \longrightarrow CO_3^- \cdot + H_2O$	8.6×10^6
3	$\cdot OH + Cl^- \longrightarrow \cdot ClOH^-$	4.3×10^9
4	$\cdot ClOH^- \longrightarrow \cdot OH + Cl^-$	6.1×10^9
5	$\cdot OH + Br^- \longrightarrow \cdot BrOH^-$	1.1×10^{10}
6	$SO_4^- \cdot + HCO_3^- \longrightarrow CO_3^- \cdot + HSO_4^-$	2.8×10^6
7	$SO_4^- \cdot + CO_3^{2-} \longrightarrow CO_3^- \cdot + SO_4^{2-}$	6.1×10^6
8	$SO_4^- \cdot + Cl^- \longrightarrow SO_4^{2-} + \cdot Cl$	3.0×10^8
9	$SO_4^- \cdot + Br^- \longrightarrow Br \cdot + SO_4^{2-}$	3.5×10^9
10	$\cdot Cl + CO_3^{2-} \longrightarrow CO_3^- \cdot + Cl^-$	5.0×10^8
11	$\cdot Cl + HCO_3^- \longrightarrow CO_3^- \cdot + Cl^- + H^+$	2.2×10^8
12	$\cdot Cl + Cl^- \longrightarrow \cdot Cl_2^-$	8.5×10^9
13	$\cdot Cl_2^- + CO_3^{2-} \longrightarrow CO_3^- \cdot + 2Cl^-$	1.6×10^8
14	$\cdot Cl_2^- + HCO_3^- \longrightarrow CO_3^- \cdot + 2Cl^- + H^+$	8.0×10^7
15	$\cdot Cl + Br^- \longrightarrow \cdot BrCl^-$	1.2×10^{10}
16	$\cdot Cl_2^- + Br^- \longrightarrow \cdot BrCl^- + Cl^-$	4.0×10^9
17	$\cdot BrCl^- + HCO_3^- \longrightarrow CO_3^- \cdot + Br^- + HCl$	3.0×10^6

序号	反应方程式	二级反应速率常数/[L/(mol·s)]
18	$\cdot BrCl^- + CO_3^{2-} \longrightarrow CO_3 \cdot + Br^- + Cl^-$	6.0×10^6
19	$\cdot Br + Br^- \longrightarrow \cdot Br_2^-$	1.2×10^{10}
20	$\cdot Br_2^- + CO_3^{2-} \longrightarrow CO_3^- \cdot + 2Br^-$	1.1×10^5
21	$\cdot Br_2^- + HCO_3^- \longrightarrow CO_3^- \cdot + 2Br^- + H^+$	8.0×10^4
22	$\cdot Br + CO_3^{2-} \longrightarrow CO_3^- \cdot + Br^-$	2.0×10^6
23	$\cdot Br + HCO_3^- \longrightarrow CO_3^- \cdot + Br^- + H^+$	1.0×10^6
24	$\cdot Br + Cl^- \longrightarrow \cdot BrCl^-$	1.0×10^8
25	$\cdot Br_2^- + Cl^- \longrightarrow \cdot BrCl^- + Br^-$	4.3×10^6
26	$\cdot BrCl^- + Br^- \longrightarrow \cdot Br_2^- + Cl^-$	8.0×10^9

在 UV/H_2O_2 体系中，Br^- 是无机离子中·OH 的主要淬灭剂，二者反应可生成·Br，但因水中 HCO_3^-/CO_3^{2-} 一般比 Br^- 浓度高，且 HCO_3^-/CO_3^{2-} 也可与·Br 发生反应，所以在 UV/H_2O_2 体系中 CO_3^-·稳态浓度较高，甚至可能超过·OH。在 UV/$S_2O_8^{2-}$ 体系中，Cl^- 是 SO_4^-·的主要淬灭剂，但在该体系中除·OH 和 SO_4^-·外，CO_3^-·稳态浓度也较高且能够参与部分污染物的降解。在 UV/$S_2O_8^{2-}$ 体系中，SO_4^-·与 Cl^- 反应生成的·Cl 和·Cl_2^- 也是该体系中 CO_3^-·的主要来源。在 UV/Cl 体系中，影响较大的无机离子为 Br^-。一方面，Br^- 可与 HOCl/OCl^- 反应生成 HOBr/OBr^-，HOBr/OBr^- 光解可生成·Br 和·OH，其中生成·Br 的量子产率为 0.43，生成·OH 的量子产率为 0.26；另一方面·Cl 也可与 Br^- 反应生成一系列含溴自由基。如前所述，卤素自由基也会与 HCO_3^-/CO_3^{2-} 生成 CO_3^-·，因此在 UV/氯体系中 CO_3^-·稳态浓度也可能远高于·OH 和·Cl。

（3）污染物去除

在 UV-AOP 中，目标污染物（以 TC 表示）可通过直接光解、氧化剂氧化及自由基氧化三种路径进行转化，其转化动力学方程如式（8-71）所示。

$$\frac{d[TC]}{dt} = -(k_d' + k_{oxidant}' + \sum k_{TC,radical}[radical])[TC] \tag{8-71}$$

式中　k_d'——目标污染物直接光解速率，s^{-1}；

　$k_{oxidant}'$——目标污染物与氧化剂的氧化速率，s^{-1}；

$k_{TC,radical}$——目标污染物与自由基的二级反应速率常数，L/(mol·s)；

　[radical]——自由基的稳态浓度，mol/L；

　[TC]——目标污染物初始浓度，mol/L。

如前所述，在 UV-AOP 中，无机离子可与氧化剂光解生成的自由基反应生成系列次生自由基，其中在 UV/$S_2O_8^{2-}$ 及 UV/氯体系中 CO_3^-·的稳态浓度较高，且 CO_3^-·可参与部分污染物的降解过程，故在污染物的降解动力学中需考虑 CO_3^-·的贡献。

8.5.2　基于紫外光的高级还原技术

紫外-高级还原技术（UV-advanced reduction processes，UV-ARP）是通过紫外光解光

敏化剂生成具有高还原活性的水合电子（e_{aq}^-），从而与污染物发生还原反应。对于在 UV-AOP 技术中无法有效降解的污染物，如全氟有机物、高价态重金属离子和含氧阴离子等，UV-ARP 技术成为一种重要的补充手段。下面将从常用光敏化剂、基质影响、污染物去除三个方面对 UV-ARP 展开介绍。

（1）常用光敏化剂

目前 UV-ARP 中常用光敏化剂包括亚硫酸盐、碘离子、次氮基三乙酸及吲哚衍生物。表 8-5 中总结了以上四种光敏化剂的结构、254nm 处的摩尔吸光系数、光敏化生成 e_{aq}^- 的量子产率。

表 8-5　四种 UV-ARP 中常用光敏化剂的结构及光化学信息

光敏化剂	分子式或结构式	$\varepsilon_{254}/[L/(mol \cdot cm)]$	$\Phi_{e_{aq}^-}$（波长）
碘离子	I^-	172	0.22～0.286(248nm)
亚硫酸盐	SO_3^{2-}	17.6	0.116(254nm)
次氮基三乙酸		26.3	—
吲哚-3-乙酸		2576	0.14(254nm)

（2）基质影响

水中存在许多物质可淬灭 e_{aq}^-，从而降低 UV-ARP 的处理效率，其中最主要的淬灭剂包括 H^+、O_2、NO_3^-、NO_2^- 和 DOM。H^+ 与 e_{aq}^- 的二级反应速率常数为 2.3×10^{10} L/(mol·s)，是 e_{aq}^- 最主要的淬灭剂之一。因此，UV-ARP 常在偏碱性条件（pH＞9.0）下使用，以降低 H^+ 的影响。O_2 与 e_{aq}^- 的二级反应速率常数为 1.9×10^{10} L/(mol·s)，因此 UV-ARP 需要通过惰性气体或还原性物质（亚硫酸盐等）确保体系中溶解氧浓度处于较低水平。

（3）污染物去除

首先对污染物在 UV-ARP 中的降解动力学进行介绍。在 UV-ARP 中，目标污染物可通过直接光解及水合电子还原两种路径进行转化，目标污染物的转化动力学方程如式(8-72) 所示。

$$\frac{d[TC]}{dt} = -(k_d' + k_{TC,e_{aq}^-}[e_{aq}^-])[TC] \qquad (8-72)$$

式中　k_d'——目标污染物直接光解速率，s^{-1}；

k_{TC,e_{aq}^-}——目标污染物与 e_{aq}^- 的二级反应速率常数，L/(mol·s)；

$[e_{aq}^-]$——e_{aq}^- 的浓度，mol/L；

$[TC]$——目标污染物初始浓度，mol/L。

当溶液中的 e_{aq}^- 浓度处于稳态时，式(8-72) 可简化为

$$\frac{d[TC]}{dt} = -(k'_d + k'_{TC})[TC] \tag{8-73}$$

式中 k'_{TC}——e_{aq}^- 还原目标污染物的准一级速率，s^{-1}。

当溶液中的 e_{aq}^- 浓度不处于稳态时，目标物的降解动力学模型中需要考虑 e_{aq}^- 的浓度变化，e_{aq}^- 在 t 时刻的浓度为生成速率与淬灭速率的比值。在 UV-ARP 中，e_{aq}^- 通过光敏化剂经光照后生成，在单波长光源照射条件下，e_{aq}^- 在 t 时刻的浓度可表示为

$$[e_{aq}^-]_t = \left(\frac{\Phi_{e_{aq}^-} I_0 [1 - 10^{-(\varepsilon_{sens}[sens]_t + a_t)l}]}{\sum_i k_{S_i,e_{aq}^-}[S_i]_t}\right)\left(\frac{\varepsilon_{sens}[sens]_t}{l(\varepsilon_{sens}[sens]_t + a_t)}\right) \tag{8-74}$$

式中 $\Phi_{e_{aq}^-}$——光敏化剂生成 e_{aq}^- 的量子产率；

I_0——光源辐照剂量（以光子数量计），$mmol/(cm \cdot s)$；

ε_{sens}——光敏化剂摩尔吸光系数，$L/(mol \cdot cm)$；

$[sens]_t$——t 时刻光敏化剂浓度，mol/L；

a_t——t 时刻溶液基质吸光度，cm^{-1}；

k_{S_i,e_{aq}^-}——e_{aq}^- 与淬灭剂 S_i 的二级反应速率常数，$L/(mol \cdot s)$；

$[S_i]_t$——t 时刻淬灭剂 S_i 的浓度，mol/L；

l——光程，cm。

将式（8-72）与式（8-74）结合，此时目标污染物浓度随时间的变化可表示为

$$\ln\left(\frac{[TC]_t}{[TC]_0}\right) = -\left(k'_d t + k_{TC,e_{aq}^-}\int_0^t [e_{aq}^-]_t dt\right) \tag{8-75}$$

NO_3^-、NO_2^- 和 BrO_3^- 均可被 e_{aq}^- 快速还原，最终生成 N_2 和 Br^-。在 pH=5～10 范围内，UV-ARP 可以有效地将 $Cr(Ⅳ)$ 还原成 $Cr(Ⅲ)$，$Cr(Ⅲ)$ 可通过沉淀法去除。e_{aq}^- 可与卤代烷烃类物质发生脱卤反应：

$$RX + e_{aq}^- \longrightarrow RX^- \cdot \tag{8-76}$$

$$RX^- \cdot \longrightarrow R \cdot + X^- \tag{8-77}$$

因此，UV-ARP 的应用过程中必须考虑水中背景基质的影响。考虑到卤代有机物、高价重金属离子和含氧阴离子等与 e_{aq}^- 反应较快，UV-ARP 也可以用于去除水中含氧阴离子、卤代有机物等。

8.5.3 光催化氧化技术

光催化技术是一种具有发展前景的水污染控制技术，其特点是在处理水中有机污染物时无须添加氧化剂。在光催化技术中，常用的材料为半导体材料。半导体材料吸收光子后可生成电子-空穴对，导带电子（e^-）和价带空穴（h^+）分离，移动到材料表面不同位置，此时导带电子可与污染物或氧气发生还原反应，价带空穴可与污染物或水发生氧化反应，最终实现污染物的去除。如图 8-33 所示，价带空穴与水分子反应可生成 $\cdot OH$，导带电子可被氧气捕获生成 $\cdot O_2^-$，进一步反应可生成 $\cdot OOH$ 和 $\cdot OH$。生成的这些活性氧物种可通过电子转移、抽氢以及加成反应实现污染物的降解。

除与活性氧物种反应外，污染物在光催化技术中同时存在其他降解机制。例如，$Cr(Ⅵ)$

可以被半导体材料表面的导带电子还原；含富电子基团的有机物可直接与价带空穴反应，生成有机自由基阳离子，进一步与氧气发生反应；有机染料可发生光敏化降解。接下来对染料的光催化降解机制进行介绍。

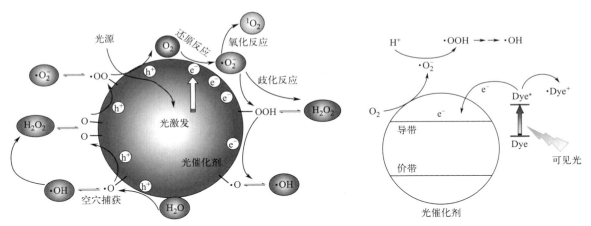

图 8-33　半导体材料光催化生成活性氧物种机理示意图　　　图 8-34　有机染料光敏化过程示意图

大部分有机染料在可见光区有很强的吸收带，因此它们能够被可见光激发，生成对应的光致激发态。这些光致激发态与半导体发生电子转移，使染料（dye）和光催化剂发生电荷分离，该过程通常被称为光敏化过程，如图 8-34 所示。有机染料一般为带电离子或高极性的大分子，可以很好地吸附在光催化剂表面，因此光敏化过程具有很高的效率。有机染料与光催化剂之间的光敏化电荷分离过程可生成有机染料自由基离子中间体，该中间体相比于有机染料分子更容易被氧化，从而实现染料脱色。这种光敏化机制，在不吸收可见光的宽带隙半导体光催化剂降解有机染料的过程中起主要作用。

在水污染控制技术中，目前研究最多的光催化技术为 TiO_2 光催化。TiO_2 是一种宽带隙半导体，具有紫外光催化效率高、光化学性质稳定及无毒等优势，禁带宽度（E_g）为 3.2eV。在水溶液中，TiO_2 导带和价带位置随溶液 pH 值改变而发生变化，通常情况下，TiO_2 的导带电位较为负性，价带电位则较为正性。这种能量差异使得 TiO_2 表现出优越的光催化氧化还原反应性。

导带电位：$\quad\quad\quad\quad\quad E(red) = -0.260 - 0.059pH$

价带电位：$\quad\quad\quad\quad\quad E(ox) = 2.94 - 0.059pH$

脂肪族和芳香族有机污染物经 TiO_2 光催化氧化后可实现矿化，生成 CO_2。在 TiO_2 胶体中，氯酚经太阳光照射几小时后就可被完全氧化为 CO_2 和 HCl。

除 TiO_2 外，还有许多新型光催化剂，如金属有机框架（MOF）材料、石墨相氮化碳（g-C_3N_4）、金刚石纳米颗粒等等。

光催化是一个缓慢的过程，需要数小时光照才能显著地降解污染物。此外，光催化对所处理废水有透明度高和浊度低的要求。当废水中污染物浓度较高时，光催化技术不是首选。一般来说，当废水中污染物浓度（或总有机碳浓度，以碳计）低于 1mg/L 时，光催化技术成本较其他高级氧化技术更低，因此，可选择光催化技术作为深度处理工艺。而当污染物浓度高于 1mg/L 或对出水水质要求较高时，光催化技术需要与其他技术联用，如生物处理技术和膜处理技术等。

思考练习题

1. 间接光解和直接光解各表示什么含义？天然水体中有机物的间接光解过程包括哪些类型？
2. 间接光解过程中最重要的光致活性中间体是什么？其反应具有什么特点？
3. 在 UV-AOP 的实际应用中，需考虑哪些因素的影响？

参考文献

[1] Schwarzenbach R P，Gschwend P M，Imboden D M. Chapter 24-Direct photolysis in aquatic systems [M]//Schwarzenbach R P，Gschwend P M，Imboden D M. Environmental Organic Chemistry. 3rd edition. New York：John Wiley & Sons，Inc.，2017：773.

[2] Vione D，Feitosa-Felizzola J，Minero C，et al. Phototransformation of selected human-used macrolides in surface water：Kinetics，model predictions and degradation pathways[J]. Water Research，2009，43 (7)：1959-1967.

[3] Jia X，Lian L，Yan S，et al. Comprehensive understanding of the phototransformation process of macrolide antibiotics in simulated natural waters[J]. ACS ES&T Water，2021，1 (4)：938-948.

[4] Schwarzenbach R P，Gschwend P M，Imboden D M. Part Ⅲ. Transformation processes [M]//Schwarzenbach R P，Gschwend P M，Imboden D M. Environmental Organic Chemistry. New York：John Wiley & Sons，Inc.，2003：613.

[5] Wilkinson F，Helman W P，Ross A B. Rate constants for the decay and reactions of the lowest electronically excited singlet state of molecular oxygen in solution—An expanded and revised compilation[J]. Journal of Physical and Chemical Reference Data，1995，24 (2)：663-677.

[6] Cohen S G，Davis G A，Clark W D K. Photoreduction of π-π^* triplets by amines，2-naphthaldehyde，and 2-acetonaphthone[J]. J Am Chem Soc，1972，94 (3)：869-874.

[7] Chen Y，Hu C，Hu X，et al. Indirect photodegradation of amine drugs in aqueous solution under simulated sunlight[J]. Environmental Science & Technology，2009，43 (8)：2760-2765.

[8] Canonica S，Jans U，Stemmler K，et al. Transformation kinetics of phenols in water：Photosensitization by dissolved natural organic material and aromatic ketones[J]. Environmental Science & Technology，1995，29 (7)：1822-1831.

[9] Schuchmann M N，Von Sonntag C. Hydroxyl radical-induced oxidation of diethyl ether in oxygenated aqueous solution—A product and pulse radiolysis study[J]. J Phys Chem，1982，86 (11)：1995-2000.

[10] Russell G A. Deuterium-isotope effects in the autoxidation of aralkyl hydrocarbons：Mechanism of the interaction of peroxy radicals[J]. J Am Chem Soc，1957，79 (14)：3871-3877.

[11] Bothe E，Schulte-Frohlinde D. The bimolecular decay of the α-hydroxymethylperoxyl radicals in aqueous solution[J]. Zeitschrift Fur Naturforschung Section B-A Journal of Chemical Sciences，1978，33 (7)：786-788.

[12] Zepp R G，Wolfe N L，Baughman G L，et al. Singlet oxygen in natural-waters[J]. Nature，1977，267 (5610)：421-423.

[13] Egorov S Y，Kamalov V F，Koroteev N I，et al. Rise and decay kinetics of photosensitized singlet oxygen luminescence in water-measurements with nanosecond time-correlated single photo-counting technique[J]. Chemical Physics Letters，1989，163 (4/5)：421-424.

[14]　Buxton G V，Greenstock C L，Helman W P，et al. Critical review of rate constants for reactions of hydrated electrons，hydrogen atoms and hydroxyl radicals（·OH/·O⁻）in aqueous solution[J]. Journal of Physical and Chemical Reference Data，1988，17（2）：513-886.

[15]　Lee J，Von Gunten U，Kim J-H. Persulfate-based advanced oxidation：Critical assessment of opportunities and roadblocks[J]. Environmental Science & Technology，2020，54（6）：3064-3081.

[16]　Parvulescu V I，Epron F，Garcia H，et al. Recent progress and prospects in catalytic water treatment [J]. Chemical Reviews，2022，122（3）：2981-3121.

[17]　Ma J，Wei Z，Spinney R，et al. Emerging investigator series：Could the superoxide radical be implemented in decontamination processes?[J]. Environmental Science：Water Research and Technology，2021，7（11）：1966-1970.

[18]　Mitchell S M，Ahmad M，Teel A L，et al. Degradation of perfluorooctanoic acid by reactive species generated through catalyzed H_2O_2 propagation reactions[J]. Environmental Science & Technology Letters，2014，1（1）：117-121.

[19]　King D W，Lounsbury H A，Millero F J. Rates and mechanism of Fe(Ⅱ) oxidation at nanomolar total iron concentrations[J]. Environmental Science & Technology，1995，29（3）：818-824.

[20]　Behar D，Czapski G，Duchovny I. Carbonate radical in flash photolysis and pulse radiolysis of aqueous carbonate solutions[J]. The Journal of Physical Chemistry，1970，74（10）：2206-2210.

[21]　Buxton G V，Elliot A J. Rate constant for reaction of hydroxyl radicals with bicarbonate ions[J]. International Journal of Radiation Applications and Instrumentation. Part C. Radiation Physics and Chemistry，1986，27（3）：241-243.

[22]　Canonica S，Kohn T，Mac M，et al. Photosensitizer method to determine rate constants for the reaction of carbonate radical with organic compounds[J]. Environmental Science & Technology，2005，39（23）：9182-9188.

[23]　Yang X，Duan Y，Wang J，et al. Impact of peroxymonocarbonate on the transformation of organic contaminants during hydrogen peroxide in situ chemical oxidation[J]. Environmental Science & Technology Letters，2019，6（12）：781-786.

[24]　Armstrong D A，Huie R E，Koppenol W H，et al. Standard electrode potentials involving radicals in aqueous solution：inorganic radicals（IUPAC Technical Report）[J]. Pure and Applied Chemistry，2015，87（11/12）：1139-1150.

[25]　De Laurentiis E，Prasse C，Ternes T A，et al. Assessing the photochemical transformation pathways of acetaminophen relevant to surface waters：Transformation kinetics，intermediates，and modelling [J]. Water Research，2014，53：235-248.

[26]　Dell'Arciprete M L，Soler J M，Santos-Juanes L，et al. Reactivity of neonicotinoid insecticides with carbonate radicals[J]. Water Research，2012，46（11）：3479-3489.

[27]　Arnold W A. One electron oxidation potential as a predictor of rate constants of N-containing compounds with carbonate radical and triplet excited state organic matter[J]. Environmental Science Process & Impacts，2014，16（4）：832-838.

[28]　Parker K M，Mitch W A. Halogen radicals contribute to photooxidation in coastal and estuarine waters [J]. Proc Natl Acad Sci U S A，2016，113（21）：5868.

[29]　Guo K，Wu Z，Chen C，et al. UV/Chlorine process：An efficient advanced oxidation process with multiple radicals and functions in water treatment[J]. Accounts of Chemical Research，2022，55（3）：286-297.

[30]　Lei X，Lei Y，Zhang X，et al. Treating disinfection byproducts with UV or solar irradiation and in UV advanced oxidation processes：A review[J]. Journal of Hazardous Materials，2021，

408：124435.

[31] Canonica S，Schönenberger U. Inhibitory effect of dissolved organic matter on the transformation of se-lected anilines and sulfonamide antibiotics induced by the sulfate radical[J]. Environmental Science & Technology，2019，53（20）：11783-11791.

[32] Jayson G G，Parsons B J，Swallow A J. Some simple，highly reactive，inorganic chlorine derivatives in aqueous solution. Their formation using pulses of radiation and their role in the mechanism of the Fricke dosimeter[J]. Journal of the Chemical Society，Faraday Transactions 1：Physical Chemistry in Condensed Phases，1973，69：1597-1607.

[33] Matthew B M，Anastasio C. A chemical probe technique for the determination of reactive halogen spe-cies in aqueous solution：Part 1-bromide solutions[J]. Atmospheric Chemistry And Physics，2006，6：2423-2437.

[34] Huie R E，Clifton C L. Temperature dependence of the rate constants for reactions of the sulfate radi-cal，SO_4^-，with anions[J]. Journal of Physical Chemistry，1990，94（23）：8561-8567.

[35] Zuo Z，Cai Z，Katsumura Y，et al. Reinvestigation of the acid-base equilibrium of the（bi）carbonate radical and pH dependence of its reactivity with inorganic reactants[J]. Radiation Physics and Chemis-try，1999，55（1）：15-23.

[36] Das T N. Reactivity and role of SO_5^- • radical in aqueous medium chain oxidation of sulfite to sulfate and atmospheric sulfuric acid generation[J]. Journal of Physical Chemistry A，2001，105（40）：9142-9155.

[37] Peyton G R. The free-radical chemistry of persulfate-based total organic carbon analyzers[J]. Marine Chemistry，1993，41（1-3）：91-103.

[38] Yu X Y，Barker J R. Hydrogen peroxide photolysis in acidic aqueous solutions containing chloride ions. Ⅱ. Quantum yield of HO • (aq) radicals[J]. Journal of Physical Chemistry A，2003，107（9）：1325-1332.

[39] Ershov B G. Kinetics，mechanism and intermediates of some radiation-induced reactions in aqueous so-lutions[J]. Uspekhi Khimii，2004，73（1）：107-120.

[40] Zehavi D，Rabani J. The oxidation of aqueous bromide ions by hydroxyl radicals. A pulse radiolytic in-vestigation[J]. Journal of Physical Chemistry，1972，76（3）：312-319.

[41] Lian L，Yao B，Hou S，et al. Kinetic study of hydroxyl and sulfate radical-mediated oxidation of pharmaceuticals in wastewater effluents[J]. Environmental Science & Technology，2017，51（5）：2954-2962.

[42] Fennell B D，Mezyk S P，McKay G. Critical review of UV-advanced reduction processes for the treat-ment of chemical contaminants in water[J]. ACS Environmental Au，2022，2（3）：178-205.

[43] Bedia J，Muelas-Ramos V，Penas-Garzon M，et al. A review on the synthesis and characterization of metal organic frameworks for photocatalytic water purification[J]. Catalysts，2019，9（1）：52.

[44] Hasija V，Raizada P，Sudhaik A，et al. Recent advances in noble metal free doped graphitic carbon nitride based nanohybrids for photocatalysis of organic contaminants in water：A review[J]. Applied Materials Today，2019，15：494-524.

[45] Manickam-Periyaraman P，Espinosa J C，Ferrer B，et al. Bimetallic iron-copper oxide nanoparticles supported on nanometric diamond as efficient and stable sunlight-assisted Fenton photocatalyst[J]. Chemical Engineering Journal，2020，393：124770.

[46] Espinosa J C，Catalá C，Navalón S，et al. Iron oxide nanoparticles supported on diamond nanoparti-cles as efficient and stable catalyst for the visible light assisted Fenton reaction[J]. Applied Catalysis B：Environmental，2018，226：242-251.

附　录

附表 1　弱酸及其共轭碱在水中的解离常数（25℃，$I=0$）

弱酸	分子式	K_a	pK_a	共轭碱	
				pK_b	K_b
砷酸	H_3AsO_4	$6.3 \times 10^{-3}(K_{a1})$ $1.0 \times 10^{-7}(K_{a2})$ $3.2 \times 10^{-12}(K_{a3})$	2.20 7.00 11.50	11.80 7.00 2.50	$1.6 \times 10^{-12}(K_{b3})$ $1 \times 10^{-7}(K_{b2})$ $3.1 \times 10^{-3}(K_{b1})$
亚砷酸	$HAsO_2$	6.0×10^{-10}	9.22	4.78	1.7×10^{-5}
硼酸	H_3BO_3	5.8×10^{-10}	9.24	4.76	1.7×10^{-5}
焦硼酸	$H_2B_4O_7$	$1 \times 10^{-4}(K_{a1})$ $1 \times 10^{-9}(K_{a2})$	4 9	10 5	$1 \times 10^{-10}(K_{b2})$ $1 \times 10^{-5}(K_{b1})$
碳酸	H_2CO_3 $(CO_2 + H_2O)$[①]	$4.2 \times 10^{-7}(K_{a1})$ $5.6 \times 10^{-11}(K_{a2})$	6.38 10.25	7.62 3.75	$2.4 \times 10^{-8}(K_{b2})$ $1.8 \times 10^{-4}(K_{b1})$
氢氰酸	HCN	6.2×10^{-10}	9.21	4.79	1.6×10^{-5}
铬酸	H_2CrO_4	$1.8 \times 10^{-1}(K_{a1})$ $3.2 \times 10^{-7}(K_{a2})$	0.74 6.50	13.26 7.50	$5.6 \times 10^{-14}(K_{b2})$ $3.1 \times 10^{-8}(K_{b1})$
氢氟酸	HF	6.6×10^{-4}	3.18	10.82	1.5×10^{-11}
亚硝酸	HNO_2	5.1×10^{-4}	3.29	10.71	1.2×10^{-11}
过氧化氢	H_2O_2	1.8×10^{-12}	11.75	2.25	5.6×10^{-3}
磷酸	H_3PO_4	$7.6 \times 10^{-3}(K_{a1})$ $6.3 \times 10^{-8}(K_{a2})$ $4.4 \times 10^{-13}(K_{a3})$	2.12 7.20 12.36	11.88 6.80 1.64	$1.3 \times 10^{-12}(K_{b3})$ $1.6 \times 10^{-7}(K_{b2})$ $2.3 \times 10^{-2}(K_{b1})$
焦磷酸	$H_4P_2O_7$	$3.0 \times 10^{-2}(K_{a1})$ $4.4 \times 10^{-3}(K_{a2})$ $2.5 \times 10^{-7}(K_{a3})$ $5.6 \times 10^{-10}(K_{a4})$	1.52 2.36 6.60 9.25	12.48 11.64 7.40 4.75	$3.3 \times 10^{-13}(K_{b4})$ $2.3 \times 10^{-12}(K_{b3})$ $4.0 \times 10^{-8}(K_{b2})$ $1.8 \times 10^{-5}(K_{b1})$

弱酸	分子式	K_a	pK_a	共轭碱	
				pK_b	K_b
亚磷酸	H_3PO_3	$5.0\times10^{-2}(K_{a1})$	1.30	12.70	$2.0\times10^{-13}(K_{b2})$
		$2.5\times10^{-7}(K_{a2})$	6.60	7.40	$4.0\times10^{-8}(K_{b1})$
氢硫酸	H_2S	$1.3\times10^{-7}(K_{a1})$	6.88	7.12	$7.7\times10^{-8}(K_{b2})$
硫酸	HSO_4^-	$1.0\times10^{-2}(K_{a2})$	1.99	12.01	$1.0\times10^{-12}(K_{b1})$
亚硫酸	H_2SO_3 (SO_2+H_2O)	$1.3\times10^{-2}(K_{a1})$	1.90	12.10	$7.7\times10^{-13}(K_{b2})$
		$6.3\times10^{-8}(K_{a2})$	7.20	6.80	$1.6\times10^{-7}(K_{b1})$
偏硅酸	H_2SiO_3	$1.7\times10^{-10}(K_{a1})$	9.77	4.23	$5.9\times10^{-5}(K_{b2})$
		$1.6\times10^{-12}(K_{a2})$	11.8	2.20	$6.2\times10^{-3}(K_{b1})$
甲酸	HCOOH	1.8×10^{-4}	3.74	10.26	5.5×10^{-11}
乙酸	CH_3COOH	1.8×10^{-5}	4.74	9.26	5.5×10^{-10}
一氯乙酸	$CH_2ClCOOH$	1.4×10^{-3}	2.86	11.14	6.9×10^{-12}
二氯乙酸	$CHCl_2COOH$	5.0×10^{-2}	1.30	12.70	2.0×10^{-13}
三氯乙酸	CCl_3COOH	0.23	0.64	13.36	4.3×10^{-14}
氨基乙酸	$N^+H_3CH_2COOH$	$4.5\times10^{-3}(K_{a1})$	2.35	11.65	$2.2\times10^{-12}(K_{b2})$
	$N^+H_3CH_2COO^-$	$2.5\times10^{-10}(K_{a2})$	9.60	4.40	$4.0\times10^{-5}(K_{b1})$
乳酸	$CH_3CHOHCOOH$	1.4×10^{-4}	3.86	10.14	7.2×10^{-11}
苯甲酸	C_6H_5COOH	6.2×10^{-5}	4.21	9.79	1.6×10^{-10}
草酸	$H_2C_2O_4$	$5.9\times10^{-2}(K_{a1})$	1.22	12.78	$1.7\times10^{-13}(K_{b2})$
		$6.4\times10^{-5}(K_{a2})$	4.19	9.81	$1.6\times10^{-10}(K_{b1})$
d-酒石酸	CH(OH)COOH | CH(OH)COOH	$9.1\times10^{-4}(K_{a1})$	3.04	10.96	$1.1\times10^{-11}(K_{b2})$
		$4.3\times10^{-5}(K_{a2})$	4.37	9.63	$2.3\times10^{-10}(K_{b1})$
邻苯二甲酸	⬡—COOH —COOH	$1.1\times10^{-3}(K_{a1})$	2.95	11.05	$9.1\times10^{-12}(K_{b2})$
		$3.9\times10^{-5}(K_{a2})$	5.41	8.59	$2.6\times10^{-9}(K_{b1})$
柠檬酸	CH_2COOH | C(OH)COOH | CH_2COOH	$7.4\times10^{-4}(K_{a1})$	3.13	10.87	$1.4\times10^{-11}(K_{b3})$
		$1.7\times10^{-5}(K_{a2})$	4.76	9.26	$5.9\times10^{-10}(K_{b2})$
		$4.0\times10^{-7}(K_{a3})$	6.40	7.60	$2.5\times10^{-8}(K_{b1})$
苯酚	C_6H_5OH	1.1×10^{-10}	9.95	4.05	9.1×10^{-5}
乙二胺四乙酸	H_6-EDTA^{2+}	$0.13(K_{a1})$	0.9	13.1	$7.7\times10^{-14}(K_{b6})$
	H_5-EDTA$^+$	$3\times10^{-2}(K_{a2})$	1.6	12.4	$3.3\times10^{-13}(K_{b5})$
	H_4-EDTA	$1\times10^{-2}(K_{a3})$	2.0	12.0	$1\times10^{-12}(K_{b4})$
	H_3-EDTA$^-$	$2.1\times10^{-3}(K_{a4})$	2.67	11.33	$4.8\times10^{-12}(K_{b3})$
	H_2-EDTA^{2-}	$6.9\times10^{-7}(K_{a5})$	6.16	7.84	$1.4\times10^{-8}(K_{b2})$
	H-EDTA^{3-}	$5.5\times10^{-11}(K_{a6})$	10.26	3.74	$1.8\times10^{-4}(K_{b1})$
铵离子	NH_4^+	5.5×10^{-10}	9.26	4.74	1.8×10^{-5}

弱酸	分子式	K_a	pK_a	共轭碱	
				pK_b	K_b
联氨离子	$^+H_3NNH_3{}^+$	3.3×10^{-9}	8.48	5.52	3.0×10^{-6}
羟胺离子	$NH_3{}^+OH$	1.1×10^{-6}	5.96	8.04	9.1×10^{-9}
甲胺离子	$CH_3NH_3{}^+$	2.4×10^{-11}	10.62	3.38	4.2×10^{-4}
乙胺离子	$C_2H_5NH_3{}^+$	1.8×10^{-11}	10.75	3.25	5.6×10^{-4}
二甲胺离子	$(CH_3)_2NH_2{}^+$	8.5×10^{-11}	10.07	3.93	1.2×10^{-4}
二乙胺离子	$(C_2H_5)_2NH_2{}^+$	7.8×10^{-12}	11.11	2.89	1.3×10^{-3}
乙醇胺离子	$HOCH_2CH_2NH_3{}^+$	3.2×10^{-10}	9.50	4.50	3.2×10^{-5}
三乙醇胺离子	$(HOCH_2CH_2)_3NH^+$	1.7×10^{-8}	7.76	6.24	5.8×10^{-7}
六亚甲基四胺离子	$(CH_2)_6N_4H^+$	7.1×10^{-6}	5.15	8.85	1.4×10^{-9}
乙二胺离子	$^+H_3NCH_2CH_2NH_3{}^+$	1.4×10^{-7}	6.85	7.15	$7.1\times10^{-8}(K_{b2})$
	$H_2NCH_2CH_2NH_3{}^+$	1.2×10^{-10}	9.93	4.07	$8.5\times10^{-5}(K_{b1})$
吡啶离子	⟨⟩—NH^+	5.9×10^{-6}	5.23	8.77	1.7×10^{-9}

① 如果不计水合 CO_2 ，H_2CO_3 的 $pK_{a1}=3.76$。

附表 2　微溶化合物的溶度积（18～25℃，$I=0$）

微溶化合物	K_{sp}	pK_{sp}	微溶化合物	K_{sp}	pK_{sp}
$AgAc$	2×10^{-3}	2.7	BaF_2	1×10^{-5}	6.0
Ag_3AsO_4	1×10^{-22}	22.0	$BaC_2O_2\cdot H_2O$	2.3×10^{-8}	7.64
$AgBr$	5.0×10^{-13}	12.30	$BaSO_4$	1.1×10^{-10}	9.96
Ag_2CO_3	8.1×10^{-12}	11.09	$Bi(OH)_3$	4×10^{-31}	30.4
$AgCl$	1.8×10^{-10}	9.75	$BiOOH$②	4×10^{-10}	9.4
Ag_2CrO_4	2.0×10^{-12}	11.71	BiI_3	8.1×10^{-19}	18.09
$AgCN$	1.2×10^{-16}	15.92	$BiOCl$	1.8×10^{-31}	30.75
$Ag(OH)_3$（无定形）	1.3×10^{-33}	32.9	$BiPO_4$	1.3×10^{-23}	22.89
$Ag_2S_3$①	2.1×10^{-22}	21.68	Bi_2S_3	1×10^{-97}	97.0
$AgOH$	2.0×10^{-8}	7.71	$CaCO_3$	2.9×10^{-9}	8.54
AgI	9.3×10^{-17}	16.03	CaF_2	2.7×10^{-11}	10.57
$Ag_2C_2O_4$	3.5×10^{-11}	10.46	$CaC_2O_4\cdot H_2O$	2.0×10^{-9}	8.70
Ag_3PO_4	1.4×10^{-16}	15.84	$Ca_3(PO_4)_2$	2.0×10^{-29}	28.70
Ag_2SO_4	1.4×10^{-5}	4.84	$CaSO_4$	9.1×10^{-6}	5.04
Ag_2S	2×10^{-49}	48.7	$CaWO_4$	8.7×10^{-9}	8.06
$AgSCN$	1×10^{-12}	12.00	$CdCO_3$	5.2×10^{-12}	11.28
$BaCO_3$	5.1×10^{-9}	8.29	$Cd_2[Fe(CN)_6]$	3.2×10^{-17}	16.49
$BaCrO_4$	1.2×10^{-10}	9.93	$Cd(OH)_2$（新析出）	2.5×10^{-14}	13.60

微溶化合物	K_{sp}	pK_{sp}	微溶化合物	K_{sp}	pK_{sp}
$CdC_2O_4 \cdot 3H_2O$	9.1×10^{-8}	7.04	$MgCO_3$	3.5×10^{-3}	7.46
CdS	8×10^{-27}	26.1	MgF_2	6.4×10^{-9}	8.19
$\alpha\text{-}CoS$	4×10^{-21}	20.4	$Mg(OH)_2$	1.8×10^{-11}	10.74
$\beta\text{-}CoS$	2×10^{-25}	24.7	$MnCO_3$	1.8×10^{-11}	10.74
$Co_3(PO_4)_2$	2×10^{-35}	34.7	$Mn(OH)_2$	1.9×10^{-13}	12.72
$CoCO_3$	1.4×10^{-13}	12.84	$MnS($无定形$)$	2×10^{-10}	9.7
$Co_2[Fe(CN)_6]$	1.8×10^{-15}	14.74	$MnS($晶体$)$	2×10^{-13}	12.7
$Co(OH)_2($新析出$)$	2×10^{-15}	14.4	$NiCO_3$	6.6×10^{-9}	8.18
$Co(OH)_3$	2×10^{-44}	43.7	$Ni(OH)_2($新析出$)$	2×10^{-15}	14.7
$Co[Hg(SCN)_4]$	1.5×10^{-8}	5.82	$Ni_3(PO_4)_2$	5×10^{-31}	30.3
$Cr(OH)_3$	6×10^{-31}	30.2	$\alpha\text{-}NiS$	3×10^{-19}	18.5
$CuBr$	5.2×10^{-9}	8.28	$\beta\text{-}NiS$	1×10^{-24}	24.0
$CuCl$	1.2×10^{-3}	5.92	$\gamma\text{-}NiS$	2×10^{-25}	25.7
$CuCN$	3.2×10^{-20}	19.49	$PbCO_3$	7.4×10^{-14}	13.13
CuI	1.1×10^{-12}	11.96	$PbCl_2$	1.6×10^{-5}	4.79
$CuOH$	1×10^{-14}	14.0	$PbClF$	2.4×10^{-9}	8.62
Cu_2S	2×10^{-48}	47.7	$PbCrO_4$	2.8×10^{-13}	12.55
$CuSCN$	4.8×10^{-15}	14.32	PbF_2	2.7×10^{-8}	7.57
$CuCO_3$	1.4×10^{-10}	9.86	$Pb(OH)_2$	1.2×10^{-15}	14.93
$Cu(OH)_2$	2.2×10^{-20}	19.66	PbI_2	7.1×10^{-9}	8.15
CuS	6×10^{-36}	35.2	$PbMoO_4$	1×10^{-13}	13.0
$FeCO_3$	3.2×10^{-11}	10.50	$Pb_3(PO_4)_2$	8.0×10^{-43}	42.10
$Fe(OH)_2$	8×10^{-16}	15.1	$PbSO_4$	1.6×10^{-8}	7.79
FeS	6×10^{-18}	17.2	PbS	8×10^{-28}	27.9
$Fe(OH)_3$	4×10^{-38}	37.4	$Pb(OH)_4$	3×10^{-66}	65.5
$FePO_4$	1.3×10^{-22}	21.89	$Sb(OH)_3$	4×10^{-42}	41.4
$Hg_2Br_2$③	5.8×10^{-23}	22.24	Sb_2S_3	2×10^{-93}	92.8
Hg_2CO_3	8.9×10^{-17}	16.05	$Sn(OH)_2$	1.4×10^{-28}	27.85
Hg_2Cl_2	1.3×10^{-18}	17.88	SnS	1×10^{-25}	25.0
$Hg_2(OH)_2$	2×10^{-24}	23.7	$Sn(OH)_4$	1×10^{-56}	56.0
Hg_2I_2	4.5×10^{-29}	28.35	SnS_2	2×10^{-27}	26.7
Hg_2SO_4	7.4×10^{-7}	6.13	$SrCO_3$	1.1×10^{-10}	9.96
Hg_2S	1×10^{-47}	47.0	$SrCrO_4$	2.2×10^{-5}	4.65
$Hg(OH)_2$	3.0×10^{-25}	25.52	SrF_2	2.4×10^{-9}	8.61
$HgS($红色$)$	4×10^{-53}	52.4	$SrC_2O_4 \cdot H_2O$	1.6×10^{-7}	6.80
$HgS($黑色$)$	2×10^{-52}	51.7	$Sr_3(PO_4)_2$	4.1×10^{-28}	27.39
$MgNH_4PO_4$	2×10^{-13}	12.7	$SrSO_4$	3.2×10^{-7}	6.49

续表

微溶化合物	K_{sp}	pK_{sp}	微溶化合物	K_{sp}	pK_{sp}
$Ti(OH)_3$	1×10^{-40}	40.0	$Zn(OH)_2$	1.2×10^{-17}	16.92
$TiO(OH)_2$④	1×10^{-29}	29.0	$Zn_3(PO_4)_2$	9.1×10^{-33}	32.04
$ZnCO_3$	1.4×10^{-11}	10.84	ZnS	2×10^{-22}	21.7
$Zn_2[Fe(CN)_6]$	4.1×10^{-16}	15.39			

① 为下列平衡的常数：$As_2S_3+4H_2O \rightleftharpoons 2HAsO_2+3H_2S$。

② 对于 BiOOH，$K_{sp}=[BiO^+][OH^-]$。

③ $(Hg_2)_mX_n=[Hg_2^{2+}]^m[X^{-2m/n}]^n$。

④ 对于 $TiO(OH)_2$，$K_{sp}=[TiO^{2+}][OH^-]^2$。

附表 3　标准电极电位（18～25℃）

半反应	$\varphi^{\ominus}/V$
$Li^++e^- \rightleftharpoons Li$	-3.042
$K^++e^- \rightleftharpoons K$	-2.925
$Ba^{2+}+2e^- \rightleftharpoons Ba$	-2.90
$Sr^{2+}+2e^- \rightleftharpoons Sr$	-2.89
$Ca^{2+}+2e^- \rightleftharpoons Ca$	-2.87
$Na^++e^- \rightleftharpoons Na$	-2.714
$Mg^{2+}+2e^- \rightleftharpoons Mg$	-2.37
$Al^{3+}+3e^- \rightleftharpoons Al$	-1.66
$ZnO_2^{2-}+2H_2O+2e^- \rightleftharpoons Zn+4OH^-$	-1.216
$Mn^{2+}+2e^- \rightleftharpoons Mn$	-1.182
$Sn(OH)_6^{2-}+2e^- \rightleftharpoons HSnO_2^-+3OH^-+H_2O$	-0.93
$SO_4^{2-}+H_2O+2e^- \rightleftharpoons SO_3^{2-}+2OH^-$	-0.93
$HSnO_2^-+H_2O+2e^- \rightleftharpoons Sn+3OH^-$	-0.91
$2H_2O+2e^- \rightleftharpoons H_2+2OH^-$	-0.828
$Zn^{2+}+2e^- \rightleftharpoons Zn$	-0.763
$Cr^{3+}+3e^- \rightleftharpoons Cr$	-0.76
$AsO_4^{3-}+2H_2O+2e^- \rightleftharpoons AsO_2^-+4OH^-$	-0.67
$2CO_2+2H^++2e^- \rightleftharpoons H_2C_2O_4$	-0.49
$S+2e^- \rightleftharpoons S^{2-}$	-0.48
$Fe^{2+}+2e^- \rightleftharpoons Fe$	-0.440
$Cr^{3+}+e^- \rightleftharpoons Cr^{2+}$	-0.41
$Cd^{2+}+2e^- \rightleftharpoons Cd$	-0.403
$Cu_2O+H_2O+2e^- \rightleftharpoons 2Cu+2OH^-$	-0.361
$Co^{2+}+2e^- \rightleftharpoons Co$	-0.277

续表

半反应	$\varphi^{\ominus}/V$
$Ni^{2+}+2e^-\Longrightarrow Ni$	-0.246
$AgI+e^-\Longrightarrow Ag+I^-$	-0.152
$Sn^{2+}+2e^-\Longrightarrow Sn$	-0.136
$Pb^{2+}+2e^-\Longrightarrow Pb$	-0.126
$CrO_4^{2-}+4H_2O+3e^-\Longrightarrow Cr(OH)_3+5OH^-$	-0.12
$Ag_2S+2H^++2e^-\Longrightarrow 2Ag+H_2S$	-0.036
$Fe^{3+}+3e^-\Longrightarrow Fe$	-0.036
$2H^++2e^-\Longrightarrow H_2$	0.000
$NO_3^-+H_2O+2e^-\Longrightarrow NO_2^-+2OH^-$	0.01
$S_4O_6^{2-}+2e^-\Longrightarrow 2S_2O_3^{2-}$	0.08
$TiO^{2+}+2H^++e^-\Longrightarrow Ti^{3+}+H_2O$	0.10
$S+2H^++2e^-\Longrightarrow H_2S(水溶液)$	0.141
$Sn^{4+}+2e^-\Longrightarrow Sn^{2+}$	0.15
$Cu^{2+}+e^-\Longrightarrow Cu^+$	0.159
$SO_4^{2-}+4H^++2e^-\Longrightarrow H_2SO_3+H_2O$	0.17
$AgCl+e^-\Longrightarrow Ag+Cl^-$	0.222
$IO_3^-+3H_2O+6e^-\Longrightarrow I^-+6OH^-$	0.26
$Hg_2Cl_2+2e^-\Longrightarrow 2Hg+2Cl^-$	0.268
$2H_2SO_3+2H^++4e^-\Longrightarrow S_2O_3^{2-}+3H_2O$	0.40
$Cu^{2+}+2e^-\Longrightarrow Cu$	0.337
$VO^{2+}+2H^++e^-\Longrightarrow V^{3+}+H_2O$	0.337
$Fe(CN)_6^{3-}+e^-\Longrightarrow Fe(CN)_6^{4-}$	0.36
$Cu^++e^-\Longrightarrow Cu$	0.522
$I_2+2e^-\Longrightarrow 2I^-$	0.536
$I_3^-+2e^-\Longrightarrow 3I^-$	0.545
$H_3AsO_4+2H^++2e^-\Longrightarrow HAsO_2+2H_2O$	0.559
$MnO_4^-+e^-\Longrightarrow MnO_4^{2-}$	0.564
$MnO_4^-+2H_2O+3e^-\Longrightarrow MnO_2+4OH^-$	0.588
$O_2+2H^++e^-\Longrightarrow H_2O_2$	0.682
$Fe^{3+}+e^-\Longrightarrow Fe^{2+}$	0.771
$Hg_2^{2+}+2e^-\Longrightarrow 2Hg$	0.793
$Ag^++e^-\Longrightarrow Ag$	0.7995
$Hg^{2+}+2e^-\Longrightarrow Hg$	0.845

半反应	$\varphi^{\ominus}/V$
$2Hg^{2+}+2e^- \Longrightarrow Hg_2^{2+}$	0.907
$NO_3^-+3H^++2e^- \Longrightarrow HNO_2+H_2O$	0.94
$NO_3^-+4H^++3e^- \Longrightarrow NO+2H_2O$	0.96
$HNO_2+H^++e^- \Longrightarrow NO+H_2O$	0.98
$VO_2^++2H^++e^- \Longrightarrow VO^{2+}+H_2O$	1.00
$Br_2+2e^- \Longrightarrow 2Br^-$	1.087
$IO_3^-+6H^++6e^- \Longrightarrow I^-+3H_2O$	1.085
$IO_3^-+6H^++5e^- \Longrightarrow 1/2I_2+3H_2O$	1.195
$MnO_2+4H^++2e^- \Longrightarrow Mn^{2+}+2H_2O$	1.23
$O_2+4H^++4e^- \Longrightarrow 2H_2O$	1.29
$Cr_2O_7^{2-}+14H^++6e^- \Longrightarrow 2Cr^{3+}+7H_2O$	1.33
$Cl_2+2e^- \Longrightarrow 2Cl^-$	1.359
$Au^{3+}+2e^- \Longrightarrow Au^+$	1.41
$BrO_3^-+6H^++6e^- \Longrightarrow Br^-+3H_2O$	1.44
$ClO_3^-+6H^++6e^- \Longrightarrow Cl^-+3H_2O$	1.45
$PbO_2+4H^++2e^- \Longrightarrow Pb^{2+}+2H_2O$	1.455
$MnO_4^-+8H^++5e^- \Longrightarrow Mn^{2+}+4H_2O$	1.51
$BrO_3^-+6H^++5e^- \Longrightarrow 1/2Br_2+3H_2O$	1.52
$Ce^{4+}+e^- \Longrightarrow Ce^{3+}$	1.61
$HClO+H^++e^- \Longrightarrow 1/2Cl_2+H_2O$	1.63
$MnO_4^-+4H^++3e^- \Longrightarrow MnO_2+2H_2O$	1.695
$H_2O_2+2H^++2e^- \Longrightarrow 2H_2O$	1.77
$Co^{3+}+e^- \Longrightarrow Co^{2+}$	1.842
$S_2O_8^{2-}+2e^- \Longrightarrow 2SO_4^{2-}$	2.01
$O_3+2H^++2e^- \Longrightarrow O_2+H_2O$	2.07
$F_2+2e^- \Longrightarrow 2F^-$	2.87
$F_2+2H^++2e^- \Longrightarrow 2HF$	3.06

附表 4　条件电极电位

半反应	$\varphi^{\ominus\prime}/V$	介质
$Ag(II)+e^- \Longrightarrow Ag^+$	1.927	4mol/L HNO_3
$Ce(IV)+e^- \Longrightarrow Ce(III)$	1.74	1mol/L $HClO_4$
	1.44	0.5mol/L H_2SO_4
	1.28	1mol/L HCl
$Co^{3+}+e^- \Longrightarrow Co^{2+}$	1.84	3mol/L HNO_3

续表

半反应	$\varphi^{\ominus\prime}/V$	介质
$Co(en)_3^{3+}+e^-\rightleftharpoons Co(en)_3^{2+}$	-0.2	0.1mol/L HNO_3+0.1mol/L 乙二胺(en)
$Cr(\text{III})+e^-\rightleftharpoons Cr(\text{II})$	-0.40	5mol/L HCl
$Cr_2O_7^{2-}+14H^++6e^-\rightleftharpoons 2Cr^{3+}+7H_2O$	1.00 1.025 1.08 1.05 1.15	1mol/L HCl 1mol/L $HClO_4$ 3mol/L HCl 2mol/L HCl 4mol/L H_2SO_4
$CrO_4^{2-}+2H_2O+3e^-\rightleftharpoons CrO_2^-+4OH^-$	-0.12	1mol/L NaOH
$Fe(\text{III})+e^-\rightleftharpoons Fe(\text{II})$	0.767 0.71 0.68 0.68 0.46 0.51	1mol/L $HClO_4$ 0.5mol/L HCl 1mol/L H_2SO_4 1mol/L HCl 2mol/L H_3PO_4 1mol/L HCl+0.25mol/L H_3PO_4
$H_3AsO_4+2H^++2e^-\rightleftharpoons H_3AsO_3+H_2O$	0.557 0.557	1mol/L HCl 1mol/L $HClO_4$
$Fe(EDTA)^-+e^-\rightleftharpoons Fe(EDTA)^{2-}$	0.12	0.1 mol/L EDTA pH=4~6
$Fe(CN)_6^{3-}+e^-\rightleftharpoons Fe(CN)_6^{4-}$	0.48 0.56 0.71 0.72	0.01mol/L HCl 0.1mol/L HCl 1mol/L HCl 0.1mol/L $HClO_4$
$I_2(\text{水})+2e^-\rightleftharpoons 2I^-$	0.628	0.5mol/L H_2SO_4
$I_3^-+2e^-\rightleftharpoons 3I^-$	0.545	0.5mol/L H_2SO_4
$MnO_4^-+8H^++5e^-\rightleftharpoons Mn^{2+}+4H_2O$	1.45 1.27	1mol/L $HClO_4$ 8mol/L H_3PO_4
$SnCl_6^{2-}+2e^-\rightleftharpoons SnCl_4^{2-}+2Cl^-$	0.14	1mol/L HCl
$Sn^{2+}+2e^-\rightleftharpoons Sn$	-0.16	1mol/L $HClO_4$
$Sb(V)+2e^-\rightleftharpoons Sb(\text{III})$	0.75	3.5mol/L HCl
$Sb(OH)_6^-+2e^-\rightleftharpoons SbO_2^-+2OH^-+2H_2O$	-0.428	3mol/L NaOH
$SbO_2^-+2H_2O+3e^-\rightleftharpoons Sb+4OH^-$	-0.675	10mol/L KOH
$Ti(\text{IV})+e^-\rightleftharpoons Ti(\text{III})$	-0.01 0.12 -0.04 -0.05	0.2mol/L H_2SO_4 2mol/L H_2SO_4 1mol/L HCl 1mol/L H_3PO_4
$Pb(\text{II})+2e^-\rightleftharpoons Pb$	0.32	1mol/L NaAc